U0348078

青海省重大科技专项"智慧生态畜牧业贵南典型区技术集成与应用示范"
（2015-SF-A4-2）项目资助

三江源区
智慧生态畜牧业建设与发展
——以贵南典型区为例

◎ 徐世晓　赵娜　胡林勇　等　著

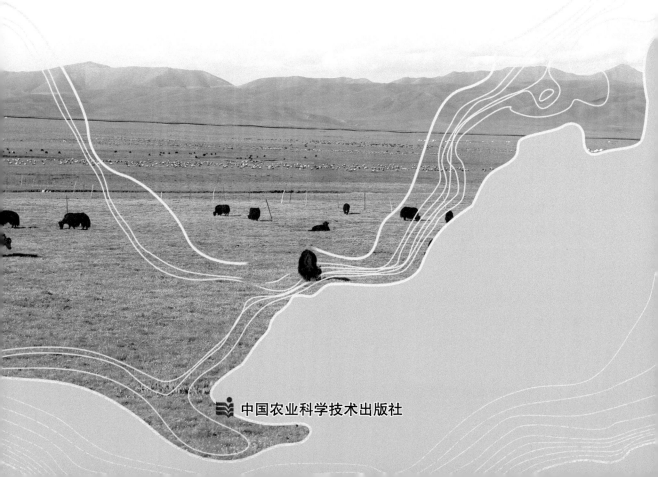

中国农业科学技术出版社

图书在版编目（CIP）数据

三江源区智慧生态畜牧业建设与发展：以贵南典型区为例 / 徐世晓等著 . -- 北京：中国农业科学技术出版社，2022.12

ISBN 978-7-5116-6147-0

Ⅰ.①三… Ⅱ.①徐… Ⅲ.①生态型 - 畜牧业经济 - 经济发展 - 研究 - 贵南县 Ⅳ.① F326.374.44

中国版本图书馆 CIP 数据核字（2022）第 247191 号

责任编辑　白姗姗
责任校对　李向荣
责任印制　姜义伟　王思文

出　版　者　中国农业科学技术出版社
　　　　　　北京市中关村南大街 12 号　　邮编：100081
电　　　话　（010）82106638（编辑室）　（010）82109702（发行部）
　　　　　　（010）82109709（读者服务部）
网　　　址　https:// castp.caas.cn
经　销　者　各地新华书店
印　刷　者　北京建宏印刷有限公司
开　　　本　185mm×260mm　1/16
印　　　张　17.75
字　　　数　390 千字
版　　　次　2022 年 12 月第 1 版　2022 年 12 月第 1 次印刷
定　　　价　168.00 元

◄━━━◆ 版权所有·侵权必究 ◆━━━►

三江源区智慧生态畜牧业建设与发展
——以贵南典型区为例

著者名单

主　著：徐世晓　　赵　娜　　胡林勇

著　者（按姓氏笔画排序）：

丁　颖	王娅琳	王循刚	邓西金
刘宏金	许显莉	李　奇	李　娜
李长慧	李世雄	李桂斌	李积雲
张　骞	张丙苍	张晓玲	张强龙
罗崇亮	赵　亮	胡永强	姚雷鸣
索南加	徐田伟	徐维新	郭同庆
崔占鸿	董全民	魏　琳	

目 录
CONTENTS

第一章 绪 论……………………………………………………………1
　第一节 智慧畜牧业发展现状与趋势……………………………………3
　第二节 中国草地生态畜牧业发展概况…………………………………9
　第三节 高寒牧区生态畜牧业发展概况…………………………………12
　第四节 贵南典型区草地生态畜牧业发展现状…………………………13
　参考文献…………………………………………………………………20

第二章 研究区概况及研究方法…………………………………………22
　第一节 研究区概况………………………………………………………22
　第二节 研究方法及技术路线……………………………………………25
　参考文献…………………………………………………………………33

第三章 高寒草地智慧放牧………………………………………………35
　第一节 引 言……………………………………………………………35
　第二节 放牧对青藏高原高寒草地碳收支的影响………………………36
　第三节 高寒草地返青期休牧……………………………………………43
　第四节 天然草地智慧放牧下的季节性优化配置………………………48
　第五节 天然草地季节性优化配置应用实践……………………………52
　第六节 小 结……………………………………………………………54
　参考文献…………………………………………………………………54

第四章 饲草基地建植与管理智慧支撑体系……………………………59
　第一节 饲草基地有机无机复合肥精准配置……………………………59
　第二节 有机人工草地建植………………………………………………64
　第三节 优质高产人工草地建植及田间管理……………………………66
　第四节 基于贵南县气候变化评估的牧草种植时间优化………………68

第五节　人工草地牧草智能监测及产量预测评估……………………………… 76

第六节　基于卫星植被指数的预测模型………………………………………… 87

参考文献……………………………………………………………………………… 89

第五章　优良牧草现代化青贮加工技术……………………………………… 90

第一节　引　言…………………………………………………………………… 90

第二节　牧草营养动态研究及最佳青贮时间优化……………………………… 91

第三节　青贮耐低温乳酸菌的分离与鉴定……………………………………… 93

第四节　牧草青贮技术集成与应用……………………………………………… 99

第五节　优良牧草现代化青贮加工利用……………………………………… 108

第六节　小　结………………………………………………………………… 111

参考文献…………………………………………………………………………… 111

第六章　饲草料智能化检测、精准配制及高效利用技术………………… 113

第一节　基于近红外光谱（NIRS）的牧草营养品质快速检测技术 ……… 113

第二节　牦牛、藏羊饲草料智能化精准配制技术…………………………… 117

第三节　基于蛋白水平的牦牛、藏羊饲草料高效利用技术………………… 123

参考文献…………………………………………………………………………… 162

第七章　牦牛、藏羊智能化养殖管理…………………………………………… 164

第一节　称重设备……………………………………………………………… 164

第二节　牦牛高效繁殖技术…………………………………………………… 167

第三节　藏系绵羊高效繁殖技术……………………………………………… 171

第四节　生物技术在牦牛、藏羊上的应用…………………………………… 173

第五节　牦牛、藏羊高效精准补饲技术……………………………………… 176

参考文献…………………………………………………………………………… 184

第八章　贵南县智慧生态畜牧业信息化服务管理平台建设………………… 189

第一节　智慧生态畜牧业信息化服务管理平台设计理念…………………… 190

第二节　贵南县信息化服务管理平台系统组成……………………………… 193

第三节　县级服务管理平台的结构和功能…………………………………… 195

第四节　县级服务管理平台的技术应用……………………………………… 201

第五节　智慧畜牧业数据中心云平台建设…………………………………… 202

第六节　畜产品质量追溯系统………………………………………………… 205

第七节 家畜质量追溯电商平台商业模式构建和多平台运营……………… 208

第八节 智慧生态畜牧业信息化服务管理平台中存在的问题和发展建议… 212

第九节 小 结……………………………………………………………… 213

第九章 智慧生态畜牧业效益分析…………………………………………… 215

第一节 生态效益…………………………………………………………… 216

第二节 经济效益…………………………………………………………… 241

第三节 社会效益…………………………………………………………… 252

参考文献……………………………………………………………………… 256

第十章 三江源区智慧生态畜牧业发展与展望………………………… 259

第一节 三江源区智慧生态畜牧业建设现状及问题……………………… 261

第二节 三江源区智慧生态畜牧业发展前景与展望……………………… 263

第三节 三江源区智慧生态畜牧业发展路径与对策……………………… 267

参考文献……………………………………………………………………… 273

第一章 绪 论

　　畜牧业现代化是农业现代化的重要体现和标志，以人工智能为代表的新一代信息技术正加速畜牧业向科技型、标准化产业转型升级。智慧畜牧业属于智慧农业的范畴。"智慧畜牧业"是指将"互联网+"、大数据技术、云计算、物联网等信息化手段，依托畜牧业生产、屠宰、加工、流通等各环节布设的不同传感器和无线通信网络，应用于畜牧业养殖、动物防疫、动物检疫、畜产品安全监测、病死动物无害化处理、畜禽屠宰管理、动物卫生监督执法、动物疫情应急指挥、动物疫病风险评估、市场监测、畜禽养殖粪污资源化利用等重要环节的先进畜牧业发展模式，能够实现智能感知、智能分析、智能决策和智能预警等智能管理，让养殖业更精细、更规范、更人性化（刘国萍等，2018）。智慧畜牧业的核心在于对"智慧"的界定，其本质就是把工业生产中智能制造的理念运用到畜禽养殖管理，不仅需要成熟和完善的现代科技，也要依靠先进和智慧的管理方式。通过协同融合多种软件和硬件技术，构建广泛的网络化平台，并基于畜牧业生产场景开发出相应的产品和服务，即依托大数据、资源共享平台，扩大畜产品流通半径和销售渠道，实现产、供、销一体化，又通过物联网、区块链等技术应用，实现对畜产品生产流通全过程的动态监管和追溯，最终实现畜牧业可视化、远程监管、远程指导。智慧畜牧业可促进养殖生产作业环节由人工向智能转变、促进畜牧业实施精准管理、推进各类畜牧资源合理高效利用，带动行业转型升级和实现高质量发展。

　　智慧畜牧业分智慧养殖、智慧监管、智慧服务和智慧营销4个环节。广义的智慧养殖不仅指传统意义上的生产自动化和管理智能化，还体现在产品网格销售、产品溯源、动物福利及资源共享等延伸领域。狭义的智慧养殖主要体现在养殖设施设备智能化方面。畜牧养殖物联网系统集成智能无线传感器、无线通信、智能控制系统和视频监控系统等专业技术，对养殖环境、生长状况等进行全方位监测并作出分析，有针对性地调整投放饲料，实现精细化饲养，从而降低饲料成本。通过物联网设备应用，对养殖环境进行感知和自动调控；利用数据建模、综合深入分析，进行选种选育；通过获取、分析数据对养殖生产过程实行科学、精准管理和产品质量追溯，整个智慧养殖过程更多地融入了管理者、社会环境、电子商务和市场动态诸多信息。智慧监管主要是对畜牧生产的重点部位和关键环节进行监督管理，是畜牧兽医、质量监督和工商管理等主管部门的重要职责。然而，目前基于监管管理的系统大多采取自下而上的单向数据流，主要依托前端数据的采集、整理、上报。现阶段自上而下的数据分析、发布、传递、服务刚刚起步，双向数据流没有形成，智慧监管没有互联互通，业务管理工作智能化手段差，后台数据零散、孤立，监管数据呈现点状、段状、线状，整合难度大，痕迹化管理和分析预警服务刚刚起步。智慧服务是智慧畜牧业建设的重点环节。智慧服务"最后一公里"的问题没有解决，服务内容、质量、效益急需提高。智慧营销起步较晚，全链条监管追溯体系没有打通，营销手段单一，网上营销没有形成规模。消费者定位和消费引导机制落后，消费需求指导生产起步较慢，优质优价机制没有形成，畜产品质量安全缺乏有效监管（孔雷，2019）（图1-1）。

图 1-1　智慧畜牧业物联网体系架构（李继等，2020）

"智慧畜牧业"应用领域较多，尤其在大数据、云计算、物联网上的应用更为普遍。将畜牧业+物联网结合收集控制和监控等相关数据，通过畜牧业+大数据平台，实现大数据分析，增强预测能力。畜牧业中大数据包括畜禽品种信息、生产经营信息、畜牧生态监测预警信息、畜产品质量安全监管信息、畜产品市场信息、畜牧业科技信息、畜牧业专家和人才信息以及畜牧业服务信息等。通过大数据挖掘技术建立数据库，通过技术分析增强预测判断功能，同时收集专家人才进入储备库等（顾玲艳等，2015）。使用时将这些大数据放入云计算中，即进入可配置的计算资源共享池（资源包括网络、服务器、存储、应用软件、服务），增强畜牧产业链的协同作用，将畜牧生产过程、屠宰加工过程、冷链运输过程中相关信息全程开放给终端用户，包括政府监管者、畜牧企业和最终消费者，利于行业部门监管、企业发展和消费者选购，快速提供行业主管部门监管、企业发展和消费者科学决策。通过"智慧畜牧业"的实施，可以实现养殖方式的智能化、市场发展的智能化、信息服务的智能化以及行业监管的智能化（徐传增，2017；王慧慧等，2020；陆林峰等，2020）。

第一节 智慧畜牧业发展现状与趋势

西方发达国家在智慧畜牧业方面发展得较早，草地围栏、家畜管理、生产装备、智能信息技术等早已被广泛应用到畜牧业生产，相关畜牧业装备生产企业实力也较强，特别是澳大利亚、新西兰、美国、加拿大、阿根廷和欧洲部分国家。其实，早在20世纪80年代，美国、日本、德国、荷兰等发达国家已经将计算机技术投入养殖领域，在机械化、自动化管理牧场方面逐渐走向成熟，特别是在奶牛标识、计步、称重、饲喂、挤奶等方面融入了工业化管理模式，构建了数据监测、分析等软件系统，有效提高了牧场管理水平和经济效益，发达国家的相关企业研发生产了牲畜产能智能监测设备及信息化服务管理系统平台。日本将农业物联网技术应用列入政府计划，将农用机器人予以推广；德国的工业体系发达，智慧农业发展也非常迅速，投入了大量资金研发"数字农业"，将农牧业推向高效化、精准化；美国最早把专家系统知识应用于农业领域，利用物联网、人工智能等技术实现农业革命；荷兰最早提出了智能化发展农业，形成智慧农牧业的雏形，睿保乐公司研发了 Velos 畜牧管理系统，包括智能化母猪群养管理（NeDaP ESF）、哺乳母猪单栏饲喂管理（NeDaP FF）、育肥猪分栏管理（NeDaP Sorting）和种猪性能测定（NeDaP PPT）；加拿大 JYGA 公司研发的哺乳母猪全自动饲喂 Gestal 系统、妊娠母猪群养 Gestal 3G 系统，已得到广泛应用。经过多年的发展，这些国家在智能化养殖设备研发和技术应用方面逐渐走向成熟，不仅可以实现精准喂料、动物行为监测，提高了生产效率，而且收集信息传输到计算机，方便管理者了解现场情况，实现智能化管理。此项技术可以将营养知识以及养殖技术充分结合到一起，利用科学的运算方法按照牲畜个体生理信息准确计算饲料需求数量，通过指令对喂养器进行调动，确保其对牲畜进行投喂。通过这种方式达到按照个体实际情况制定个性化定时定量精准喂养的目的，动态满足牲畜各个阶段的营养需求。虽然建设饲养设备需要投入较多的资金，但是经济效益相对比较明显，且存在良好的应用前景（张连霄，2022）。经过几十年的努力，一些发达国家已经实现智能化精确喂养，也逐步建立起了基于生态维护和经济发展的草地畜牧业可持续管理模式。国外现代畜牧业发展具有几个特点：在生态保护的基础上，发展可持续生态畜牧业；注重开发附加值高的畜产品，增加畜牧业利润；科技产业化服务促进草地畜牧业的发展；加强政府管理，出台相关法律、法规和政策，以鼓励和支持草地畜牧业的可持续发展。从国外发达国家畜牧业发展的经验来看，提升畜牧业科技化、信息化、数字化水平，走智慧畜牧业发展道路，是提高畜牧部门管理服务水平、改善畜牧企业生产经营能力、提升畜牧业核心竞争力的关键一环，也是迈向高质量发展的必经之路。

改革开放以后，我国的智慧畜牧业装备技术取得了长足的发展，在一些中低端的装备上已经实现了国产化,如自动喂料机、粪便清理设备、挤奶设备、电子围栏、畜舍传感器等。我国农业现代化起步晚于日本、欧美等发达国家。2010年百特牧场打造现代化牧业,首次应用射频识别技术(RFID)电子标识,通过云监测系统,实现对奶牛全方位监控。2012年,科技部正式启动"数字农业"863计划,由中国农业科学院组织实施,其中包括"数字农业精细养殖技术平台构建"的重大课题,其实就是"数字畜牧业"的研究内容,其后于2014年正式提出"智慧农业"新概念。2015年,北京农信互联公司推出猪联网,融合了物联网、智能设备、大数据与企业管理,成为国内智能化养猪使用最为广泛的平台。2016年,于蓬蓬提出了智慧农业发展新模式,应用大数据、物联网等技术,实现农业生产精准化、可视化;李蔚提出了"智慧牧场"概念,利用物联网技术,融入了互联网、云技术、大数据技术等,对畜种进行快捷高效的远程管控和精准饲喂。2017年,京东、阿里巴巴两大电商巨头在区块链物流方面研发包括畜产品品质溯源防伪和追溯查询,实现快速查找商品产地、生产日期等信息,保障了消费者的权益。2018年,重庆市合川区人民政府、特驱集团、德康集团及阿里云联合发起举办"2018我国智慧养猪(合川)创新发展论坛",标志着我国养殖行业搭上了以农业IT大脑为核心的快车。21世纪以来,伴随着5G、人工智能等高科技发展,"互联网+"在农牧业领域广泛应用,有力推动了畜牧业向产业化、信息化和智能化发展,智慧畜牧业悄然兴起。传统互联网巨头方面,阿里云打造的农业"ET大脑"应用到生猪养殖中,可让母猪每年产仔数增多、仔猪死淘率降低;京东集团发布的"神农大脑+神农物联网设备+神农系统"智能养殖解决方案,可降低人工成本,提高饲料利用率。平台服务商方面,北京农信互联科技集团有限公司打造的"猪联网4.0"农业产业互联网平台,为生猪产业提供了全方位的智能化服务体系。传统养殖企业开始转型,温氏食品集团股份有限公司搭建"温氏—金蝶云·苍穹平台",打通上下游合作,重构产业价值链数字化、签约合同智能化、供应销售场景化;牧原食品股份有限公司开发具有防病防臭防非洲猪瘟功能的"三防猪舍"和智能巡检、猪脸识别、无人驾驶等智能化机械装备,减少了人与猪直接接触,全面提升生物安全等级。近些年,畜牧业数字化进程不断加快,智能农田、云上养殖等有机形式逐渐显露头角,而推动畜牧业供给侧结构性改革的重要方法是实现畜牧业数字信息化转型升级的创新融合。数字化时代,5G、大数据等新一代电子信息产业体系与传统行业深度融合,加快了产业数字化、网络化、智能化进程,畜牧业是我国农业农村经济的支柱产业,是保障肉蛋奶等"菜篮子"产品市场有效供给的战略产业,在数字化驱动和"互联网思维"的指引下,以科技创新带动整个畜牧业升级,构建更加智能的现代化畜牧业生态体系,推进畜牧业供给侧结构性改革的稳步落实具有极其重要的现实意义。通过新一代移动互联网、云存储、物联网、智能采集终端(如射频识别、传感器)等创新技术与现代化生态养殖理念相结合,面向各级畜牧监管部门提供养殖、防疫、检疫、屠宰、加工、流通、分销、无害化处理、畜产品安全、重大疫病预警等在线监管服务,实现畜牧业的资源整合、数据共享和业务协同;面向畜牧业养殖经营主体提供智能放牧和畜产品分销溯源等信息化管理系统,助力现代畜牧产业转型升级(赵春江,2019)。黑龙江省、山东省、湖北省等多地的一些养殖大县,已经开启了"智慧畜牧"新时代,一些先行先试的企业在生产中率先尝试了智能 AI 技术,如智能检测、智能语音和智能机器人等。但智慧应用多集中在生产管理环节,多为溯源应用,且数据采集仍旧以人工采集输入为主,而且各环节软件系统能够实现有效数据融合和互联互通的企业数量不到应用信息系统企业的一半。通过畜牧业物联网多源信息智能化采集设备及技术,对畜牧业基础信息、服务信息、管理信息和空间信息进行采集、分析和处理,建立畜牧业大数据中心,进而嫁接各类应用平台,辅助政府部门对畜牧业进行宏观调控、对畜产品质量进行全面监管,为服务对象提供综合信息服务。监管过程中,技术人员利用远程手段,可对畜禽生命体征、健康状况、生产过程进行实时动态监测,实现生产过程的可视化与管理数据的透明化。

然而,目前我国智慧畜牧业正处在发展的初级阶段,还面临着核心关键技术滞后等问题。首先,养殖环节中的智能调控和感知传输依赖的传感器、无线传输模块等核心元件大部分依赖于进口,核心技术未能掌握在自己手中,缺乏具有自主知识产权的核心部件制造技术,大大限制畜牧业数字化的发展路径。同时,智能检测装备和动态信息视觉化等集成体系与畜牧业全产业链融合层次较浅,数字畜牧业建设水平有待提高,推动畜牧业数字价值利益链条的转化力度不足,不利于现代化畜牧业高质量发展的转型升级。其次,数字资源体系建立还有待改进,东西部养殖业信息化水平的发展格局、政策规划不平衡、不一致,农业数据标准不规范、数据接口不配套,农业数据互联互通存在分离等问题有待解决(曹冰雪,2021;李道亮,2018;李文凤等,2021)。虽然,畜牧行业管理职能部门、大型养殖场都在不同程度地应用智慧畜牧业,畜牧行业管理职能部门为了便于监督管理,建立了许多管理平台,如动物防疫监管平台、兽药管理监管平台、动物卫生监督和无害化处理监管平台、畜牧执法案件管理平台及饲养企业用于养殖设备和环境智能控制的智能管理系统等。但是,这些平台目前多数是独立运行系统,且这些大数据是多源、异构、跨语言的多模态数据。因受软件开发商及开发所用程序、语言、方式不同等因素影响,很难实现省与国家、省与省之间,甚至一个职能部门不同科室和行业之间的有效对接,资源共享程度不高,同时受资金、技术人员匮乏等因素的制约,平台运行不畅,很难对全国畜牧业发挥系统、有效的指导作用(王晓丽,2020;陶家树,2018;孔雷,2019;徐海川等,2019;陶家树等,2021;崔帅等,2021;李华洋,2021;于法稳等,2021;张国锋,2019;方邦元等,2020)。从国内智慧畜牧业发展整体看,多数产品还停留在简单的数据采集分析层面,更为关键的多维数据互联互通、模型构建、自主决策、精准执行还不够完善。从推广应用情况看,规模养殖企业普遍接受了智慧畜牧业的理念,但由于目前缺乏成熟的案例,投入的意愿不强。从各细分领域看,涉及畜牧业的智能化饲喂、环控、监测等设备,质量参差不齐,缺乏统一的行业指导规范。部分人工智能算法与解决方案进入智慧畜牧业时间不长，与养殖场景融合不够充分。目前全国各省（区、市）都在抓紧时间研发"智慧畜牧业"，越来越多的地区已经发现或者开始注意到"智慧畜牧业"在各自的工作中，无论是促生产、抓监管还是提供服务等方面都有其独特的优势。但是现实是畜牧兽医工作人员不懂软件开发和应用，而软件开发人员不懂畜牧兽医的具体业务，缺少既懂宏观的畜牧兽医业务又懂基础软件开发知识的复合型人才，直接影响了"智慧畜牧业"的发展速度和研发进度，限制了"智慧畜牧业"的发展。传统畜牧师和兽医师在各自的领域可以解决相应的养殖和诊疗问题，传统的计算机和移动终端的软件开发人员也能够在信息化方面有所进展，但是"智慧畜牧业"的提出，需要两者有一个契合点，让服务于畜牧业的信息平台能够拥有解决未来发展实际问题的能力。最后，平台维护人力资源成本较高，创建不易，维护更难。一款软件通过前期的实地调研和设计，基本可以制作出符合养殖户需要的平台，但是缺乏长期的维护队伍，这也是制约"智慧畜牧业"发展的重要原因。加之政府扶持力度远远不够，由于缺少专项资金的设立和财政政策的支撑，各地一时间拿不出具体的办法，只能缓慢发展。群众文化素质、技能水平和年龄结构也限制了"智慧畜牧业"的推广应用。由于畜牧业本身的特点，贯穿养殖、屠宰、流通及进入市场环节的全产业链的发展十分缓慢。目前，只有少数企业可以一条龙式（养殖、屠宰、流通、市场一体化）地发展。产业链条成熟的企业往往本身就是龙头企业，而更需要"智慧畜牧业"服务的对象是中小型养殖场和家庭养殖户。在短时间内养殖结构不会转变的现状下，养殖有技术、买卖有销路的"智慧畜牧业"服务平台要依靠其他产业的不断完善并介入、支撑，才可以应用。未来"智慧畜牧业"的发展趋势将会集"智能养殖—畜禽粪污资源化利用—VR虚拟现实诊断技术—物流完善—线上销售平台—科学准确追溯—分析预判—各平台接口开放"的一体化机制。所有养殖场（户）都可以通过"智慧畜牧业"系统定时饲喂、通风、冲水清洗等，自动检测动物个体身体状况，提供从出生到出栏的最佳防疫方案，为养殖场（户）提供全面而实用的服务。通过对大数据等进行合理的分析判断，指导全国养殖业的结构布局。通过探索多元化合作模式，集成大数据、人工智能、移动互联网等先进技术，整合基于畜牧产业链条和生产场景的关联平台，培育一批智慧畜牧业科技企业和平台企业。同时，加大融资支持，探索实施智慧畜牧业发展专项基金，鼓励金融机构加大对相关企业融资的力度，支持企业运用知识产权抵押贷款、股权贷款、债券融资等多种形式进行融资，整合多方要素和资源，促进智慧畜牧业快速发展。

中国是国际公认的制造业大国，具有很强的产品制造能力和成本优势，并且我国在信息技术方面还具有一定的国际领先优势。当前党和政府将提升制造业水平作为国家的主要发展方向，变制造业大国为制造业强国，结合我国制造业的强大制造能力、信息技术的研发优势和畜牧业的强大需求，研发和产业化具有我国自主知识产权、具有强成本优势、拥有先进技术水平、适应我国牧场需求的智慧畜牧业装备，具有可行性和后发优势。相对于集约化的舍饲畜牧业，传统的草地放牧畜牧业的生产技术发展较为缓慢，特别是在信息技术支持的天然草地合理精准放牧、优质高产饲草基地优化建植、饲草资源高效利用和智能化管理、以环境品质控制和生产流程控制以及产品质量控制为核心的畜产品全程信息追踪管理，以及以现代物流与电商平台为一体的营销模式等方面都存在明显差距。产草量和家畜体重是指导畜牧业生产的重要指标，实现放牧条件下草畜产能的自动监测，提供实时生产数据，可有效指导和调整生产，从而促使生产质量效益最大化。建立质量追溯体系可有效保障畜产品的质量安全，同时建立家畜个体生产数据档案，获得草、畜等产品生产和流通数据，对畜牧业转变生产方式和提质增效非常重要。我国草地畜牧业牧场大多位于西部地区，有相当一部分在海拔 2 000～5 000 m 的高原上，以地方品种为主，如青海的牦牛、藏羊等，而且高原牧场在气候、土壤等牧场环境上有着较为特殊的特点，因此针对我国草地畜牧业的特定环境和需求，研发和产业化相关装备具有现实意义。目前以上生产均在集约化养殖场较容易做到，但在草原畜牧业，放牧条件下还无法大规模、自动化、全天候地获得整个草场乃至更大范围的牧场牲畜产能的量化数据，从而对草地畜牧业生产和宏观决策不能形成有效的数据支撑。因此，研发高性价比的畜牧业产能智能监测装备、智慧牧场管理装备以及信息化服务管理平台，特别是能够大规模、自动化、实时估计牧场产能的产品，将有力地促进我国畜牧业的产业升级，实现草原牧区放牧条件下牲畜智能化管理，降低牧民劳动生产强度，提高牧场生产效率，通过海量、实时的大数据支撑，提升各级政府和行业组织的行政和经济决策水平，同时带动畜牧业相关的产业链发展，推动我国制造业水平升级。

随着我国畜牧业产业升级的来临，畜牧业正在朝着精细化、智能化的方向发展，畜牧业产能监测装备的发展机遇期即将来临，发展我国自主的畜牧业智能化管理装备正面临重要的机遇窗口期。随着《国务院办公厅关于促进畜牧业高质量发展的意见》和《农业部关于推进农业农村大数据发展的实施意见》等文件相继出台，国家对智慧畜牧业发展提出了明确要求。2015 年 3 月，时任国务院总理的李克强在政府工作报告中提出"互联网+"行动计划，之后国务院印发的《关于积极推进"互联网+"行动的指导意见》将"互联网+"现代农业作为 11 项重点行动之一，明确提出"利用互联网提升农业生产、经营、管理和服务水平""促进农业现代化水平明显提升"的总体目标。至此，每年的中央一号文件都对"农业要与时俱进发展"提出具体要求，对于畜牧业而言，正是借助现代信息化手段发展"智慧畜牧业"的有利契机（徐海川等，2019）。面向未来，智慧畜牧业发展解决的是我国传统畜牧业面临的三大问题：①提高生产效率，改变传统的生产方式，使农业不再成为弱势产业；②稳定提供优质的农产品，满足人民对于健康产品的需求和多样性选择；③提高畜牧业的产值和附加值，促进全产业链受益，提升畜牧业行业从业人员的整体幸福感（图 1-2）。

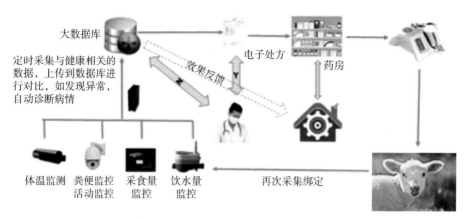

图 1-2　物联网在羊场中的应用（改编自邹岚等，2021）

畜牧业智慧平台将互联网的创新技术与传统畜牧业养殖相结合，解决千百年来畜牧业的粗放式管理、资金不足、供需失衡、产业链松散等难题，规划未来畜牧产业通过互联网＋畜牧业线上信息和线下实体的无缝对接，实现畜牧产业管理信息化、过程可视化、作业精准化、管控远程化，从而实现畜牧信息化管理平台打造畜牧产业供应链管理的发展战略。发展全产业链智慧畜牧业，全方位零距离服务养殖户供种、饲养管理、生产、销售各个环节，增加畜牧业附加值，确保养殖效益最大化，加快贫困户脱贫步伐。建立现代统计监测预警体系，分析畜牧业发展形势，进行定点跟踪调查，做好产业趋势、供求变化和成本效益的分析预测，准确把握畜牧业生产的市场走势，引导养殖户合理安排生产，促进畜牧产业养殖、加工、销售各环节融合发展，打通现代畜牧业各环节、流程、体系之间的壁垒，实现"顶层设计一蓝图—全数据场景一盘棋—各产业环节一条链—全天候管控一张网"，真正实现产、供、销一体化发展和乡村振兴的科学、持续、健康发展，为贯彻落实乡村振兴战略、走出一条畜牧业的产业兴旺之路提供科技理论支撑（马学路，2021）。农业农村信息化是农业农村现代化的战略制高点，《中华人民共和国乡村振兴促进法》《中华人民共和国国民经济和社会发展第十四个五年规划和 2035 年远景目标纲要》等对加快发展智慧农业、推进数字乡村建设提出了要求、作出了部署。大力推进智慧畜牧业建设，推动信息技术与畜牧业生产经营融合发展。同时，制定《"十四五"全国农业农村信息化发展规划》和《"十四五"全国畜牧兽医行业发展规划》，明确将发展智慧畜牧业作为"十四五"时期的重点任务之一，推进智慧牧场建设，强化科技创新，推动畜牧业生产、流通、屠宰等环节信息互联互通。数字畜牧业建设方面，截至2021 年底，已支持建设 1 个国家数字畜牧业创新中心和 1 个国家数字畜牧业创新分中心（奶牛），面向畜牧业数字化创新重大需求，跟踪数字技术创新前沿，开展基础共性、战略性、前沿性技术研究。支持建设 33 个国家数字畜牧业创新应用基地，推动创新应用基地对接创新中心和分中心，开展相关技术产品集成应用、熟化、示范推广等。智慧畜牧平台建设方面，鼓励和支持符合条件的市场主体，遵循市场化原则建设，服务于畜牧产业发展的经营性平台，推广供应链体系和网络化组织平台，带动提升中小规模生产经营主体的信息化能力。面对未来物联网、云计算与大数据、人工智能等核心技术应用于畜牧业的广阔前景，应当迫切强化物联网技术应用、加速智能装备研发、建设立体智慧畜牧云平台等，全面推进畜牧业高质量发展。

第二节　中国草地生态畜牧业发展概况

草地作为地球最重要的组成部分，是人类赖以生存的环境基础。国际上，草地畜牧业发达的美国、加拿大、澳大利亚、新西兰等国家，其发展过程大致分为20世纪30年代以前的掠夺式经营、20世纪30年代至80年代边利用边治理改良和80年代以后进行可持续管理几个阶段。中国草地资源面积大、分布广、类型复杂多样，饲用植物种类繁多、资源丰富，畜种多、品种丰富，以上条件是我国畜牧业生产发展的重要基础（孙祥，1997）。我国作为一个畜牧业大国，畜牧业是农业的重要组成部分，是我国国民经济发展的基石，畜牧业发展对于我国西部大开发战略的实施具有不可替代的重要意义。改革开放以来，我国的畜牧业发展取得了举世瞩目的成就，畜牧业总体生产规模不断扩大，畜产品总量逐年大幅增加，畜产品质量也在不断提高。特别是近些年来，随着国家强农惠农政策的实施，我国畜牧业呈现出加速发展的势头，畜牧业生产方式正在发生积极转变，家畜品种结构和生产布局不断优化，向规模化、标准化、产业化、区域化、自动化和智能化方向快速发展，越来越注重提质增效。畜牧业生产的提质增效对于国民经济发展和社会稳定具有重要的意义。

我国是草地资源大国，仅次于澳大利亚，居世界第二位。草原作为我国面积最大的绿色生态屏障，是我国土地资源的重要组成部分，是维系国家生态安全的重要资源，也是牧区畜牧业发展的重要物质基础，在促进牧区社会经济的可持续发展和维护民族团结与社会稳定方面具有不可替代的重要作用。我国拥有天然草地39 283万 hm^2，占国土总面积的41.4%，为全国耕地面积的4.1倍。我国草地主要分布在74°～127°E，28°～51°N，大致从东北的西部起，经内蒙古高原、鄂尔多斯高原、黄土高原，直至青藏高原和新疆的最西端。我国草地分为高原草原和高山草地。高原草原分布于我国北方和西部15个省、区、市，包括内蒙古的全部和新疆、宁夏、青海、西藏等地的大部分地区，面积约32 971.1万 hm^2。高山草地主要在南方山区，重点是西南云贵川藏地区，南方草山草坡和沿海滩涂草地面积约6 311.6万 hm^2（孙祥，1997）。如此复杂多样的草地类型和丰富的饲用植物资源，为多畜种及品种牲畜的生存、发展提供了重要的物质基础和适宜的环境条件。

畜牧业是指利用畜禽等人类驯化的动物，通过人工饲养、繁殖，将牧草和饲料等植物能转变为动物能，以取得肉、蛋、奶、绒、皮张、药材等原料的畜产品生产的过程。畜牧业是人类与自然界进行物质交换的极重要环节，是农业的组成部分之一，与种植业并列为农业生产的两大支柱。现代畜牧业由舍饲畜牧业和草地畜牧业两大分支构成。草地畜牧业是草地农业或有畜农业的一个分支。草地畜牧业即草地放牧养畜的经济产业，是初级生产力与次级生产力密切结合的最典型代表，即利用草地放牧牲畜或将草地作为饲草刈割地以饲养牲畜的畜牧业（周道玮等，2009）。它也是按照生态学原理和生态经济规律，因地制宜地设计、组装、调整和管理草原畜牧业生产的系统工程体系。它将生态系统中植物生产与动物生产两个生产层加以系统耦合，使之产生效益最大化。草地饲草资源是草地反刍牲畜日粮的基础。因此，草地饲草的数量和质量决定草地牲畜生产，进而决定畜牧业发展。草地牲畜生产系统不同于饲料数量和质量"稳态"供应的牲畜生产系统，草地牲畜生产的饲料是草地资源，而草地资源是动态的，所以草地牲畜生产所供应的饲料数量和质量也是动态的。

　　草地生态畜牧业是指利用生态经济原理，根据草原生态系统中草—畜相互依存关系，合理利用牧草资源，充分发挥生态经济效益，以实现草原生态与畜牧业经济协调、高效、持久发展的畜牧业经营方式；也就是将草原生态畜牧业看作单一的生态系统，根据客观经济规律的要求，遵循生态系统平衡原则，在保持良好的生态平衡状态下，合理利用生态资源，以增加多种畜产品产量。草地生态畜牧业生产是以植物牧草为第一性生产，以家畜为第二性生产的能量和物质转化过程，以发展草原生态系统与畜牧业经济系统为目标。草地牲畜生产的特点是草地资源动态与牲畜生长动态相互结合及其优化匹配的结果，以增加产草量与畜产值为途径，其生产过程包括牧草生产和牲畜生产这两个自然再生产过程（周道玮等，2009）。草地畜牧业的核心是生产畜产品，包括牲畜的肉或毛皮或奶，生产过程是牲畜吃草长大，将草转换成肉、毛皮或奶；牲畜获得食物生长长大是一个自然过程。畜牧业经济再生产过程只有适应牧草生产和牲畜生产过程中的生态、生产、经济规律，才能以恰当的方式投入劳力，促使这两个自然再生产过程平衡持久发展。因此，草地畜牧业的牲畜生产首先是一个自然过程、放牧饲养或饲喂饲养是促进牲畜获得草料改善牲畜生产过程，提高其产量或质量的措施（中国北方草原与畜牧业发展项目文集编辑委员会，1989）。草地畜牧业作为我国四大牧区的传统产业，也是广大农牧民赖以生存和发展的基础产业，应大力发展草地生态畜牧业，优化草场资源配置，提升畜牧业产出效率，繁荣牧区经济，对全面贯彻落实中央各项方针政策具有历史的必然性和现实的紧迫性，在维护藏区社会稳定中具有不可替代的重要作用。

　　20世纪80年代以来，我国草地畜牧业生产出现了快速增长的势头。羊肉产量从1981年的47.6万t增长到1990年的106.8万t，总增长率达到124.4%，年均增长率为8.4%。牛肉产量由24.9万t增长到125.6万t，总增长率达到404.4%，年均增长率为17.5%。绵羊毛产量由18.9万t增长到23.9万t，总增长率达到26.5%，年均增长率为2.4%。国家统计局统计，1993年末全国牲畜存栏75 002.1万头只，其中草食畜35 702.2万头只，约占牲畜总头数的47.6%（牧区约占草食畜的1/2），猪39 299.9万头，占牲畜总头数的52.4%。在各类牲畜中，品种最多的是猪，其次依次为绵羊、黄牛、马、山羊、驴、水牛，骆驼和牦牛品种最少。在全国 428 个各类牲畜品种中，国产品种占 80.4%，引入良种占 19.6%。适应性强、数量多的地方品种，如蒙古马、哈萨克马、焉耆马、河曲马、蒙古牛、哈萨克牛、秦川牛、蒙古羊、哈萨克羊、藏羊和田羊以及蒙古驼和中卫山羊等。生产性能较高的培育品种及类群，如三河牛、黑白花奶牛、草原红牛、三河马、伊犁马、铁岭挽马、内蒙古细毛羊、东北细毛羊、新疆细毛羊、鄂尔多斯细毛羊、敖汉细毛羊、内蒙古半细毛羊、三北羊以及阿尔巴斯白绒山羊等。引入良种主要有纯血马、阿拉伯马、顿河马、荷兰牛、短角牛、海福特牛、美利奴羊、高加索羊、茨盖羊、林肯羊、卡拉库尔羊以及安哥拉山羊、莎能奶山羊。根据国家统计局数据显示，2016 年我国畜牧业总产值达到 30 461.17 亿元，首次突破 3 万亿元。2019 年猪牛羊禽肉产量 7 649 万 t，比 2018 年下降 10.2%。其中，猪肉产量 4 255 万 t，下降 21.3%；牛肉产量 667 万 t，增长 3.6%；羊肉产量 488 万 t，增长 2.6%；禽肉产量 2 239 万 t，增长 12.3%；禽蛋产量 3 309 万 t，增长 5.8%；牛奶产量 3 201 万 t，增长 4.1%。随着我国政策的不断支持、我国畜牧业现代技术的成熟和人们对肉奶蛋日益增长的需求，预测 2020—2024 年中国畜牧业总产值将持续平稳上升，2024 年将达到 3.3 万亿元；我国 2025 年将实现畜禽养殖规模化率逾 70%（邹岚等，2021）。2016 年国务院发布《全国农业现代化规划（2016—2020 年）》明确提出，到 2020 年畜牧业产值占农业总产值的比重要超过 30%。目前，畜牧业总产值已占我国农业总产值的 30%~40%，从事畜牧业生产的劳动力达 1 亿多人，畜牧业发展快的地区，畜牧业收入已占到农民收入的 40% 以上。畜牧业在保障全国城乡食品价格稳定、促进牧民和农民增收实现全社会共同富裕方面起到重要的作用，在我国西部许多地区，畜牧业还是当地的经济支柱产业，是当地财政收入和人民群众收入的主要来源（李守德，1997；山薇等，1997；张智山，1997）。

然而，由于传统畜牧业的粗放经营方式限制，畜牧业的发展并未摆脱传统饲养方式的严重影响，大多数畜牧业的观念并未根本改变，畜草矛盾日趋突出。畜草不平衡，牲畜头数增长过快，对草地建设投入少，草地退化严重仍然是当前我国草地畜牧生产中存在的主要问题。草地畜牧业生产最重要的制约因素，但是冷季饲草和可消化粗蛋白质供给严重不足。即冷季饲草的数量与质量共同制约着草地畜牧业生产的发展。因此，目前的草畜矛盾不仅是数量问题。另外，牲畜的畜种与畜群结构均不尽合理。在饲养的家畜中牛的比重偏低。在畜群结构中，适龄母畜的比重偏低，绵羊的畜群结构中，老残畜和幼羊占的比重偏高，老残畜和当年羔不能及时育肥出栏，影响了畜群周转，致使牲畜的群体生产力水平低下，不能有效实现草畜平衡和产品质量的控制，也无法使牧场、畜牧业管理部门和地方政府从宏观上准确、实时地把握草地畜牧业生产状况。通过调整畜牧业生产内部结构，进而提高饲料资源利用效率，增加草地投入提高饲草供给能力。为适应现代商品畜牧业发展的要求，增强对市场的应变力和波动的承受力，缓解畜草矛盾，亟须对传统饲养方式下形成的畜牧业生产结构进行必要的调整，以实现对我国现有草地资源科学、合理和有效地利用，创造出更高的草地畜牧业生产力水平。通过将畜牧业与先进信息产业相结合，运用信息技术助力和提升畜牧业的发展水平，实现畜牧业的产业升级。通过研发和装备牧场智能化设备，构建具有我国特色的智慧畜牧业，实现对畜牧业产能的全天候、动态、量化监测。这对实现畜牧业产能的量化监测具有重要的战略意义和明显的实用价值，不但能够为各级政府部门的相关宏观决策提供量化的数据支撑，而且也对保障畜牧业产业整体的质量和安全具有重要的作用，同时，可以通过追溯技术加强对食品安全的管控水平。通过掌握草畜产能数据监测，实现牧场精细化的智能管理，提高牧场的劳动生产效率，降低牧民的劳动强度，提升牧民的生活水平和幸福感，转变畜牧业发展方式，促进畜牧业经济结构调整，最终实现草地生态保护、产业发展、牧民增收和畜牧业产业升级，提高国际竞争力。科技引领作用日益显著，草地综合生产能力明显提高。

第三节　高寒牧区生态畜牧业发展概况

高寒牧区是在高、寒、旱、低氧为主要特征的高寒自然条件下，以经营耐高寒、耐低氧、耐粗饲、适应性强和具有高寒特色家畜为主的畜牧业地区。高寒牧区除了在青藏高原分布外，南美洲安第斯山脉东侧、喜马拉雅山脉南麓、欧洲阿尔卑斯山和大高加索山、亚洲天山等区域也分布有高寒牧区，其海拔从低纬度向高纬度逐渐降低。在中国，高寒牧区海拔多在 3 000～5 000 m，年均气温 0～5 ℃，日照充足，昼夜温差大，低氧、紫外线强；其牧草种类多、生长期短，单位面积产量和营养含量季节极不均衡，牧草低矮，不适宜刈割，多用于放牧；因气温日差较大，高寒牧草营养物质积累较多，相较其他类型牧区的牧草，其粗蛋白质、粗脂肪、无氮浸出物高，粗纤维低，具有"三高一低"的营养特性，适于发展高寒草地畜牧业。青海省、西藏自治区、甘肃省甘南藏族自治州、四川省川西北地区等高原地区均属典型高寒牧区，以放牧牦牛和藏系羊等特有畜种为主，是我国放牧畜牧业畜产品重要生产基地，也是重要的生态安全屏障，是青藏高原"生产、生态和生活"的依托和基础，形成与青藏高原类似的畜牧业生产体系。该系统的健康可持续发展关系国家生态安全和藏区牧民的可持续增收。

在我国，高寒牧区畜牧业的发展，主要依赖于高寒天然草地。青藏高原高寒草地生态系统是支撑高原畜牧业的基础，为上千万头（只）的牦牛和藏羊提供着牧草资源。高寒草地占青藏高原总面积的 50% 以上。高寒草地是我国面积最大的陆地生态系统，牧区是主要江河的发源地和水源涵养区，生态地位十分重要。主要分为高寒草原和高寒草甸两个大类，总面积达 128 万 km^2，仅海拔在 3 000 m 以上的高寒草地就达 106 万 km^2，主要分布在西藏自治区（57 万 km^2）、青海省（38 万 km^2）、四川省川西北甘孜藏族自治州和阿坝藏族羌族自治州（7.3 万 km^2）、甘肃省甘南藏族自治州（3.6 万 km^2），占我国北方草原可利用草地面积的 48.14%。畜牧业是高寒草地的重要组成部分,是当地经济发展的基础产业和农牧民群众经济收入的主要来源。然而,目前畜牧产业、草产业均发展单一,仍主要以草地畜牧业为主。

高寒草地生态畜牧业的科学内涵是指以保护生态环境为前提,以科学利用草地资源为基础,以转变生产经营方式为核心,以建立牧民合作经济组织、优化配置生产要素为重点,通过组织化生产、集约化经营、产业化发展,促进草畜平衡、提高畜牧业综合效益,实现人与自然和谐共生及畜牧业可持续发展。其根本途径在于通过转变生产经营方式实现"两减两增",即"减少农牧业人口、减少草原载畜数量、增加畜牧业产值、增加农牧民收入",这些完全符合青海省"一优两高"战略及青海省情定位的要求。高寒草地作为我国最大的草场资源,是国家重要的生态安全屏障,是全国重要的畜牧业生产基地和重大河流的发源地,也是全球生态环境最原始最脆弱的区域之一,以及生物多样性最丰富的热点地区之一。草场超载过牧而引发的草地退化问题日益显现,分散经营的传统畜牧业"短板"日益凸显,资源约束加剧,部分草地生态恶化。据不完全统计,2012 年底青海牧区现有牧业人口 75 万人,比改革开放初期增加 35%,天然草场超载牲畜 570 万羊单位。据草监部门统计,青海牧区草原面积 38 万 km²,1980 年共退化草地 6.2 万 km²,占草原面积的 16.42%;2000 年共退化草地 32.8 万 km²,占草原面积的 86.32%;2008 年共退化草地 28.4 万 km²,占草原面积的 74.74%,草地退化面积有所缓解。同 20 世纪 80 年代相比,全省草场单位面积产草量下降 10%~40%,局部地区达到 50%~90%,牧区人均拥有草场面积从 2 158 亩(1 亩≈667 m²)锐减到 635 亩,部分地区甚至出现牧民因草地退化无法饲养牲畜而沦为生态难民的现象,传统畜牧业难以为继。

为了解决日益凸显的生态问题与经济发展之间的矛盾,改善民生、提高民族地区经济发展,缓解草地畜牧业发展中的"草—畜、统—分、分散经营—规模化经营+专业化生产+产业化发展"之间的冲突,开展草地生态畜牧业建设,鼓励牧民群众通过草地合理流转、牲畜作价入股获得稳定收入的同时到城镇定居和创业,对于拓宽牧民增收渠道、提升生活质量具有十分重要的作用。发展高寒牧区草地生态畜牧业是加快资源禀赋转化为经济优势的现实需要,是促进民族地区经济发展和社会稳定的需要,是实现牧民增收全面脱贫攻坚的必然途径,也是高寒草地畜牧业可持续发展的必经之路,更是维护国家生态安全、国土安全、资源能源安全的战略需要。

第四节 贵南典型区草地生态畜牧业发展现状

在我国高寒草地生态畜牧业转型发展的探索征程中,青海省起步相对较早。2008 年 1 月 10 日青海省第十一届人民代表大会第一次会议召开,省委、省政府高瞻远瞩、果断提出"生态立省"战略,指明了"以保护草原生态环境为前提,以科学合理利用草地资源为基础,以建立草畜平衡机制为手段,以组建牧民合作经济组织为切入点,以转变生产经营方式为核心,以实现人与自然和谐发展和牧业增效、牧民增收为目标，坚持分流牧业人口与减畜相结合，逐步建立草原生态补偿机制，加快推进现代畜牧业建设，从体制机制上闯出一条适合我省实际的畜牧业可持续发展的新路子"的生态畜牧业发展思路，其目的就是着力解决传统畜牧业经营方式落后、组织化程度不高、发展方式单一等一系列突出问题，努力实现分散经营向规模化生产、集约化经营、专业化管理、产业化发展的转变，走质量效益型畜牧业发展路子。2008 年 3 月 3 日，青海省农牧厅印发了《关于开展生态畜牧业建设试点工作的意见》，选择在高寒牧区 6 州 7 个纯牧业村开展试点，逐渐形成以合作社为平台，实行草场、牲畜股份制模式；以草场流转、大户规模经营、分群协作、联户经营等一系列模式为全省生态畜牧业建设探索路子、总结经验。按照《青海省国民经济和社会发展第十二个五年规划纲要》，大力推进环湖地区现代生态畜牧业发展，积极发展青南地区草地生态畜牧业发展，促进草场使用权流转，引导牧户规模经营，加快草原牧业向集约型转变，提高牧业生产效益。到 2012 年底，实现了 30 个县883 个纯牧业村生态牧业合作社全覆盖。2013 年以来，全省加快推进生态畜牧业合作社规范化发展，择优扶持 100 个省级生态牧业合作社，选 100 名大学生村官领办生态牧业合作。2013 年 12 月 18 日国务院常务会议通过的《青海三江源生态保护和建设二期工程规划》指出，应"以转变经济发展方式为主线，大力发展生态畜牧业，着力促进生态保护、民生改善和区域经济协调发展"。这是三江源生态保护与建设工程从以治标为主的应急抢救型向标本兼治的长效机制型转变的重要标志，即从原来的应急式保护向常态化、持续性保护升级，也是实现区域生态治理与经济可持续发展两项任务同步协调推进的关键举措。2014 年 6 月，农业部正式批复青海省为全国草地生态畜牧业试验区，青海生态畜牧业进入了一个全新的发展阶段，并取得了重要实质性进展，全省生态牧业合作社数量达到 961 个，探索出"股份制""联户制""大户制""代牧制"等多种生态牧业建设模式，理顺草地牧业生产关系，加快转变发展，从体制机制上走出了一条符合青海实际的草地牧业发展新路子。2014 年时任国务院副总理的汪洋在青海调研时，对生态牧业发展给予了充分肯定。2016 年以来，牧区逐步建立起以合作社为主体的畜牧业生产模式，使畜牧业产业结构不断得到调整和优化，科技水平明显提高，富余劳动力转移就业能力不断增强。结合"全国草地生态畜牧业试验区"建设要求，以"三区"建设为引领，以改革创新为驱动，坚持生态保护第一理念，以推进畜牧业转型升级、发展现代草原畜牧业为核心，以实现草原保护和牧业增效、牧民增收为目标，进一步夯基础、转方式、调结构、提能力，大力推进全国草地生态畜牧业试验区建设。2020 年全面建立保护与建设结合、保护与发展协调的草地保护利用机制，创新草原生态保护新机制，建立农牧业经营主体建设新机制，探索集约化草地生态畜牧业经营新机制，建立草畜联动、多元化服务新机制，健全产业化发展新机制。

　　三江源区因其特殊的地理位置、丰富的自然资源、重要的生态功能成为我国青藏高原生态安全屏障的重要组成部分。同时，三江源区也是重要高寒草地畜牧生产区，畜牧业在当地经济发展和改善民生方面作用突出。因此，实现三江源区域内草地生态保护和生态畜牧业协调发展，不仅是生态环境保护、农牧民增收的迫切需要，更是国家生态安全和区域可持续发展战略的重大需求。

贵南县是青海三江源国家生态保护综合试验区辖域，是黄河上游最大的水库——龙羊峡水库重要积水区，也是全国唯一的畜牧业国家级可持续发展实验区——海南藏族自治州生态畜牧业可持续发展实验区的核心区，其辖区内广袤的天然草地是重要的水源涵养地和生态屏障，具有重要生态安全战略地位。由于贵南县农牧交错区具有相对较好的地理优势和气候条件，使其成为整个三江源乃至全省重要的饲草生产和储备基地，是探索青海省农区、牧区和农牧结合区三区耦合机制及现代生态畜牧业发展模式的典型区域。

贵南县位于青海省东北部，海南藏族自治州南部（100°13′~101°33′E、35°09′~36°08′N），东与黄南藏族自治州泽库县为邻，南与同德县、西与兴海县和共和县、北与贵德县接壤，是以藏族为主的少数民族聚居区。贵南县属典型的高原大陆性气候，年平均气温为 -0.6~4.5℃，气温日差较大，为 12~18℃，年极端最高气温 31.8℃，年极端最低气温 -29.2℃，年均降水量为 403.8 mm；四季气候不分明，仅有冷季与暖季之分。气温低，日照长，辐射强，降水集中，雨热同季，但降水不足，蒸发量大，具备良好的农牧业发展条件。贵南县东西长 122 km，南北宽 109 km，是一个以牧为主、农牧结合、经济结构相对单一的县，全县总人口 7.86 万人，有藏、汉、回等 12 个民族，藏族人口占总人口的 76.4%。辖 3 镇 3 乡 75 个行政村、8 个居民委员会和 1 个黑羊场，其中纯牧业村 35 个，农业村 40 个。海南藏族自治州贵南县在生态草原环境中较为典型，贵南县的草原类型分布较为丰富。草地共划分为 6 种类别，其中温性草原类为 131 074.29 hm²，占贵南县草原总面积的 30.60%；温性荒漠草原类为 44 113.80 hm²，占贵南县草原总面积的 10.30%；高寒草原类草地为 34 399.76 hm²，占贵南县草原总面积的 8.02%；温性荒漠类草原为 8 937.60 hm²，占贵南县草原总面积的 2.08%；高寒草甸类草原类型为 209 922.25 hm²，占贵南县草原总面积的 49.00%；高寒荒漠类草甸占地面积较小（杨小刚等，2003；刘兴元等，2010；李晓媛等，2007）。

全县土地总面积 66.50 万 hm²，其中草场面积 50.44 万 hm²（包括两个省属农牧场），占全县土地总面积的 75.85%。可利用草场面积 38.68 万 hm²，其中冬春草场 24.35 万 hm²，夏秋草场 14.33 万 hm²。林地面积 9.93 万 hm²，耕地 4.66 万 hm²，其中水浇地 0.26 万 hm²。贵南县草地畜牧业虽然按季节划分了季节草场，确定了冬春草场和夏秋草场按季转场的放牧制度，但由于暖季草场位于高海拔的偏僻地带，造成夏秋草场放牧时间短、冬春草场放牧时间长的局面。夏秋草场的利用时间为 120 d 左右，而且利用面积不充分，1/3 的夏秋草场因海拔高和气候冷而未被利用，浪费了大量资源。冬春草场的利用时间一般为 240 d 左右，家畜长时间在冬春草场上反复啃食，不但吃光了牧草，甚至刨食草根，造成草场退化，致使畜牧业赖以生存的基础遭到严重破坏。目前，全县重度退化草场面积 3.61 万 hm²；鼠虫害发生面积 21.33 万 hm²，占全县可利用草场面积的 55.14%。鼠虫害是草地退化、沙化的主要原因之一。加之近几年气温逐年增高，降水逐年减少，气候干燥、水源干涸，牧畜超载和不合理利用草地资源，优质牧草随之减少，质量下降，草地生产能力降低，植被盖度变小，牧草种群退化，毒杂草丛生。全县目前有毒草原面积达 1.81 万 hm²，占全县可利用草地面积 4.68%。贵南县域内退化草地可食鲜草平均产量下降了 53.64%，严重影响了该地区草地畜牧业的发展和牧民群众生活水平的提高。

2003 年底，贵南县人工种植多年生牧草保留面积达 2.86 万 hm²，建立优质草种基地 489.1 hm²，贵南县已成为三江源地区乃至全省重要的饲草生产和储备基地，为推进贵南畜牧业产业化进程提供了物质基础。2006 年贵南县累计建设各类人工草地 5.10 万 hm²，其中建设优质高产人工草地 1.23 万 hm²，退耕还草建立多年生人工草地 2.98 万 hm²，荒山种草 0.89 万 hm²（麻守德，2006）。由于技术、资金和机械缺乏，有一些人工草地冬春季节直接放牧，致使多数饲草被牛羊践踏而浪费，其利用率很低。每年约 1.33 万 hm² 人工草地的草没有得到充分利用（何双琴，2005）。通过对天然草地、人工草地及农作物秸秆的统计计算，天然草地平均鲜草产量 3 300.6 kg/hm²，可利用鲜草 3 081.0 kg/hm²，全县天然草地可利用鲜草总量 132.86 万 t。人工草场可利用鲜草产量 24 025.5 kg/hm²，人工草地鲜草总量 9.17 万 t。可利用农作物秸秆 4.83 万 t，农作物秸秆产量 3 284.10 kg/hm²，农田秸秆鲜草总量 3.72 万 t，饲草料总量 12.89 万 t（力格吉和索南加，2010），年加工生产青干草捆 5 万 t，高密度草捆 4 000 t，草颗粒、草块 4 000 t。天然草地理论载畜量为 71.24 万个羊单位，人工草地理论载畜量为 5.02 万个羊单位，农作物秸秆载畜量为 2.30 万个羊单位，饲草总量的理论载畜量为 79.02 万个羊单位。全年天然草场平均可食青草为 1 748.85 kg/hm²。全县饲草总量理论载畜量为 79.02 万～94.37 万个羊单位，草地现有载畜量为 88.18 万～101.94 万个羊单位，载畜潜力亏缺，草畜不平衡，牲畜存在超载现象（李旭谦，2004；李莲香，2004）。中华人民共和国成立初期，畜均占有可利用草地 0.98 hm²。到 2003 年，畜均占有草地 0.49 hm²，比新中国成立初相比，减少 50.0%。贵南县各乡（场）存在严重超载现象，过马营镇部分村与贵南牧场共牧，造成抢牧、乱牧，超载严重。塔秀乡、森多镇、黑羊场轻度超载。从草地利用上看，3 个农业乡全年利用草地超载 198.49%。冬春草地超载 45.43%，夏秋草地超载 124.00%（拉元林，2002）。

贵南县作为一个欠发达的少数民族地区，畜牧业是绝对主导产业。草地畜牧业作为贵南县经济的主体，在全县经济发展中占据举足轻重的地位（高歌，2020）。贵南县各乡镇牛羊舍饲育肥基地及存栏情况如表 1-1 所示。2008 年全县有各类牲畜 92.52 万头（只）。其中牛 9.1 万头，羊 82.8 万头。2009 年末贵南县各类牲畜 62 万头（只），其中大牲畜 6.50 万头（只），绵山羊 55.6 万只，折合 88.2 万个羊单位。2013 年底，全县存栏各类草食畜 88.07 万头（只）。其中，牛 11.84 万头，羊 75.94 万只，其他家畜 0.29 万头（只）；存栏绵羊中绝大多数为高原型藏系绵羊，属毛肉兼用型品种，体格较小，生长发育缓慢（李昕等，2015）。

表 1-1 贵南县各乡镇牛羊舍饲育肥基地及存栏情况（2006 年）

（单位：头、户）（马黎明等，2008）

牛羊舍饲育肥基地	年初牛羊存栏数	繁殖母畜	育肥户	育肥牛羊
塔秀乡	184 786	97 897	218	21 722
森多镇	294 597	151 555	631	57 392
过马营镇	256 558	135 466	1 157	55 589
沙沟乡	53 959	30 187	423	10 907
茫曲镇	19 098	10 126	176	10 685
茫拉乡	66 471	37 366	491	14 611

茫曲镇原名为拉乙亥乡，现为贵南县府驻地。全镇总面积为 120 km²。东接森多镇、西连塔秀乡、茫拉乡，北倚木格滩，南靠贵南县南山。茫曲镇属高原大陆性气候，冬季漫长、夏季短促，1 月平均气温 -11℃，7 月平均气温 18℃，冬无严寒，夏无酷热，茫曲镇历年平均降水量 400 mm 左右，降水集中在 5—9 月，无霜期 47～64 d，农作物生长季为 120～160 d。该镇以汉族为主，有回族、藏族、土族、蒙古族、撒拉族、东乡族 6 个少数民族，其中回族占总人口的 26%、藏族占 22%，是一个以农为主、农牧结合的镇。全镇现辖 11 个行政村 29 个社，2 个社区居委会。全镇耕地面积 4.6 万亩，实施退耕还林草工程 3.5 万亩，共有各类牲畜 3.3 万头（只）。

过马营镇位于贵南县东北部，平均海拔为 3 200 m，总面积为 1 919.6 km²，占全县总面积的 28.8%。境内可利用天然草场面积为 209.93 万亩（其中，冬春草场为 155.87 万亩，夏秋草场 54.06 万亩），荒漠化土地 53.48 万亩。全镇累计实施退耕还林（草）8.53 万亩，荒山造林 4.8 万亩。年初牲畜总数约 35.4 万头（只），其中，羊 32.1 万只、牛 3.3 万头、马 330 匹、猪 160 头。经济布局以牧为主兼营小块农业。全镇共有 11 个行政村 38 个社，辖区内有藏族、汉族、回族、土族、蒙古族、撒拉族等 7 个民族，社会总人口为 21 965 人（包括草业公司 2 869 户 8 517 人），其中，农牧户 2 096 户 11 923 人（劳动力 5 385 人），藏族占 95%。2009 年农牧民人均收入 4 062 元。过马营镇作为贵南县人口、畜牧、面积最大的乡镇，境内交通便利，省道西久公路横穿东南，过龙公路纵贯南北，是贵南县乃至三江源东部地区畜产品主要流通地。

森多镇是一个以牧为主兼营农业的镇，全镇有 16 个行政村，31 个农牧业合作社。全镇总面积为 2 771.3 km²，境内可利用草场 137 万亩（其中，冬春草场 53 万亩，夏秋草场 84 万亩），荒漠化土地 40 万亩，黑土滩 31 万亩。现有耕地 5.6 万亩，累计实施退耕还林草工程 7.1 万亩，实施黄沙头防沙治沙工程为 20 万亩，已实施绿色通道 26 km。2010 年农牧民人均收入为 3 497.1 元。全镇牲畜存栏 17.36 万头（只），其中牛 3.4 万头，羊 13.9 万只（绵羊 12.5 万只，山羊 1.4 万只），马491匹，母畜总数为9.5万头（只）（牛2.0万头，羊7.5万只，马114只），繁殖仔畜7.2万只，产仔率达96.8%。成活仔畜7.2万头（只），成活率达97%，成畜死亡967头（只），成畜死亡率为0.56%。出栏各类牲畜1.3万头（只），其中商品率为97.3%。补饲草料1338万斤（1斤=500 g），储备饲草料130万斤。

　　塔秀乡地处贵南县西南部，西隔黄河与兴海县相望，南与同德县接境，东与森多镇相连，距县府驻地26 km。塔秀乡是一个纯牧业乡，人口0.6万人，以藏族为主，占总人口的99%。辖塔秀、加斯、达龙、西格、扎日干、达茫、子哈、贡哇8个村（牧）委会。总面积1171 km²，平均海拔3700 m。气候较寒冷，年平均气温1.6℃，年降水量310 mm，无霜期47 d。可利用草场面积8万hm²，以高原草甸草场为主。2005年7月底牲畜存栏数19.99万头（只），折合29.4万羊单位，其中存栏绵羊17.73万只，牛2.08万头，马0.18万匹。牦牛和藏系绵羊以家庭饲养方式为主，终年在海拔3300 m以上的高原草甸草场混群放牧。

　　黑藏羊场位于贵南县县城南15 km处茫拉镇的西龙沟口，海拔高度最高3400 m，最低2100 m，平均3250 m。年最高气温28.6℃，最低气温-25.2℃，平均气温1.6℃。年绝对无霜期76 d，年均降水量484.6 mm左右。全场总面积6.58万亩，其中可利用草地面积5.81万亩，耕地3970亩；各类牲畜7894头（只），其中有黑藏羊5000多只，占全场总牲畜的63.6%。全场现在牧户58户，总人口278人。青海黑藏羊又称贵德黑裘皮羊，是我国青藏高原地区藏羊的一个特殊经济类型，以产黑紫羔二毛皮驰名省内外。20世纪60年代以来，由于黑藏羊皮毛市场价格持续走低，致使饲养数量逐年减少，种群混杂严重，品质下降。

　　2004年全县出栏各类商品畜23.22万头，肉产量6730 t，其中牛肉1867 t、羊肉4863 t。这些畜产品不论从产品品质上还是从价格上都具有明显的竞争优势（马黎明等，2008）。截至2004年，全县已修建高标准畜棚1208座，围栏草场29.71万hm²。扶持育肥大户68户，家庭养殖户1524户，年育肥规模保持在15万头（只）左右，年育肥收入达750万元以上。然而，全县畜牧业结构还不尽合理，牲畜品种结构仍以牦牛和藏羊为主，分别占牲畜总头数的9.15%和68.74%。调查结果显示，贵南县牦牛群中适繁母畜数量占39.34%，不到群体总量的40%，母畜比例明显偏低，这是造成群体繁殖偏低的主要原因。另外，贵南县母牦牛一般3岁后开始发情，产犊以单胎为主（何建芬，2009）。母牛产犊后一般要隔一年后才能再发情，部分母牛产犊2年后才能发情再妊娠产犊，产犊间隔较长也是造成贵南县牦牛繁殖率低下的内在因素之一。品种结构中优质良种比例不高，还不能适应市场对畜产品优质化和多样化的需求。目前，全县母畜比例已达56%。羊、牛、马的比例为89∶10∶1，已初步形成了种草、舍饲、育肥、贩运模式，草产业、设施畜牧业两大产业正在兴起，为牧而农、为养而种的格局初步形成。2020年，全县畜牧业设施养殖比例达到80%，母畜比例达到80%以上，牲畜出栏达到75万羊单位，实现畜牧业产值年均增长5%，农牧民人均年均增长14%（王小红，2015）。

　　贵南县有机畜牧业发展方面，早在2009年，在青海省农牧厅的大力支持下，以及县委、县政府的高度重视和正确领导下，贵南县便开始了有机畜牧业试点工作，组建了贵南县森多高原有机畜牧业养殖专业合作社。2009 年 5 月，青海省地矿应用研究中心完成了森多、过马营和塔秀 3 个牧业乡镇大气、土壤、水分取样化验等环评工作，经监测各项指标均符合标准。2009 年 10 月，青海产品质量监督检验所进行藏羊肉和高原牦牛肉的检测，依据《绿色食品　畜禽肉制品》（NY/T 843—2015）［代替《绿色食品　肉及肉制品》（NY/T 843—2009）］，畜产品检验合格。2010 年 12 月已通过了北京中绿华夏有机食品认证中心总部审查认证，认证有机生产基地 142.3 万亩，产品为高原牦牛和藏系羊，有机产品认证证书编号为 COFCC-R-1011-0212。2014 年贵南县黑藏羊获得燕麦有机产品转换认证，青海省贵南草业开发有限责任公司获得青稞有机转换产品认证，青海现代草业发展有限公司近 5 000 亩燕麦有机转换认证，表明贵南县已经具备开展有机畜牧业的基础和条件。由于有机产业刚刚开始试点，产业链尚未形成，销售局面尚未打开，例如，有机青稞等产品收购价格只略高于普通产品，种植户存在减产问题，有机产业有待进一步发展完善。

自国家实施西部大开发以来，贵南县坚持围绕市场调整，优化产业布局，转变经营方式，推行科学养畜，从畜牧业结构调整入手，因地制宜、全面规划，大力发展半细毛羊以及改良羊，实施以牧畜暖棚为主的舍饲牛、羊育肥及畜产品加工，形成了以种植饲草饲料、发展牛羊贩运、育肥为主的新格局，母畜比例和良种畜不断提高，畜牧业生产逐步走上持续稳定发展的良性循环之路，形成了农牧结合、种草、舍饲、半舍饲养畜的良好局面，初步实现了由传统畜牧业向效益畜牧业的转变。但由于该县自然气候条件差，特别是干旱缺水、土地沙化、草场退化、畜草矛盾突出，尤其在推进畜牧业产业化方面，畜牧业基础薄弱，产业结构单一。由于缺乏龙头企业，畜产品未能加工增值，形不成规模优势和竞争优势，加之资金、技术、人才紧缺和农牧民群众文化素质较低，观念陈旧，农牧区经济发展仍然缓慢（莫芳，2004）。

鉴于贵南县草场资源优势，退耕还草的面积不断加大，适宜种植适应性强、高产、优质的多年生牧草。贵南县独特的气候条件和耕地资源使其人工草地得到快速发展，近年来已成为整个三江源乃至全省重要的饲草生产和储备基地。青海三江源生态保护和建设二期工程规划将贵南县纳入了青海三江源国家生态保护综合试验区，成为贵南县畜牧业由传统畜牧业向现代化、智慧化生态畜牧业的发展重要契机。针对上述需求，探讨三江源生态畜牧业发展的科学途径，研发基于现代科学技术手段的智慧生态畜牧业技术平台，构建以"减压增效"为目标的智慧生态畜牧业新模式，这对于减轻草地放牧压力、提升畜牧业效益增速的生态畜牧业"新常态"，促进三江源区生态保护和社会经济的可持续发展具有十分重要的意义。

参考文献

曹冰雪，李瑾，冯献，等，2021. 我国智慧农业的发展现状、路径与对策建议 [J]. 农业现代化研究，42（5）：785-794.

崔帅，尚友国，徐春霞，等，2021. 如何推动智慧畜牧业发展 [J]. 中国畜牧业（9）：77.

方邦元，熊祖哲，2020. "互联网＋"推进畜牧业走向智慧发展 [J]. 中国畜牧业（13）：90.

高歌，2020. 青海贵南县草原保护问题调查 [J]. 广东蚕业，54（9）：47-48.

顾玲艳，李鹏，许永斌，2015. 畜牧业互联网＋战略实施现状与建议 [J]. 中国畜牧杂志，51（22）：15-19.

何建芬，2009. 浅谈贵南县草地退化现状及治理对策 [J]. 青海草业，18（3）：35-37.

何双琴，2005. 贵南县草产品开发浅谈 [J]. 青海畜牧兽医杂志，35（4）：49-50.

孔雷，2019. 山东智慧畜牧业发展路径探讨 [J]. 中国畜牧业（3）：31-33.

拉元林，2002. 青海省贵南县草地资源评价与合理利用 [J]. 青海畜牧兽医杂志（5）：32-33.

李道亮，2018. 农业4.0——即将到来的智能农业时代 [J]. 农学学报，8（1）：207-214.

李华洋，2021. 智慧畜牧业发展路径探讨 [J]. 今日畜牧兽医，37（5）：68.

李莲香，2004. 同仁县草地产草量调查报告 [J]. 青海草业（4）：20-23.

李守德，1997. 我国草业发展的成就、任务与对策 [J]. 中国草地（4）：1-4.

李文凤，杨亚莉，李龙，2021. 信息技术在现代畜牧业生产中的应用和发展 [J]. 农业工程，11（7）：34-36.

李晓媛，张胜智，陈昌平，等，2007. 甘南州天然草场载畜能力分析研究 [J]. 甘肃畜牧兽医，193（2）：15-17.

李昕，陈彩英，常明华，等，2015. 贵南县肉羊生产中存在的问题和对策 [J]. 畜牧与兽医，47（3）：139-140.

李旭谦，2004. 柴达木盆地草业生产条件及发展潜力 [J]. 青海草业（2）：30-33.

力格吉，索南加，2010. 2009年贵南县草地生产力监测报告 [J]. 现代农业科技（13）：362，367.

刘国萍，杨明川，周路，2018. 智慧畜牧服务及关键技术研究 [J]. 电信网技术（5）：38-42.

刘兴元，冯琦胜，梁天刚，等，2010. 甘南牧区草地生产力与载畜量时空动态平衡研究 [J]. 中国草地学报（1）：99-106.

陆林峰，管孝锋，黄海龙，等，2020. 基于农业物联网的应用平台构建 [J]. 浙江农业科学，61（7）：1455-1457.

麻守德，2006. 贵南县发展现代畜牧业的条件分析与对策研究 [J]. 青海草业，15（1）：29-31.

马学路，2021. 陇西县畜牧产业智慧平台研究与探索 [J]. 畜牧兽医科技信息（1）：27.

莫芳，2004. 对加快贵南县畜牧业产业化进程的思考 [J]. 青海畜牧兽医杂志，34（5）：20-22.

山薇，杨晓东，刘雅玲，等，1997. 我国草地畜牧业的地位、问题及发展对策 [J]. 中国草地（1）：64-66.

孙祥，1997. 中国草地畜牧业的生产现状及潜力 [J]. 内蒙古草业（4）：30-35.

陶家树，2018. 智慧畜牧业发展路径探讨 [J]. 中国畜牧业（11）：33.

陶家树，赵学峰，杨志强，等，2021. 山东智慧畜牧业发展现状与问题分析 [J]. 中国畜牧业（2）：31-32.

王慧慧，涂丽丽，梁栋，等，2020. 大数据在智慧农业中的应用研究 [J]. 黄山学院报，22（3）：

33-36.

王小红，2015. 贵南县畜牧业发展规划 [J]. 中国畜牧兽医文摘，31（9）：12.

王晓丽，2020. 我国畜牧业未来发展的几大趋势 [J]. 中国畜禽种业，16（3）：23.

徐传增，2017. "互联网 +" 时代我国农业经济发展方式转变研究 [J]. 农技服务，34（10）：192.

徐海川，白雪，刘晓雷，等，2019. "智慧畜牧业" 发展中的问题、对策及趋势 [J]. 黑龙江畜牧兽 医（10）：11-14.

杨小刚，陈学俭，梅宏昌，2003. 西宁南山草地生产力评价 [J]. 青海草业（4）：12-14.

于法稳，黄鑫，王广梁，2021. 畜牧业高质量发展：理论阐释与实现路径 [J]. 中国农村经济（4）：85-99.

张国锋，肖宛昂，2019. 智慧畜牧业发展现状及趋势 [J]. 中国国情国力（12）：33-35.

张连霄，2022. 如何推动智慧畜牧业发展 [J]. 吉林畜牧兽医（3）：107-108.

张智山，1997. 全国草地畜牧业现状及发展思路 [J]. 中国草地（5）：1-5.

赵春江，2019. 智慧农业发展现状及战略目标研究 [J]. 智慧农业，1（3）：1-7.

赵明坤，尚以顺，赵熙贵，等，2006. 贵州牧草种质资源研究与利用 [J]. 中国草地学报（3）：44-52.

中国北方草原与畜牧业发展项目文集编辑委员会，1989. 中国北方草原与畜牧业发展项目文集 [M]. 北京：中国科学技术出版社 .

周道玮，孙海霞，刘春龙，等，2009. 中国北方草地畜牧业的理论基础问题 [J]. 草业科学，26（11）：1-11.

邹岚，魏传祺，彭博，等，2021. 我国智慧畜牧业发展概况和趋势 [J]. 农业工程（9）：26-29.

第二章 研究区概况及研究方法

第一节 研究区概况

贵南县地处祁连山边缘至昆仑山的过渡地带，西顷山和黄河之间，属于柴达木地块的东延部分——共和盆地（达娃央宗和聂永喜，2018）。地理位置为100°13′~101°33′E，35°09′~36°08′N（力格吉和索南加，2009），位于青海省境内东北部、海南藏族自治州南部，东西长122 km，南北宽109 km。境内总面积6 649.7 km²，约占海南州总面积的14.45%。东邻黄南州泽库县，西接兴海县、共和县，南毗同德县，北依贵德县（李云霞等，2018）。行政区划隶属青海省海南藏族自治州，县府驻地茫曲镇距省会西宁302 km，距州府恰卜恰157 km。辖茫曲镇、马营镇、森多镇、茫拉乡、沙沟乡、塔秀乡6个乡镇、75个行政村、9个社区和1个省属企业（贵南草业公司），其中茫曲镇、茫拉乡、沙沟乡为农业乡镇，马营镇、森多镇、塔秀乡为牧业乡镇（旦正巷前，2017）。贵南县是一个以藏族为主，藏族、汉族、蒙古族、回族、土族、撒拉族等12个民族的多民族聚居区（程春艳，2018），总人口8.12万人，其中藏族人口51 111人，占总人口的62.94%。人口密度10.3人/hm²。贵南县府茫曲镇位于境内中部芒拉河畔，在2001年9月原拉乙亥乡撤除并建立茫曲镇。全县从南至北分为上、中、下3条街道，居民区多分布在上街道，行政经济区主要集中在中街，下街道多为文化区（贵南县人民政府，2021b）。矿产资源匮乏，经济基础薄弱，农牧交叉、农牧互补是最大、最鲜明的县情特征。草地畜牧业是当地的主导产业（高歌，2020），在贵南县经济社会发展中起关键作用，其中牧业产值占全县农牧业总产值的六成以上（索南加等，2008；任玉英，2006）。

境内地形自东南向西北倾斜（季雪梅，2017），平均海拔3 100 m，地势复杂，地貌独特，山地、滩地、谷地交错分布。东南部环山，约占全县总面积的27%，为西顷山褶曲高原的一部分，是牧民夏季草场，高山连绵，其中直亥山峰海拔高达5 011 m，是境内最高峰。中部为高原滩地，约占全县总面积的50%，黄河及其支流沙沟河和茫拉河切割冲刷形成台地或谷地，地势开阔平坦，沙丘连绵，牧草点点。主要滩地有木格滩、森多滩、塔秀滩、哇什塘滩、巴洛合滩等，土层较厚且疏松，是该县主要的冬季草场，其中位于中部的木格滩沙漠是典型的内陆沙漠滩地，该滩地西北部丘陵较多，牧草生长良好，东南部为沙漠地带，无植物生长。北部由于黄河及其支流切割较深，形成许多谷地，占全县总面积的23%，主要有黄河流域、茫拉河、莫曲沟等河谷，相对高差 100～600 m，其中拉西瓦黄河沿岸是境内最低点，海拔 2 222 m。谷地地势平坦宽阔，气候温暖，适宜各种农作物的生长发育，是贵南县主要的农业基地。山地宜牧，谷地宜农，台地可农可牧，构成贵南县农牧结合的经济格局（华旦，2013；旦正措，2015）。

贵南县为典型的高原大陆性气候（旦正措，2020），冬长夏短，四季不明显，冬无严寒，夏无酷暑（何双琴，2005），太阳辐射强，日照充足，农牧业气候资源丰富，适宜发展草地畜牧业（卓玛才让，2018）。年平均气温 3.1℃，年极端最高温 31.8℃，年极端最低温 -29.2℃；年平均降水量 403.88 mm（华旦，2013），时空分布不均且年际变化大，强度小，主要集中在 5—9 月；年平均日照时数 2 738.0 h；年平均蒸发量 1 378.5 mm；气温低、日较差大、日照长、辐射强、降水集中但不足、雨热同期长，易发生干旱、风沙、冰雹、雪灾等气象灾害（钟存等，2014），很少出现高温热害（钟存和魏鹏，2015）。

贵南县年降水量 25.02 亿 m³，径流量 3.4 亿 m³，每年地下水综合补给量 18 422.10 m³，但可开采量为 8 069.10 m³/ 年，理论上水能储藏量 54 994 kW，实际可开发水能 10 493 kW（贵南县人民政府，2021d）。境内有大小河流、溪流数百条，大部分为黄河外流水系，主要有茫拉河、沙沟河、莫曲河、大水沟等（旦正巷前，2017），其中茫拉河以及沙沟河河水流量较大，是该县境内重要的农业生产基地；内流水系有干木群沟、达龙沟、西格尔沟等。龙羊峡、拉瓦西两座大型水库沿黄河分布。主要水系年平均流量达 11.85 m³/s，年径流量达 3.49 亿 m³，可利用水量达 1.3 亿 m³。贵南县位于干旱半干旱缺水区域，水资源匮乏，用水紧张（刘建军，2017），人均水资源占有量在青海省乃至全国的比例都较少。各河流径流量 2—5 月以融冰水为主，6—9 月以大气降水补给为主，该时段也是汛期，洪水灾害频繁，10 月中旬至翌年 4 月中旬冰冻期（贵南县人民政府，2021a）。近年来由于降水量减少，水资源不足，导致灌木成活率低、草场退化、农业产量低，缺水问题成为限制贵南县生态建设、农牧业以及社会经济发展的主要问题。因此需要建设水利工程来满足该县长远的发展需求，优化生态环境，促进特色农业种植，发展生态畜牧业。黄河上游最大的水库——龙羊峡水库以及拉瓦西和正在争取实施的羊曲水利水电站建在贵南县和共和县、贵德县和兴海县交界处的黄河峡谷，水能资源丰富，可供黄河沿岸缺水地区使用。

贵南县土壤主要发育在第四纪黄土母质上，由于境内地势地貌错综复杂，不同区域土壤在发育过程中也表现出不同的特性，形成土壤多样性的特点。全县境内土壤质地均为壤土，沙壤土占 22.7%，轻壤土占 22.73%，中壤土占 45.45%，重壤土占 9.09%。土壤多为微碱性或碱性，缺磷、富钾、氮适中，磷酸钙含量最低为 0.2%，最高为 4.59%。pH 值在 7.5～8.5 范围内的土壤占 56.32%，pH 值在 8.5～9 范围内的土壤占 42.26%。牧区土壤氮适中，有机质丰富，农区缺氮，有机质适中。全县土壤按照《全国第二次土壤普查暂行技术规程》可分为高山寒漠土、高山草甸土、山地草甸土、灰褐土、黑钙土、栗钙土、潮土、沼泽土，以及风沙土 9 个土类

（贵南县人民政府，2021b）。

　　贵南县野生动物大约有 20 种，高山草原多出现马鹿、麝、雪豹、岩羊、猞猁、雪鸡、马鸡等国家保护的稀有动物；滩地有赤狐、沙狐、旱獭、黄羊、石鸡、高原山鹑等；河谷地多为黄鸭、野鸭、野鸡、野兔、岩鸽等（旦正措，2020）。常见的植物有 289 种，隶属 52 科，其中优良牧草由禾本科、莎草科、豆科、菊科、蔷薇科、藜科、蓼科等组成，共有 134 种。禾本科中的优良牧草有克氏针茅、短花针茅、紫花针茅、早熟禾、藏异燕麦等；莎草科中的优良牧草有高山嵩草、矮生嵩草等；菊科中有小白蒿等优良牧草；蓼科中有珠芽蓼等。毒草以及不食杂草类主要有狼毒、醉马草、甘肃棘豆、黄花棘豆等共计 50 种（刘建军，2017；贵南县人民政府，2021c）。主要农作物有春小麦、青稞、油菜以及马铃薯、豌豆、蚕豆、燕麦等。

　　贵南县是青海省三江源生态保护国家综合试验区的辖区，是我国唯一的国家级畜牧业可持续发展实验区海南藏族自治州的核心区。由于相对良好的地理优势和气候、资源条件，更是整个三江源乃至全省重要的牧草生产和储备基地，是探索青海省农牧区、农牧区耦合机制和现代生态畜牧业发展模式的典型地区。土地总面积 66.50 万 hm²，其中草场面积 50.44 万 hm²（包括两个省属农牧场），可利用草场面积 38.68 万 hm²，其中冬春草场 24.35 万 hm²，夏秋草场 14.33 万 hm²。草场按照牧草品质分为优、良、中、低、劣 5 个等级。其中优等草场植被主要为线叶嵩草，以早熟禾为主，面积为 46.85 hm²，占可利用草场面积的 1%；良等草场植被多以高山嵩草和矮生嵩草为主，面积为 1 701.56 hm²，占可利用草场面积 36.05%；中等草场植被有青海固沙草、针茅、芨芨草等，面积 2 521.86 hm²，占可利用草场面积的 53.43%；低等草场植被主要包括荒漠类的盐爪爪草、驼绒藜草，面积 268.20 hm²，占可利用草场面积的 5.68%；劣等草场植被有索五草、杜鹃草等，面积 181.15 hm²，占可利用草场面积的 3.84%。按植被类型可分为温性草原类、温性荒漠草原类、高寒草原类草地、温性荒漠类草原以及高寒草甸类草原 5 种类型。其中温性草原类 131 074.29 hm²，占全县草原总面积 30.60%；温性荒漠草原类 44 113.80 hm²，占全县草原总面积的 10.30%；高寒草原类 34 399.76 hm²，占全县草原总面积的 8.02%；温性荒漠类 8 937.60 hm²，占全县草原总面积 2.08%；高寒草甸类 209 922.25 hm²，占全县草原总面积的 49%（贵南县人民政府，2021c）。历史上贵南县气候湿润、幅员辽阔、牧草肥美，发展畜牧业有着得天独厚的优势（冯益明等，2008；郭守生等，2010）。近年来，牲畜饲养数量随着人口增长和居民生活水平的提升而显著增加，但草地自然生产力无法支撑牲畜数量的快速增长，因此贵南县境内天然草地负担过重，草畜矛盾突出，出现乱牧、抢牧甚至过牧的现象（刘洪霞等，2008）。这种现象多集中在居民点、饮水点，由于牲畜过度聚集，反复践踏啃食，草地没有休养生息的机会，最终导致牧草品质下降甚至灭绝，植被发生演替甚至退化，中度、重度退化草地面积可达到 36 200 hm²，其中以中度退化草地面积最大，重度退化草地面积 1 200 hm²（高歌，2020）。草地退化严重，生态环境恶化，成为贵南县畜牧业可持续发展的主要限制因素。随着国家政策的响应，全县退耕还林还草面积逐步增加，做好退耕还林还草后续产业发展成为贵南县的重要任务。从 2001 年实施大规模退耕还林还草工程以来，到 2004 年退耕还草面积已经达到 17 200 hm²，2004 年贵南县提出"为牧而农，为养而种，立草为业，草业先行，发展草产业，带动草经济"的发展创新理念，明确要在 5 年内实现"全州乃至全省的草产业发展基地、肉牛羊繁育基地、退耕还林还草后续产业发展示范基地"的目标。草业的快速发展取得了良好的经济、社会以及生态效益。首先，畜牧业生产方式由粗放型、传统型向舍饲、半舍饲型转变，草地畜牧业向生态畜牧业转变；其次，草业的发展能够有效缓解天然草地的畜牧压力，缓解草畜矛盾，改善生态环境；最后，发展草业的终极目标是要发展养殖业，草业的发展能够带动牛羊育肥业的发展，种草—育肥—贩运—增收产业链已基本形成，并成为当地增加收入的重要途径（索南加等，2008）。

贵南县牧区牲畜有藏系绵羊、牦牛、山羊和河曲马等，农区有毛驴、骡子、黄牛、荷斯坦奶牛等，是青海高原生态农牧业重要基地。1986 年以来，全县坚持"依托资源、调整结构、提高总量、增加品种"的方针和分类指导原则，以提高畜产品质量为中心，以增加牧民收入为目标，调整畜牧业内部结构，加强畜种改良，积极开展畜疫防治，引进和推广新品种，畜牧业科技含量和整体效益逐年提高。20 世纪 80 年代末，贵南县按照"发展羊、稳定牛、控制马"的思路，积极调整畜牧业结构，坚持立草为业，科技兴牧、推进产业化进程，畜牧业呈现出优势互补、突出特色、良性循环、协调发展的新格局（索南加和周雷，2011）。截至 2016 年，贵南县累计建设围栏草场 538.4 亩，人工草场 33.42 亩，牲畜暖棚 5 514 座。全县共有山地草甸、山地荒漠草甸、高寒草甸以及平原草甸 4 个草场类，4 个草场亚类，8 个草场组，24 个草场型。草食畜存栏 113 万头（只），其中牛 13 万头，羊 100 万只。县政府采取引进与种畜场培育种畜结合的方法，加大对良种畜的投资，提高良种畜的占比，持续改善畜牧产业结构（旦正巷前，2017）。2017 年被国家认证认可监督管理委员会认定为"国家有机产品认证示范区"，已认定有机农畜产品 11 个。培育星级家庭农牧场 107 家，初步形成了"饲料种植—草产品加工—牲畜养殖—有机肥还田—绿色有机产品开发"的农牧业综合发展体系，在巩固已建合作社成果和引导已建养殖小区发挥作用的基础上采取牧繁农育、自繁自育、集中养殖和分散养殖相结合的方式，大力扶持家庭农牧场的发展，同时紧紧抓住建设国家级生态畜牧业可持续发展实验区和三江源国家生态保护综合试验区的重大机遇，现代生态农牧业发展潜力巨大，势头正足（贵南县人民政府，2021c）。

第二节　研究方法及技术路线

从贵南县生态—生产及经济发展的实际需求出发，针对该区域草地生态系统及畜牧业生产中存在的关键问题，基于遥感等现代信息化技术的支撑及应用，重点针对贵南天然草地合理放牧利用、优质高产饲草基地建植、饲草资源高效利用、牦牛和藏系绵羊健康养殖、有机肥加工及返田利用等关键技术实现突破,有效提高畜产品科技附加值。同时,依托天然草地牧草产量与营养季节动态、天然草地合理放牧智慧平台、农副产品资源品质等数据库平台以及高原特色畜产品销售电商平台,提升以贵南县为核心区的国家级生态畜牧业可持续发展实验区畜牧业生产科技支撑、科学决策水平和畜牧业经营效益,有效维持草地生态功能。在区域内实现畜产品增值、牧民增收、环境保护的综合效果。

最终建成集"天然草地合理放牧—饲草基地建植与管理智慧支撑—优良青贮饲料加工—饲料精准配置—牦牛、藏羊冷季补饲与健康养殖—高原特色畜产品加工信息化管理—畜产品质量追溯与电商平台"于一体的智慧生态畜牧业产业链;通过智慧畜牧业县级信息服务平台,对示范基地进行实时监控,并提供信息服务;创新集成区域适宜的智慧畜牧业发展模式,为三江源区智慧畜牧业推广应用提供创新范式。

针对畜牧业生产中过度放牧、草—畜季节性失衡、饲草栽培技术粗放、饲草料资源利用低效、舍饲智能化管理水平差等亟待解决的问题,创新集成信息化、智能化、精准化、高效化畜牧业支撑的关键技术,并因地制宜建立规模化综合示范基地;科技驱动高寒牧区传统畜牧业"减压—增效",显著提升生态畜牧业经济和生态效益,从而实现有效保护草场与改善民生双赢的目标。贵南示范区具体建设内容及方法主要包括以下几个方面。

一、天然草地智慧放牧

结合返青期休牧、季节性配置,以及通过饲草资源的耦合和优质人工草地建植、青贮加工等现代畜牧业技术促进农牧交错区草畜平衡,实施天然草地智慧放牧,实现草畜资源的优化配置,在保护天然草地的同时,提高畜牧业生产效率。重点建设内容及方法具体包括以下几种。

1. 牧草返青期休牧

高寒草地返青期禁止放牧亦称返青期休牧,是指季节性休牧,一年内在特定的季节内将草场围封起来不让放牧,为解除家畜对植物的啃食、践踏等不利影响而实施的禁止放牧以促进植物正常生长发育的措施。本研究结合青海省在贵南地区开展的返青期休牧政策,于2016年5月1日至6月30日,在贵南县森多镇嘉仓生态畜牧业专业合作社、贵南县黑藏羊场和贵南县塔秀乡雪域诺央家庭牧场3个示范点开展为期2个月的牧草返青期休牧试验示范,休牧期间示范户草场严禁放牧,对放牧家畜进行舍饲。

2. 天然草地季节性配置技术

根据草地畜牧业生产的季节动态,减少冷季牧草产量和质量下降时期的载畜量,使畜群对牧草的需求尽可能与牧草营养供给相匹配,在暖季充分发挥新生幼畜生长旺盛的特点,利用生长旺盛的牧草提高饲草转化效率,在冷季来临前,减轻草地放牧压力,按计划宰杀或者淘汰母畜,或实行异地育肥,不让其越冬,当年收获畜产品。基于天然草场中度放牧利用原则，结合牛羊数量、草场面积和健康状况，贵南县天然草场三季放牧利用农历 4—5 月实施牧草返青期休牧（55～60 d），休牧期间牦牛、藏羊于畜棚进行舍饲，暖季 6—9 月于夏秋草场进行放牧，将草地的利用率保持在 45%～50%；冷季 10 月至翌年 3 月于冬春草场进行放牧 + 补饲，将草地的利用率保持在 70%～80%。

3. 天然草地监测技术

气温、光照、降水量、土壤温度、湿度等气象因素是牧草生长和高产的基础，牧草长势是对牧草收获量进行预测的直接因素。通过建设 3 套气象数据和物候监测系统，对总辐射、光合有效辐射、降水量、空气温湿度、风速、土壤温湿度、热通量进行高频率观测，对草地牧草每日定时（3 次）图像采集，对土壤养分等进行定期测定，从而为牧草生长过程中关键施肥环节进行指导，并为草地牧草产量预测提供数据。

二、饲草基地建植与管理智慧支撑体系

重点针对饲草基地建植中存在的科学施肥和管理水平低等问题，主要依托生态监测与智慧畜牧业一体化信息云平台下草情实时监测与诊断系统、饲草饲料基地综合管理信息系统（牧草栽培和田间管理智能化系统）决策支撑，建立饲草基地建植智慧管理信息技术集成示范基地。重点建设内容及方法具体包括以下几种。

1. 饲草基地土壤养分动态监测系统

科学监测土壤养分状况，能掌握作物营养生长和生殖生长状态，有利于实施饲料作物的精细化管理，对提高牧草产量和营养品质有重要作用。本篇通过历史土壤资料收集整理、实地土壤样品采集、测定，建立土壤养分数据库，对研究地土壤肥力质量进行综合评价。与施肥措施结合，科学、有效的选取符合当地实际的作物类型和制定施肥方案，在技术层面上减少过度施肥对土壤的污染，保证牧草作物产量。

2. 饲草基地有机无机复合肥精准配置技术

为充分发挥化肥在人工草地建植中的作用，提高饲料作物产量，保证畜产品的安全，同时也为避免过度施用化肥对土壤污染、草地生态安全和资源浪费的弊端，保证畜牧业的可持续发展，本研究通过有机肥和无机肥相结合，在饲草基地有机无机复合肥精准配置技术在贵南草业公司、贵南县嘉仓合作社、青海现代草业公司、贵南黑藏羊场、贵南县雪域诺央家庭牧场和泽库县拉格日合作进行应用和示范，通过测土配方施肥技术，培肥地力，协调土壤、肥料、作物三者的关系，充分发挥土、肥、水、种资源的生产潜力，实现牧草生产全过程定量和精准配施肥料，增加牧草产量。

3. 优质高产人工草地种植栽培技术

饲草料的有机栽培及管理能够解决"环境品牌"的问题，同时将为有机牛奶、有机牛羊肉的认证提供坚实的基础保障。由于豆科牧草具有较高的蛋白质、钙和磷，

禾本科牧草具有较高的碳水化合物。基于牧草种植基地土壤养分监测和评价，制订了有机—无机搭配组合施肥策略；同时，引入箭筈豌豆与燕麦进行混播，以充分利用不同物种的生态位，发挥豆科牧草固氮功能，既能增加产草量，同时增加牧草蛋白质含量，并且改善牧草适口性和土壤结构，提高土壤肥力。建植优质高产小黑麦和箭筈豌豆饲草地，二者混播比例为50∶50，最佳收获期为8月15日至9月30日。

4. 高寒牧区有机牧草种植技术

近年来，针对饲草严重短缺的情况，高原牧区各级政府部门在科研院所的支持和技术支撑下，也积极引进优质饲草，开展人工草地建植、卧圈种草等。人工草地的产草量约为天然高寒草地的10倍。根据气候、土地等自然条件，在降水丰富、地势平坦的区域，选择多年生禾本科牧草单播/混播，如免耕种植老芒麦/披碱草单播与混播；也可利用牲畜放牧时节，每年5月左右，将空置的牲畜卧圈种植一年生燕麦、黑麦草等；若有海拔低于3 500 m且降水丰富区域，可建立豆科—禾本科混播高产优质人工草地。例如，以间行种植蔺草+老芒麦/披碱草/红豆草/紫花苜蓿/红三叶、黑麦草+鸭茅+三叶草等；利用塑料大棚进行优质饲草种植，如合理安排种植、刈割，燕麦每年可刈割2~3次。利用人工种植的优质饲草作为青草，或加工制作成青干草或者青贮饲料，都可作为冬季的补饲草料。人工草地种植业，可快速增加高原牧业饲草供给，明显缓解天然草地放牧压力，在不减少牧户现有牲畜数量的条件下，实现畜牧业由粗放型放牧到放养结合的科学化养殖模式的转变，提高畜牧业养殖效率，实现牧民增产增收和生态安全的双赢。

三、优良牧草青贮技术集成应用

牧草青贮技术可以在保持牧草较高营养成分的基础上延长牧草保存时间，且受收获季节雨水天气影响较小，是青藏高原地区适宜的优良牧草加工保存方式。本研究旨在完成牧草生物量和营养品质权衡刈割期优化，根据周边饲草需求特征，因地制宜地进行优良牧草青贮壕青贮技术和优良牧草捆裹青贮技术集成应用。重点建设内容与方式具体包括以下几个方面。

1. 高效牧草青贮专业设备平台建设

针对青藏高原高寒牧区牧草收获、粉碎机械化程度低、效率低等一系列制约牧草青贮加工进度的瓶颈问题，本研究利用集牧草收割、捡拾与粉碎于一体的自走式牧草青贮收获机结合青贮收获机和牧草捆裹包膜一体机，有效解决青贮牧草二次发酵等阻碍传统青贮壕青贮牧草商业化的问题。

2. 高寒牧区青贮牧草刈割青贮时间优化

本研究于2016年7月22日、8月14日、8月26日及9月4日采集青海省海南藏族自治州贵南县森多乡样地1（燕麦+箭筈豌豆）、样地2（燕麦+箭筈豌豆+黑麦）、样地3（燕麦单播）不同生育期（拔节期、开花期、乳熟期和蜡熟期）的样品，随机选取各样地中的1 m² 齐地面刈割作为样品。将3类不同的牧草分别用剪刀剪成1.5 cm左右混匀，控制样品水分含量在65%~75%，取200 g于真空压缩袋中，并加入 0.8 mL 由我国台湾亚芯生物科技有限公司生产的亚芯秸秆青贮剂（5 g/L），用真空包装机进行真空包装，每种类型的牧草在每个生育时期设 3 个重复，每时期 9 个重复，4 个时期共 36 包青贮饲料。分别测定样品中的粗蛋白质（CP）、酸性洗涤纤维（ADF）及中性洗涤纤维（NDF）、能量、干物质消化率及 pH 值。

3. 牧草青贮壕青贮技术应用

由于高寒牧区特殊的气候条件，青绿饲草的供应存在着明显的季节不平衡性，而传统的牧草（饲草）保存方法也有其致命的缺陷——收割时间受到限制，青贮壕青贮可以低成本地解决以上高寒牧区牧草（饲草）难以保存的问题。青贮壕青贮的加工工艺步骤为：建壕→备料→装壕→封顶→取用，具体加工工艺及注意事项见第五章。

4. 牧草捆裹青贮技术应用

牧草捆裹技术是在窖贮、塔贮基础上发展起来的一种新型的饲草料加工及贮存技术，可以把本来构不成商品的鲜草变为商品，为合理开发利用饲草资源和调节地域间的余缺创造了条件。捆裹青贮生产工艺流程：原料草（刈割或刈割压扁）→晾晒→捡拾压捆→拉伸膜裹包作业→入库。

四、人工草地生长动态监测及产量预测

基于饲草基地牧草生长动态连续监测，结合区域气象条件、土壤养分、墒情监测，开发区域适宜人工草地生长预测预报模型，为区域草畜平衡提供科学支撑。具体包括以下方面。

1. 牧草生长动态（生物量、营养品质）监测体系

地面牧草生物量数据为卫星遥感获取的 NDVI 数据，该遥感数据来自美国 NASA 网站和 h26v5 文件覆盖青海省。收集贵南地区 2001—2015 年生长季（6—9 月）每 16 d 合成（半月）产品。提取出现代草业燕麦种植区域 2001—2015 年 6—9 月 16 d 合成 NDVI，以指示该区域人工种植牧草生物量。

2. 区域人工草地生长预测、预报模型

MOD13Q1 数据利用 MRT 工具（MODIS Reprojection Tool）将原始数据 Sinusoidal 投影转换成 WGS84/Albers 正轴等面积双标准纬线圆锥投影。采用最大合成法 MVC（Maximum Value Composites）获取逐月 NDVI 数据，以最大限度消除云、大气、太阳高度角的影响。合成逐年最大值时，通过该数据质量控制文件，选取像元可靠性为 0 和 1 的数据，以获取高质量的 NDVI 数据集，同时基于 Arcgis 软件提取出研究区 2001—2015 年逐月 NDVI 值。

运用逐步回归分析法将平均气温、相对湿度、降水、风速、大风日数、地表温度、日照时数作为自变量，NDVI 作为因变量，将各气象因子逐步引入关于 NDVI 的回归方程。通过对每一个自变量引入后回归方程的显著程度的 F 检验，并对已经选入的变量逐个进行 t 检验，删除不显著的变量，最终经多次回归，得到最终回归方程。这样，最后保留的回归模型中的变量既与植被产量间关系密切相关，又最大限度地消除了多重共线性，从而得到最优的回归模型。

五、饲草料加工精准配制及高效利用技术

主要基于牧草营养品质季节变化和农副产品营养品质数据库的智慧支撑，根据项目实施区农副产品资源特征及其牦牛和藏系绵羊冷季舍饲营养需求，实施牧草及农副产品等饲草料资源精准搭配加工技术集成，显著提升饲草料利用效率。具体包括以下方面。

1. 基于近红外检测技术的饲草料配方智能优化系统

NIRS 应用的方法包括光谱采集、预处理、波长选择和模型开发，对于不同牧草类型通常是相同的。牧草营养成分的定量测定：蛋白质、水分、纤维、淀粉和脂质含量，这些成分中的每一种都具有特定的化学结构，因此在 NIR 光谱中具有特定的经典吸收波。NIRS 评估中使用的不同组分的近似波长吸收范围不同。使用 NIRS 进行测定是一种经过验证的技术，本研究通过建立模型和优化模型首选的两个关键参数 1-VR 和 SECV，依次进行光谱数据和参比数据分析，将样品随机分成定标集：验证集 =3：1，分别用于定标模型（偏最小二乘法、交互验证法）的建立和外部验证，样品湿化学分析值标准偏差与外部验证标准差的比值加以衡量。其中当 RPDV＞2.5 时，表示模型满足以筛选牧草品质为目的的粗略分析。

2. 牦牛和藏系绵羊妊娠补饲日粮精准配制

一是在犊牛 10～15 日龄时补饲精料，用少量精料涂抹在其鼻镜和嘴唇上，或撒少许于奶桶上任其舔食，促其犊牛形成采食精料的习惯，1 月龄时日采食犊牛料 250～300 g，2 月龄时 500～700 g。二是饲喂犊牛开食料，断奶前后专喂适应犊牛需要的混合精料，犊牛开食料的质量对于早期断奶的实施至关重要。犊牛 3 周龄时饲喂开食料比较适宜，饲喂过早或过晚都对犊牛生长发育和健康不利。三是饲喂干草，从 1 周龄开始，在牛栏的草架内添入优质干草（如豆科青干草等），训练犊牛自由采食，以促进瘤网胃发育，防止舔食异物。四是饲喂青绿多汁饲料，20 日龄时开始饲喂青绿多汁饲料，促进犊牛消化器官的发育。

3. 牦牛和藏系绵羊冷季加速出栏补饲日粮精准配制

羔羊早期断奶，实施直线强度育肥。从绵羊生长发育规律分析，羔羊生长发育速度快，饲料利用率高。目前羔羊断奶时间为 4 月龄，此阶段母羊正处于天然草场的枯草期，营养供给严重不足。为了使母羊从草原上获取更多的营养物质，绵羊的放牧管理实行早出晚收，母羊供给给羔羊的乳汁，随母羊觅食行走路程远而被消耗，不能满足羔羊正常的生长发育。另外，由于增加了母羊自身的负担，导致羔羊发育受阻，繁殖成活率下降，羔羊生长发育较慢或发育受阻，断奶重小，有的甚至成为"僵羊"，长时间体格小，不长个，在严重影响羔羊生产潜力发挥的同时，也容易造成母羊掉膘春死。对羔羊实施早期适时断奶，进行全舍饲强度育肥，这不仅有利于羊的生产，而且有利于天然草场的保护。

4. 高寒牧区配合颗粒饲料精准搭配及加工技术

冬春季缺草是制约放牧牛羊产业的关键。开展补饲技术是行之有效的手段，是

实现高原畜牧业可持续发展的关键。而当地牧民仅有极少部分只在冬季缺草时才对老弱牛羊进行补饲草料，更不会在夏季进行补饲。应当依靠科技实现补饲，提高牛羊生产力。

六、冷季牦牛和藏系绵羊健康补饲技术集成与示范

本部分以冷季牦牛、藏系绵羊为研究对象，系统研究日粮蛋白质水平对其生长性能、血液生化指标、屠宰性能及肉品质的影响，进一步利用组学技术探究冷季牦牛、藏系绵羊瘤胃微生物的结构组成和变化趋势，以此来综合评价日粮蛋白质水平对冷季牦牛、藏系绵羊生长健康及产品质量的影响，并对其营养调控机制进行初步探究，进而对冷季牦牛、藏系绵羊养殖过程中的营养条件进行更精确的优化，在实际生产中提高冷季牦牛、藏系绵羊科学饲养的管理水平，为实现藏系绵羊营养均衡养殖，提高经济效益提供科学依据和技术支持。

藏系绵羊补饲试验于 2019 年 1—5 月在青海省海北高原现代生态畜牧业科技试验示范园（100°57′06″N，36°55′05″E）进行，示范园海拔平均 3 120 m。选取 18 只 12 月龄健康、平均体重为（31.71 ± 0.72）kg 的藏系绵羊羯羊为试验动物，随机分为 3 个处理组，每组 6 个重复。根据 NRC（2007）和中国肉羊饲养标准（2004）配制 3 种代谢能（Metabolizable energy，ME）相近而蛋白质（Crude protein，CP）含量不同的日粮，其代谢能约为 10.1 MJ/kg，蛋白质含量分别为 10.06%（LP）、12.10%（MP）和 14.12%（HP），日粮组成及营养水平详见表 6-12。试验为期 120 d（预试期 15 d，正试期 105 d）。饲养试验开始前对藏系绵羊进行驱虫处理，对圈舍及饲喂器具进行清洁消毒。饲养过程中藏系绵羊每天饲喂两次（8 时和 17 时），单栏饲喂，饲喂量为活体重的 3.5%，期间自由饮水。

冷季牦牛补饲试验：从放牧草场选取 24 头 2 岁左右健康母牦牛（平均体重：107.54 kg），每头牦牛打耳标，随机分为 4 组，每组 6 头，分别饲喂 4 种代谢能相近而蛋白水平不同的日粮（9.64%、11.25%、12.48%、13.87%；即 L 组、ML 组、MH 组和 H 组），预饲期 15 d，正式期 135 d。所有牦牛均按牦牛平均体重的 1% 饲喂并逐日增加，直至第 15 天达到活体重的 1.5%，提供的饲料量根据体重两周调整一次。饲养试验开始前对牦牛进行驱虫处理，对圈舍及饲喂器具进行清洁消毒。牦牛全天自由饮水，每天于 8 时和 17 时分别饲喂。

基于饲草料加工精准配制和准搭配技术，开展牦牛和藏系绵羊冷季全混合日粮（TMR）加工饲喂技术集成示范、舍饲小区粪便无害化处理技术，结合实施有机肥加工及返田利用，提升冷季牦牛和藏系绵羊补饲规范化管理和健康养殖水平。具体包括以下几个方面，一是 TMR 加工饲喂技术集成示范；二是舍饲小区粪便无害化处理及有机肥加工技术；三是冷季牦牛和藏系绵羊补饲管理规范。

七、牦牛、藏羊智能化养殖管理

牦牛、藏羊养殖生产正处于高速发展时期，实现家畜智能化养殖精准饲喂的核

心是及时掌握家畜体重变化情况，而提高机械设备的自动化和智能化水平，有利于节约牧民的劳动成本，有助于提高牧民的生产收入，在家畜体重测定在动物生产、农牧民收入和动物福利等方面发挥着重要作用。具体包括以下方面。

1. 保定架式智能称重系统

当家畜进入称重设备后，前后门自动关闭。完成家畜的耳标识别、称重、激光视觉摄像机扫描 3D 形体数据。根据重量等级再打开相应的分群门。依次有序完成称重任务，时间为 15 s 左右，平均称重误差控制在 0.5 kg 左右。

2. 牦牛高效繁殖技术

牦牛高效繁殖技术主要集中在围产期补饲、犊牛隔离断乳技术、牦牛诱导发情技术、发情鉴定技术等方面。

3. 藏系绵羊高效繁殖技术

提高藏系绵羊的高效繁殖能力，必须加强母羊的饲养管理，主要包括组群、繁殖调控、营养调控、补饲技术、羔羊快速出栏技术等。

4. 牦牛、藏羊高效精准补饲技术

冬春季缺草是制约放牧牛羊产业的关键。开展补饲技术是行之有效的手段，是实现高原畜牧业可持续发展的关键。因此，通过天然草场的保护和修复、优质饲草种植与利用技术、饲草料加工与贮藏可以缓解草场严重退化、冬春季节饲草严重短缺、牛羊死亡率急剧升高、体重严重降低、牛羊生产力低的问题。

八、高寒牧区智慧生态畜牧业模式生态、经济、社会适宜性评估

针对高寒牧区智慧生态畜牧业模式的生态合理性、经济可行性和社会可接受性，建立科学评价指标体系，开展区域畜牧业生产转变对藏区社会文化发展影响研究，完成关键技术体系区域适应性评估，为模式推广应用区域适宜性提供支撑。具体包括以下方面。

（1）智慧生态畜牧业模式生态合理性评价。

（2）智慧生态畜牧业产业链经济可行性评价。

（3）智慧生态畜牧业模式社会可接受性评价。

（4）智慧生态畜牧业模式区域适宜性评估。

基于以上内容实施，在贵南县典型区域建成集"优质（有机）饲草基地建植与管理智慧支撑—牧草青贮饲草料加工精准配置及高效利用—牛羊冷季健康补饲—质量追溯体系—系列畜产品精深加工—高原特色畜产品电商平台"于一体的智慧生态畜牧业产业链，并凝练区域适宜的智慧生态畜牧业生产模式；显著提升生态畜牧业经济和生态效益，从而有效保护草场、改善民生，实现畜牧业"减压—增效"；也为重大生态建设与保护工程提供技术支撑，为藏区传统畜牧业向智慧生态畜牧业升级转型提供引领和创新范式作用。

三江源智慧生态畜牧业平台建设以贵南县——三江源生态保护综合试验区典型区域和国家生态畜牧业发展试验示范区核心区为核心示范基地，针对该地域普

遍存在的传统畜牧业生产模式下草畜矛盾突出、天然草场退化、冷季饲草供应不足、饲草料搭配营养不均衡以及舍饲育肥规模化及规范化程度低等关键问题，提出基于现代信息技术支撑的集"（天然草地智慧放牧技术）—饲草基地建植与管理智慧支撑—饲草料加工精准配置及高效利用—牛羊冷季舍饲小区智能化管理—高原特色畜产品精深加工—（高原特色畜产品电商平台）"于一体的产业链，并因地制宜地进行示范推广，从而有效缓解高寒草地放牧压力，优化畜牧业生产模式，提高畜牧业经营效益，力争实现高寒草地生态系统保护和畜牧业生产的可持续协调发展。

参考文献

程春艳, 2018. 青海省贵南县村规民约的现状调查报告 [J]. 太原城市职业技术学院学报（12）: 192-193.

达娃央宗, 聂永喜, 2018. 2017年贵南县青稞全生育期气象条件分析 [J]. 现代农业科技（13）: 11, 15.

旦正措, 2015. 贵南县牛羊口蹄疫免疫抗体监测与分析 [J]. 中国畜禽种业, 11（9）: 29-30.

旦正措, 2020. 贵南县野生动物保护调研报告 [J]. 农家致富顾问（6）: 179.

旦正巷前, 2017. 贵南县畜种改良区域规划 [J]. 农家致富顾问（6）: 140.

冯益明, 卢琦, 王学全, 等, 2008. 30 a来共和盆地贵南县草地时空变化分析 [J]. 中国沙漠, 28（2）: 212-216, 图版Ⅱ.

高歌, 2020. 青海贵南县草原保护问题调查 [J]. 广东蚕业, 54（9）: 47-48.

贵南县人民政府, 2021-02-23. 贵南县人口资源 [EB/OL]. http: www.guinan.gov.cn/html/3561/252085.html.

贵南县人民政府, 2021-02-23. 贵南县水利资源 [EB/OL]. http: www.guinan.gov.cn/html/3564/252096.html.

贵南县人民政府, 2021-02-23. 贵南县土地资源 [EB/OL]. http: www.guinan.gov.cn/html/3562/252090.html.

郭守生, 贺连炳, 许正福, 2010. 贵南县近50年日照时数变化趋势分析 [J]. 安徽农业科学, 38（16）: 8530-8532, 8538.

何双琴, 2005. 贵南县草产品开发浅谈 [J]. 青海畜牧兽医杂志, 35（4）: 49-50.

华旦, 2013. 贵南县冬虫夏草采挖与环境保护 [J]. 卷宗（11）: 407-408.

季雪梅, 2017. 贵南县藏区青稞高产栽培技术的推广 [J]. 农业与技术, 37（24）: 116.

李云霞, 侯永沛, 张青, 等, 2018. 气候变化对贵南县油菜生长的影响 [J]. 现代农业科技（8）: 68-69.

力格吉, 索南加, 2010. 2009年贵南县草地生产力监测报告 [J]. 现代农业科技（13）: 362, 367.

刘洪霞, 冯益明, 卢琦, 等, 2008. 基于空间信息技术的贵南县草地退化研究 [J]. 草业科学, 25（7）: 19-23.

刘建军, 2017. 青海省贵南县荒漠化和沙化土地现状分析与治理对策研究 [J]. 林业资源管理（2）: 12-15, 117.

任玉英, 宋恒, 2006. 贵南县草业产业化现状及发展 [J]. 青海草业, 15（1）: 43-44, 59.

索南加, 何建芬, 尕藏太, 等, 2008. 浅谈贵南县草产业 [J]. 青海草业, 17（4）: 35-37, 16.

索南加, 周雷, 2011. 近二十三年贵南县草地净第一性生产力与气候变化的响应 [J]. 中国草食动物, 31（4）: 52-54.

钟存，贾生玉，魏鹏，等，2014.贵南县农业气象灾害演变特征研究 [J]. 宁夏农林科技（12）：107-111.

钟存，魏鹏，2015.贵南县 2010 年 7 月 23 日—8 月 3 日高温天气对农作物的影响分析 [J]. 青海农林科技（4）：18-20，52.

卓玛才让，2018.贵南县家畜包虫病防治效果调研报告 [J].农家致富顾问（8）：119.

第三章　高寒草地智慧放牧

第一节　引　言

　　我国是一个草地资源大国，拥有各类天然草地面积约 400 万 km²，仅次于澳大利亚（天然草地约 458 万 km²），约占世界草地面积的 13%（方精云，2000），位居世界第二。青海作为全国七大（其他省区分别为西藏自治区、内蒙古自治区、新疆维吾尔自治区、四川省、甘肃省和云南省）天然草地超过 15 万 km² 的省区之一，拥有约 42 万 km² 天然草地，是青藏高原乃至全国重要的生态安全屏障。海南藏族自治州贵南县地处黄河流域，境内黄河总长 174.58 km，是黄河上游重要生态保护区，其可利用天然草场面积约 4.25 万 km²，约占整个青海天然草场面积的 10%，是当地畜牧业赖以生存的重要基础。

　　天然草地是指以天然草本植物为主，未经改良，用于畜牧业的草地，包括以牧为主的疏林草地、灌丛草地（吴根耀和关静，2006）。贵南县平均海拔 3 100 m，天然草地主要以高寒草地为主，具有青藏高原牧草高蛋白、高脂肪、高无氮浸出物、低纤维素"四高一低"的普遍特征，是当地草地畜牧业主要基地之一（赵新全等，2000）。然而由于人为及不合理的利用，加之气候变暖，导致高寒草地严重退化。此外，常年高寒环境及天然草地牧草营养的季节非平衡性，家畜营养需求与牧草营养供给间的矛盾日益突出，放牧家畜也随不同物候期（返青期—青草期—枯草期）牧草营养的动态变化常年处于"夏饱—秋肥—冬瘦—春乏"的恶性循环之中（Dong et al.，2006）。如何在保护天然草地兼合理利用的同时，提高畜牧业生产，是目前亟须解决的问题。

　　2021 年 3 月 15 日，习近平总书记在中央财经委员会第九次会议上强调，"实现碳达峰、碳中和是一场广泛而深刻的经济社会系统性变革，要把碳达峰、碳中和纳入生态文明建设整体布局，拿出抓铁有痕的劲头，如期实现 2030 年前碳达峰、2060 年前碳中和的目标"。这是中国作为全世界最大的发展中国家和碳排放大国，积极应对全球气候变化的庄严承诺，也为未来青海推进青藏高原生态保护和可持续发展、构建绿色低碳循环经济体系指明了方向，提供了遵循。放牧是高寒草地生态系统最重要利用方式之一，长期的放牧活动势必对高寒草地碳收支产生影响。草地生态系统碳循环研究中应包含草地—草食动物—土壤界面系统下的碳循环；而当前对草地这一重要陆地生态系统碳循环的研究主要聚焦于植物的光合作用、呼吸作用及土壤微生物分解等方面，对其碳储量的估算几乎都是在草地—土壤界面上开展的，忽略了放牧家畜这一重要组成部分在草地生态系统碳循环中的作用。研究青藏高原地区在全球变化背景下碳循环对放牧活动的响应，将进一步充实和完善当前青藏高原典型高寒草地生态系统碳循环过程的研究，并有助于青藏高原高寒草地生态系统碳收支的核算，为青海率先实现碳达峰、碳中和提供科学依据。

因此，本章从放牧强度对高寒草地生态系统碳固持的影响、天然草地返青期休牧和季节性配置3个方面综合阐述放牧对高寒草地生态系统碳收支的影响，影响高寒草地返青期的因素，返青期休牧对植被特征的影响，以及如何通过草地畜牧业原理，进行天然草地季节性优化配置，以期提升草畜平衡效率，为青藏高原畜牧业提供可复制、易推广的畜牧业生产模式，促进青海畜牧业高质量发展。

第二节　放牧对青藏高原高寒草地碳收支的影响

IPCC（2007）报告中指出，近几十年来观测结果，包括全球平均气温、大范围的冰川融化、全球海平面和海水温度的上升，表明了全球变暖已经成为不争的事实。大气中温室气体和气溶胶的浓度、地表覆盖率、太阳辐射的变化改变了气候系统的能量平衡，从而成为气候变化的驱动因子（Parker et al.，1994）。自20世纪中叶以来，大部分已观测到的影响全球气候变暖的主要因素是人类活动造成的温室气体浓度增加，如 CO_2、臭氧、甲烷、氯氟烃、一氧化碳等在大气中含量的显著增加，其中二氧化碳的贡献居首位。这些气体对太阳辐射的主体部分，短波和可见光吸收很弱，而对地面发出的长波辐射吸收强烈（邓根云，1991）。因此，当它们在大气中的浓度增加时，大气的温室效应就会加剧。

我国现拥有各类天然草原近4亿 hm^2，占我国国土面积的41.7%，占世界范围内草原面积的13%，位居世界第二，是我国面积最大的陆地生态系统（章力建，2009）。草地生态系统除了饲养家畜的功能外，还担负着水土保持、气候调节、生物多样性、养分循环和提供广大的基因资源的作用（谢高地等，2001）。草地生态系统覆盖了几乎20%的陆地面积，草地植物资源的保护以及合理开发利用对社会经济和生态环境的协调发展都有极其重要的意义。草地是陆地生态系统的重要组成部分，草地生态系统中碳素贮量的全球估计成为草地碳循环研究的关键之一（Scurlock et al.，2007；Zhao et al.，2005；Kato，2004）。以往对草地生态系统碳循环的研究大多集中于低海拔地区，高寒草地是广布于青藏高原的主要植被类型，它是青藏高原大气与地面之间生物地球化学循环的重要构成部分，在区域生态系统碳平衡中起着极为重要的作用。

青藏高原作为一个特殊的地理单元，平均海拔在4000 m以上，是地球上海拔最高的地区，也是地形和构造最复杂的高原（姚莉等，2002；刘晓东，1998），被认为是全球气候变化的敏感区和启动区（孙鸿烈等，1996）。已有研究表明（徐影等，2003），大气 CO_2 浓度不断增加引起的温室效应可能已使青藏高原地区的气温和降水状况发生变化，青藏高原成了"全球气候变化的驱动机和放大器"。开展青藏高原高寒草地碳循环研究对加深了解区域陆地生态系统碳循环甚至全球碳循环都有重要意义，对进一步了解高寒草底生态系统在全球变化背景下的响应很有必要。

一、放牧影响高寒草地碳收支的发生机制

高寒草地表层中的植被生物量、凋落物量、土壤腐殖质三大碳库，构成了高寒草地表层碳循环的主要组成部分。它们之间的相互联系构成了高寒草地表层碳循环的最基本模式：大气中的 CO_2 通过光合作用被植被吸收，形成有机碳；植物枯死之后落于土壤表面，形成残落物层，经过腐殖质化后，形成土壤有机碳；土壤有机碳经过微生物分解产生 CO_2，重新释放到大气中。由此可以看出，在这个 CO_2 吸收释放过程中包括多个子过程（植被/土壤—大气交换过程、植被—土壤交换过程）。植被—大气碳交换过程包括：大气边界层的气体传输；植物—大气界面的气体扩散；植物光合作用碳固定；植物自养呼吸的碳排放、土壤微生物和动物的异养呼吸和碳释放等。土壤—大气的碳交换过程与植物—大气的碳交换过程基本相同，主要包括：大气边界层内的气体传输，土壤—大气界面的气体扩散；土壤微生物和动物异养呼吸的碳排放；植物凋落物的凋落与分解；土壤腐殖质的形成与分解；植食性动物和微生物的转移等。土壤的 CO_2 排放主要是通过土壤微生物、植物根系以及动物的呼吸分解有机质而产生。以上构成了高寒草地碳收支的基本途径。

家畜对植被的采食行为直接影响植被群落的碳固定能力，草地植被冠层的光合能力、干物质产量以及与地面的能量交换取决于绿色部分对光的吸收量而非截取量（王俊峰，2007）。放牧家畜以草地上的植物为食，直接移除草地植被，转变草地生态系统的循环过程。家畜对植被的"刈割"作用改变了植被冠层的外形，从而改变了植被对光的截取和吸收，草地剩余植被的总初级生产力（Gross Primary Production，GPP）也同时改变。放牧降低植被叶面积指数（Leaf Area Index，LAI），而 LAI 是影响单位面积植被光合速率的重要因素之一，研究表明，LAI 或绿色植被指数（Green Vegetation Index，GVI）与净生态系统碳交换量（Net Ecosystem Exchange，NEE）大小呈显著的正相关（闫魏，2006），Haferkamp 等（2004）的研究也表明短期高强度放牧后较短时间内，植被 LAI 极大降低，NEE 也显著降低。每次放牧过后，降低的叶面积指数对 NEE 产生了负影响。生物量和叶面积指数的变化都将对生态系统净碳交换和生态系统呼吸产生影响，进而影响整个系统的碳收支情况。

放牧能够使土壤理化性质和土壤养分情况发生变化。过度放牧一方面使植被盖度变小，减小了植物对土壤的保护，另一方面，由于放牧家畜的过度践踏，使土壤紧实，减小土壤孔隙度，从而改变土壤的结构。短期的放牧活动能够改变植物群落的物种组成，长期则会导致生态系统碳分布格局的变化。放牧不仅能直接改变土壤的呼吸速率，对土壤温度产生影响，也能间接影响土壤呼吸，从而影响整个系统的碳交换。张永强等（2006）模拟结果显示，在不考虑土地利用变化、中等放牧强度的条件下，青藏高原草地土壤有机碳（0～20 cm）主要贮存于高寒草地中。放牧导

致植被和凋落物产生变化，从而改变土壤温度和湿度，使土壤微生物数量增加（方精云，2000）。过度放牧是导致近年来土壤有机碳释放量增加的原因之一。在过度放牧情况下，全球草地地上净生产力仅有20%～50%能够以凋落物或牲畜粪便的形式回归到土壤库中；在这种情况下，放牧严重影响了土壤库的碳储量，影响整个生态系统的碳收支（徐世晓，2007）。而方精云等（2007）认为近年来中国的灌丛生物量总体上开始恢复，草地生物量碳库也在增加，推断草地生态系统的土壤碳储量也在增加。内蒙古锡林河流域羊草草原40年的研究中发现，过度放牧使表层0～20 cm土壤的碳储量降低12.4%（郑度等，2002），可见长期过度放牧加速了土壤有机碳向大气中的释放，因此，对草地的过度利用可能使草地变成一个巨大的碳源（徐世晓和赵新全，2002）。而张金霞等（2001）认为，高寒草地CO_2排放量总体上随着退化程度的加剧而逐渐减小，说明草地退化影响高寒草地的碳收支，严重的退化可能影响高寒草地生态系统的源汇潜能的变化。

二、不同放牧强度处理下 NEE 生长季变化

由图3-1可见，整个生长季，对照组NEE变化趋势呈"U"形。NEE从5月8日的2.3 μmol/（s·m²）开始逐渐增大，至8月18日达到最大值为-12.1 μmol/（s·m²）。NEE达到最大值之后，9、10月逐渐降低，10月11日降低到1.7 μmol/（s·m²），接下来基本保持不变。其中，由于天气变化的原因，7月20日测量的数值与以前的数值相比，发生降低。

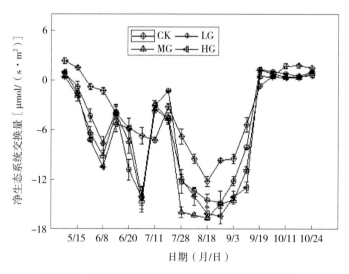

图3-1　不同放牧强度处理下 NEE 的生长季变化

（CK 为对照组，LG 为轻度放牧，MG 为中度放牧，HG 为重度放牧，下同）

不同放牧强度处理的NEE生长季变化过程与对照组走势基本相同，从5月开始增加，到8月达到最大值，然后逐渐开始降低。但是，6月和7月的放牧对放牧强度处理的各组影响明显，两次放牧后，3种处理的NEE发生显著下降。9月的放牧

对不同放牧强度处理的各组影响不明显。经过 6 月放牧强度处理后，对照组 NEE 增加了 2.1 倍，不同放牧强度处理对各组生态系统有明显的减弱作用。轻度放牧、中度放牧和重度放牧 NEE 分别比放牧前减少了 47.9%、48.8%、64.4%。经过 7 月放牧强度处理后，对照组 NEE 增加了 7.68%，轻度放牧、中度放牧和重度放牧 NEE 分别比放牧前减少了 78.4%、72.8% 和 77.6%。

对不同放牧强度处理的 NEE 进行重复测量数据的方差分析，对照组与轻度放牧、中度放牧、重度放牧之间差异显著，轻度放牧与中度、重度放牧差异显著，中度放牧与重度放牧差异不显著。这说明放牧活动对高寒草甸生长季的 NEE 产生了影响。就高寒草甸整个生长季的 NEE 均值来看，中度放牧＞重度放牧＞轻度放牧＞对照（图 3-2）。

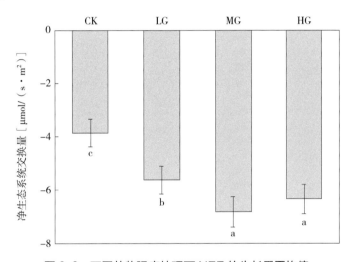

图 3-2　不同放牧强度处理下 NEE 的生长季平均值

三、不同放牧强度处理下 GPP 生长季变化

由图 3-3 可见，对照组生态系统总初级生产力 GPP 变化趋势基本为单峰型。生态系统初级生产力从 5 月开始增加，到 8 月 18 日达到最大值 29.8 μmol/（s·m²）。达到最大值后，其在 9 月、10 月逐渐降低。由于天气原因，6 月 20 日出现了一个下降的拐点。

不同放牧强度处理的各组的 GPP 变化趋势与对照组基本一致。从 5 月开始增加，到 8 月达到最大值，9 月、10 月逐渐下降。6 月、7 月的放牧对轻度放牧、中度放牧和重度放牧的影响明显，9 月的放牧对 3 种处理没有明显的影响。在 6 月放牧之前，4 种处理的 GPP 都在逐渐增加，重度处理增加最快。经过放牧强度处理之后，对照组 GPP 增加了 72.6%，轻度放牧、中度放牧和重度放牧分别减少了 36.4%、43.3% 和 57.1%。在 7 月放牧之前，4 种处理的 GPP 同时增加，达到放牧前的最大值，轻度＞重度＞中度＞对照。经过放牧强度处理，对照组 GPP 增加了 9.4%，轻度放牧、中度放牧和重度放牧分别减少了 57.5%、52.4% 和 55.1%。

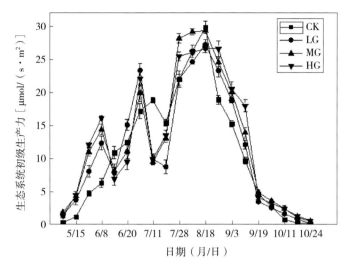

图 3-3　不同放牧强度处理下 GPP 生长季变化

对不同放牧强度处理下的 GPP 数值进行重复测量数据的方差分析,对照组与中度放牧、重度放牧具有显著性差异,轻度放牧与中度放牧、重度放牧也具有显著性差异。这说明放牧活动对高寒草甸生长季的 GPP 产生影响。就整个生长季来看,3 种处理和对照组的 GPP 平均值大小为:中度放牧>重度放牧>轻度放牧>对照(图 3-4)。

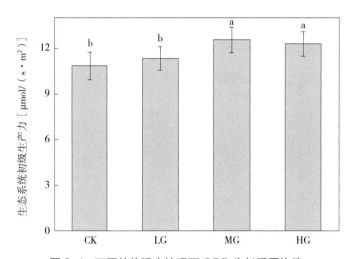

图 3-4　不同放牧强度处理下 GPP 生长季平均值

从 5 月中旬到 9 月中旬,NEE 表现为负值。这是由于青藏高原年气候变化无明显的四季之分,非生长季寒冷漫长,而生长季相对气温较高,降水充足,水热同期,典型特征明显,有利于植被营养物质合成和积累,极大地促进了光合作用,NEE 显著增加,生态系统处于净碳吸收阶段。其中,8 月中旬达到最大值,表明碳吸收最大。NEE 和 GPP 存在明显的季节变化,这与植被状况密切相关。矮嵩草草甸植物群落在 5 月中下旬开始随着降水的增多以及温度的升高，植物加速生长，到 7 月下旬达最高，以后逐渐降低（徐影等，2003）。

放牧后较短时间内，不同放牧强度处理的各组 NEE 和 GPP 数值全部降低。生态系统光合能力与 LAI 呈显著的正相关，LAI 高的生态系统具有较高的 CO_2 吸收速率和光合能力。在放牧条件下，植物的光合器官通过家畜的采食被移除，植物冠层叶面积指数大大减小，使植物光合作用能力快速下降（潘保田和李吉均，1996）。研究表明 LAI 与 NEE 大小呈显著的正相关，LAI 高的生态系统具有较高的碳汇能力（王根绪等，2002；赵亮，2007）。由于植物的光合器官通过家畜的采食被移除，植被群落的 LAI 减小，NEE 数值减小。Haferkamp 等（2004）的研究也表明短期高强度放牧后较短时间内，植被 LAI 极大降低，NEE 也显著降低。在不同放牧强度处理下，高寒草甸生长季 NEE 和 GPP 均值结果为中度放牧 > 重度放牧 > 轻度放牧 > 对照。可以看出，放牧有利于提高净生态系统 CO_2 交换量和生态系统初级生产力。这与 Klein 等（2005）研究结果一致，适度放牧可以刺激植物生长，从而增加植物生长力，适度放牧可以使植物产生补偿性生长，从而提高植物生产力。在不放牧条件下，地上残留了大量的枯落物，枯落物抑制了植物对光和空间资源的利用能力以及植物再生和幼苗的形成（苏爱玲等，2010），从而影响植物的生长，减少了植物光合作用面积，导致营养物质生产和积累下降。放牧可以降低牧草枯萎、凋落损失，有利于草地植物更新、再生生长和草地高生产力的保持（苏爱玲等，2010）。放牧可以提高现有和再生叶片的光合能力，并且可以加快叶片的生长速度，以恢复整株的光合能力（汪诗平等，1998），光合作用增强，对高寒草甸碳汇的影响是正面的。在重度放牧的情况下，放牧绵羊过度采食植物地上生物量，特别是叶生物量及叶面积，导致植物冠层叶面积迅速减少，光合作用下降。虽然植物存在补偿性生长，但是不能弥补放牧绵羊采食对植物光合能力造成的影响，地上植物量不能及时更新和再生生长（Smith et al.，1998），导致植物 NEE 和 GPP 下降。

四、不同放牧强度处理下 Reco 的生长季变化

由图 3-5 可见，对照组的生态系统呼吸（Ecosystem respiration，Reco）的生长季变化趋势总体呈单峰形状。对照组生长季的 Reco 从 5 月的 2.7 μmol/（s·m²）开始增加，至 8 月达到最大值 17.6 μmol/（s·m²）。达到最大值后，9 月、10 月开始下降。

在 6 月放牧之前，不同放牧强度处理的各组之间与对照组的 Reco 值基本相同、增长趋势一致。6 月放牧之后，对照组增加了 37.1%，而轻度放牧、中度放牧和重度放牧分别降低了 20.7%、33.9% 和 43.8%。至 7 月放牧之前，对照组与不同放牧强度处理的各组的 Reco 值开始增加，对照组增加为 10.5 μmol/（s·m²），轻度放牧、中度放牧和重度放牧分别增加到 10.3 μmol/（s·m²）、7.0 μmol/（s·m²）和 8.8 μmol/（s·m²）。7 月放牧之后，对照组增加了 10.4%，轻度放牧、中度放牧和重度放牧分别减少了 30.7%、14.5% 和 20.7%。接下来，不同放牧强度处理的各组的

Reco 值继续增加，重度放牧在 7 月底达到最大值 13.6 μmol/（s·m²）。中度放牧和对照组、轻度放牧先后于 8 月初和 8 月 18 日达到最大值。9 月、10 月，Reco 值逐渐降低，对照组与不同放牧强度处理之间差异不大。9 月的放牧强度处理后，对各组影响不显著。

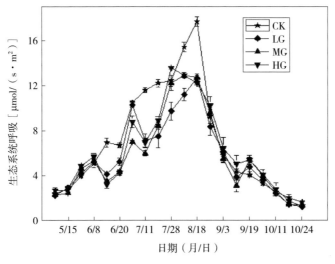

图 3-5　不同放牧强度处理下 Reco 的生长季变化

对不同放牧强度处理的 Reco 数值进行重复测量数据的方差分析，对照组与不同放牧强度处理的各组之间具有显著性差异，重度放牧与轻度放牧、中度放牧具有显著性差异。这说明放牧活动对高寒草甸生长季的 Reco 产生影响。就整个生长季来看，Reco 平均值大小为：对照组＞重度放牧＞中度放牧＞轻度放牧（图 3-6）。

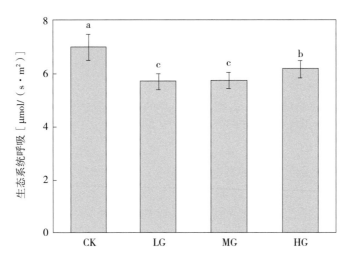

图 3-6　不同放牧强度处理下 Reco 生长季平均值

在不同放牧强度处理下，高寒草甸生长季 Reco 平均值大小为：对照＞重度放牧>中度放牧>轻度放牧。植被冠层呼吸和土壤呼吸共同组成了生态系统呼吸，植物通过自养呼吸释放的CO_2大约可以达到植物光合作用固定CO_2的50%（朱玲玲等，2013）。不放牧条件下，由于地上现存量大，植物冠层呼吸旺盛。此外，凋落物作为土壤有机质输入的主要来源，是真菌或微生物进行生命活动的物质基础，凋落物的蓄积会导致土壤呼吸释放的CO_2量增加，所以对照组生态系统呼吸最大。在3种放牧强度处理条件下，放牧会使土壤微生物生物量以及微生物活动增强，并且家畜排泄物向土壤输送的养分，也能使微生物生物量增加、活动增强（Guitian et al.，2000），导致土壤呼吸升高。温度通过影响土壤生物新陈代谢速率而影响土壤CO_2的释放，是影响土壤CO_2释放强度最主要的因素（曹广民等，2003）。研究表明，植物根系与土壤微生物呼吸速率均与5 cm土壤温度呈极显著的正相关关系（吴琴等，2005）。重度放牧处理下，绵羊将部分地上生物量移除，植被冠层叶面积减少，使土壤温度升高，提高了土壤微生物和酶的活性，促使地下根系和土壤微生物的呼吸增加（Cao et al.，2004）。

第三节 高寒草地返青期休牧

高寒草地是指分布在青藏高原的高寒草甸、高寒草原、高寒荒漠草原等草地的总称，其主要利用方式为放牧。而放牧干扰通常影响植被的株高、盖度等，株高和盖度作为评价草地生长优劣的关键指标，尤其在高寒草地牧草返青期（4—6月），植被度过冬季休眠期开始由黄转绿，露出新叶或老叶，该时期植物最为敏感，受放牧干扰波动较大。

牧草返青期有诸多定义，其中从气象学的角度返青期被定义为春季平均气温超过0℃，日平均气温稳定超过5℃时，牧草长高至1 cm。从植物学角度牧草返青期分为返青初期、返青普遍期和返青后期［《草原返青地面监测技术规程》（DB51/T 1759—2014）］。返青初期牧草返青盖度维持在5%～15%，即草地进入返青期。返青普遍期指当地上牧草叶芽露出鲜嫩小叶达50%。返青后期主要定义为牧草返青盖度超过80%。

高寒草地返青期禁止放牧亦称返青期休牧，是指季节性休牧，即在一年内在特定的季节内将草场围封起来不让放牧，解除家畜对植物的啃食、践踏等不利影响实施的禁止放牧以促进植物正常生长发育的措施。大量研究表明，返青期禁止放牧不仅对草地植被株高、盖度和生物量等产生正效应，而且可以有效避免牲畜"跑青"现象（马玉寿等，2017），是高寒草地较为合理的利用方式。

一、高寒草地植被特征监测方法及监测指标概述

在草地生态学中，为了解草地群落基本特征，往往会对该区域草地群落进行取样监测，监测方法的异同通常会影响结果的准确性。监测方法无外乎几个基本要

素：最小样方面积、最少样方数及样方的空间分布。在野外实际工作中，科学家们通常会在这些要素中进行权衡和取舍，如是利用较小监测面积较大样方数，还是利用较大监测面积较小样方数对群落进行调查？哪一种方法能够真实反映植物群落特征？青藏高原高寒草地植被类型多样，为提高群落调查的准确性，选择适宜的监测方法十分重要。因此本节从高寒草地植被群落调查方法和群落调查所涉及的重要指标及概念两个方面进行系统阐述，以期为高原科研工作者科学研究提供理论依据与技术指导。

1. 高寒草地植被群落方法

在论述群落调查方法前，对"样地"和"样方"的定义十分必要。样地（site）即群落调查所在地，在空间上包含样方，通常没有特定的面积。样方（plot）指样地中特定的区域，有相应的面积，如对高寒草甸群落调查时样方的面积为 0.25 m²（0.5 m×0.5 m）。以下为高寒草地主要的群落调查方法。

（1）样线法。主要用于植物物种丰富度的监测。将带有 1 m 刻度的两个 100 m 样线按东西、南北十字交叉或两条样线平行间隔 40 m，然后从样线的一端开始，记录样线上每隔 1 m 节点上多种接触到的植物，重复 2 次（图 3-7A）。

（2）样方法。主要对植物物种丰富度和地上生物量进行监测。首先设置两条相交（如坡地），或者平行（平坦地）的 100 m 样线，每隔 10 m 设置 1 个样方，共监测 20 个样方，样方的大小因草地的植被类型而异，其中高寒草甸的样方面积为 0.25 m²（0.5 m×0.5 m），高寒草原和荒漠化草原样方面积为 1 m²（1 m×1 m）。记录每个样方所出现的物种，同时分种刈割地上部分，带回实验室 65℃下烘干称重。

（3）巢式样方法。针对植物物种丰富度和地上生物量。以高寒草甸为例，从 0.25 m² 的小样方开始，逐渐扩大样方倍数，即 0.5 m²、1 m²、2 m²、4 m² 和 8 m²，对于高寒草原和高寒荒漠草原而言，从 1 m² 开始，分别扩大到 2 m²、4 m² 和 8 m²，重复 2 次，记录每个大小样方内出现的所有物种，并分种齐地刈割地上部分，带回实验室在 65℃下烘干称重（图 3-7B）。

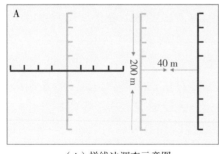 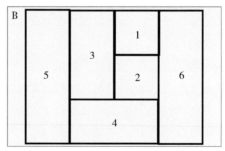

（A）样线法调查示意图　　　　（B）巢式样方法示意图

图 3-7　高寒草地群落调查方法

孟凡栋等（2003）分别采用样线法、样方法和巢式样方法对西藏高寒草地植被群落多样性和地上生物量监测方法的比较研究发现，对于生产力的监测方法而言，高寒草甸采用 10 个 0.5 m×0.5 m 的样方为宜，而高寒草原和高寒荒漠草原采用 10 个 1 m×1 m 的样方为宜；而对于物种丰富度的监测方法而言，高寒草甸采用 20 个 0.5 m×0.5 m 的样方和高寒草原 20 个 1 m×1 m 的样方为宜，高寒荒漠草原采用 2 个不小于 2 m² 样方面积为宜。

2. 群落调查中的重要概念

植物群落由不同植物物种组成。一种植物在群落中的重要性如何，由多个指标来度量。通过对指标的测量，回答该物种是否存在、数量多少、个体多大等问题。群落调查中直接测定物种的指标常包括盖度、频度、多度、高度等。

（1）盖度。指植物地上部分垂直投影面积占样方面积的百分比。各个物种盖度之和可以超过 100%，但任何单一种的盖度都不会超过 100%。以 0.5 m×0.5 m 样方为例，将样方分为四等份，测定每个方格中的分盖度，计算总盖度。

（2）频度。草地中某种植物的个体，在一定面积上分布的均匀程度，用有该种出现的样方数（不论在样方内个体数量多少）占全部样方数的百分比表示。

$$频度（\%）=\frac{某种植物出现样方数}{全部样方数}\times100$$

（3）多度。又称个体数或密度，指单位面积上（一个样方）某个种的全部个体数。

（4）高度。单个植物的高度指的是从植物的基部到顶端的长度；群落高度为每个植物高度和盖度通过加权求得。

（5）重要值。也是一个重要的群落定量指标，并常用于比较不同群落间某一物种在群落中的重要性，它通过上述直接测度指标计算得到，并非直接测量的。以高寒草甸为例，重要值计算公式为：

重要值（%）=（相对高度 + 相对频度 + 相对盖度）/3 （张光茹等，2020）

其中，相对高度（%）=100 × 某个种的高度 / 群落高度；

相对频度（%）=100 × 某个种在统计样方中出现的次数 / 所有种出现的总次数；

相对盖度（%）= 某个物种的盖度 / 样方总盖度。

二、高寒草地返青期的影响因素

近百年来，地球正经历着以气候变暖为主要特征的变化，全球的气候变化正改变着各地的气候资源，也对高寒草地产生了直接影响（刘明春等，2001；韩炳宏等，2019）。高寒草地整个生命活动都是在野外自然环境条件下进行的，其物候期的变化、生物量的形成很大程度上受限于区域气候、土壤和牧草本身机能等因素。对于某一特定区域而言，土壤结构、地形、植被等自然因素在一定的时期、季节内相对稳定，而气候因子的变化存在一定的波动性，彼此间并非始终一致，因而气候因子变化对牧草物候期的变化起着决定性作用（郭连云等，2008；姚玉璧等，2009；苏芬和胡德奎，2022）。

物候期是植物季节性变化宏观而综合的体现，反映过去一段时间气候条件的累积对植物生长和发育的综合影响，大多数植物的生命周期与温度、降水量和光照的季节性变化密切相关（苏芬和胡德奎，2022），其中较多的研究表明，温度是影响植物物候期的关键气候因子（郭连云等，2009）。李兴华等（2013）对内蒙古高寒草甸的研究表明，由于该地区春季土壤的湿度相对较高，影响牧草返青的关键因素仍是温度。相对于内蒙古，青海省海南藏族自治州草地年降水量较少且渗透能力有限，降水蒸发散失使得其对土壤的增墒和牧草返青影响较小，而较长的日照时间增加了土壤中水分的蒸发，因而气温成为牧草返青期的主要因素（郭连云等，2009）。此外也有研究发现，牧草返青前地温是后续牧草返青的"催化剂"，因为植被根系的主要热量来源于地温供给，因而地温的变化对牧草返青具有一定的指示作用（李兴华等，2013），但归根结底离不开气温的影响。

三、高寒草地返青期休牧对草地植被特征及土壤特性的影响

在青藏高原地区，研究人员根据区域气候的特点，通常将草场分为暖季草场和冷季草场。由于牧草在春夏和秋冬之交生长缓慢，再生性能差，此时最易发生过牧，牧草过高的利用率严重影响了牧草再生，从而引起草地退化。目前，青海省的放牧制度主要以冬春连牧为主，即从11月开始到翌年6月下旬至7月上旬结束。牧草的生长季一般为6个月（4—10月），于5月上旬返青，至6月下旬进入快速生长期，其中返青期放牧就发生在冬春连牧期间，对草地产生了巨大破坏（李青丰等，2005；赵雪雁等，2016）。由于返青期家畜采食大量春季刚萌发的牧草，严重影响了后期植被的生长和营养物质的存贮，加之枯草在冬季已被家畜彻底采食，家畜开始出现"抢青""春乏"、掉膘等现象（徐田伟等，2019；刘宏金等，2020）。研究表明，返青期休牧对牧草恢复和生长具有关键促进作用，被证明是兼顾生态保护和畜牧业健康发展的一项有效措施（徐田伟等，2020）。

那么，返青期休牧是如何影响草地植被群落特征的呢？李青丰（2005）对内蒙古草原的研究表明，春季休牧可以改善草地植被群落，通过减少放牧家畜的采食、践踏等行为，促进植物的生长，提高草地植被群落的高度和盖度。宋志萍等（2022）对三江源区返青期休牧高寒草甸种群生态位的研究发现，与放牧相比，休牧40 d能显著促进高寒草甸中莎草科和禾本科植物的生长，随着休牧天数的增加，阔叶型可食牧草的生长受到抑制，且休牧翌年阔叶型可食牧草包括火绒草、乳白香青、兔耳草的生态位宽度低于休牧第一年的生态位宽度。李林栖等（2017）和秦金萍等（2021）对祁连山区中度退化草地植被特征的研究发现，实施返青期休牧可有效提高高寒草甸的植被盖度、地上生物量和地下生物量，同时返青期休牧的实施有效提高高寒草地优势禾草的光合作用和呼吸作用，促进草地生产力的提升，可实现草地生产和生态功能双赢。

土壤作为植物生长的载体，返青期休牧对土壤理化特性及微生物碳代谢的研究同样值得关注。王晓丽等（2020）对短期草地返青期休牧的研究发现，不同返青期

休牧下土壤微生物利用碳源能力有对照（放牧）＞30 d＞40 d＞50 d＞20 d 的趋势，但差异不显著。对不同种类碳源的利用能力依次为羧酸类＞氨基酸类＞糖类＞酯类＞醇类＞胺类，且不同返青期休牧处理下微生物对醇类的代谢差异显著（P=0.028），休牧 20 d 显著高于 40 d 和 50 d。秦金萍等（2021）对返青期休牧 6 年的高寒草地土壤含水量研究发现，休牧 6 年的土壤含水量较常年放牧组（CK）提高了 62.62%。

四、返青期休牧对贵南县高寒草地植被特征的影响

结合青海省在贵南地区实施的返青期休牧政策，于 2016 年 5 月 1 日至 6 月 30 日，在贵南县森多镇嘉仓生态畜牧业专业合作社、贵南县黑藏羊场和贵南县塔秀乡雪域诺央家庭牧场 3 个示范点开展为期 2 个月的牧草返青期休牧试验示范。休牧期间示范户草场严禁放牧，对放牧家畜进行舍饲，舍饲方法见第七章。

为探索休牧对草地生态系统的影响，于每月上旬和下旬分别对休牧及其对照样地（共 7 个）的植被生物多样性、地上生物量、地下生物量、土壤结构等进行监测。试验对 3 个休牧示范点天然草地植物物种多样性、地上 / 地下生物量、土壤结构等进行了 6 次监测，设置样方 252 个，采集牧草样品 1 260 份、土壤样品 252 份（图 3-8）。

监测结果表明，通过返青期休牧可以使休牧样地相对放牧样地在群落高度、群落盖度、物种丰富度、地上生物量、地下生物量和土壤湿度都有较大提高，而杂草盖度和杂草生物量比例则显著降低（表 3-1）。

图 3-8　贵南典型示范区牧草返青期休牧示范及植被群落结构监测样地

表 3-1　2016 年度返青期休牧对比试验草地监测结果

监测指标	返青期休牧	返青期放牧
群落高度（cm）	8.1 ± 0.9	3.2 ± 0.5
群落盖度（%）	95.8 ± 4.1	76.6 ± 8.1
杂草盖度（%）	29.3 ± 5.2	48.3 ± 16.3
物种丰富度	20.7 ± 1.9	18.0 ± 2.1
地上生物量（g/m^2）	379.5 ± 67.4	176.9 ± 53.7
杂草生物量比例（%）	36.9 ± 6.8	47.1 ± 14.8
地下生物量（g/m^2）	2 791 ± 649.4	1 965 ± 681.1
土壤湿度（%）	26.2 ± 2.6	18.5 ± 4.1

第四节　天然草地智慧放牧下的季节性优化配置

天然草地作为承接牧民与家畜的"桥梁"，在畜牧业生产中具有重要作用。天然草地的优劣直接决定着畜牧业发展的好坏，近几十年来，气候变暖（郭连云等，2011），冻土加速融化，以及长期以来当地牧民单纯追求牲畜数量，高密度放牧，严重破坏了天然草地原有的生长规律，加上啮齿类动物的挖掘（张振超，2020），最终导致草地破坏或退化，草地生态系统趋于恶化，严重阻碍了畜牧业健康发展。

一、草地畜牧业的原理及内涵

牧草的生产有明显季节性，暖季（夏、秋）牧草生长旺盛，量高而质优，但常因牧草得不到充分利用而浪费，冷季（春、冬）牧草停止生长，处于枯黄状态，量少而质劣，处于亏缺状态，而家畜的采食和营养需求则保持常年稳定。这样在全年牧草供给与家畜营养需要间产生了季节性不平衡。一到冷季，家畜往往因牧草短缺，长期饥饿而乏弱甚至死亡，即所谓"春乏"。

草地畜牧业最早由任继周院士在 1978 年提出，其本质为"以草定畜"，即依据牧草的多少来确定畜群数量，使家畜的数量与牧草季节供应相吻合。其内容为：根据草地畜牧业生产的季节动态，减少冷季牧草产量和质量下降时期的载畜量，使畜群对牧草的需求尽可能与牧草营养供给相匹配，在暖季充分发挥新生幼畜生长旺盛的特点，利用生长旺盛的牧草提高饲草转化效率，在冷季来临前，减轻草地放牧压力，按计划宰杀或者淘汰母畜，或实行异地育肥，不让其越冬，当年收获畜产品（任继周等，1978）。

二、草畜平衡及优化配置国内外研究进展

国外草地畜牧业发达国家，如新西兰在草地放牧系统中饲料供给和家畜营养需

求方面位列世界前沿。20世纪70年代初，新西兰畜牧专家为提升草地生产，采取了增施系统肥料和增加系统载畜量等策略；70年代中晚期至80年代中期，研究重点为调整家畜策略如改变产羔时间及饲草料供给与家畜营养相协调的方式，依托各种调控技术手段，在较少对饲料作物和储草依赖的基础上，力求草畜供求达到相对平衡；90年代，将研究重点转向低成本的磷肥生产及家畜生产性能提升上，以期通过低投入高产出的方式使草畜供求关系趋于合理；最近几年，草地畜牧业最大限度利用原位放牧系统，调整季节性载畜量，调整家畜适宜的泌乳时间和泌乳期，通过家畜购买和出售时间选择，最大限度地减少储草和补饲需要，使冬春季牧草达到目标现存量，从而提高草地利用率和家畜转化效率，使草畜供求关系趋于动态平衡（萨仁高娃，2015）。

我国草原面积大，主要以放牧的利用方式为主，是畜牧业绿色健康发展的基础，在畜牧业发展中占基础地位。20世纪70年代末，任继周院士提出"草畜平衡"理论，草地植被生产与放牧生产作为草地系统两个关键环节（Kemp and Michalk，2007），亟须在草地可持续发展与家畜营养平衡管理上建立家畜配置与承载力相互适应的优化模式和技术体系。

针对草畜平衡体系优化，侯向阳等（2013）运用模型提出分段式减畜。杨博等（2012）提出通过改变产羔时间、冷季补饲、冬季暖棚舍饲等措施可以有效解决草畜平衡问题。杨婧等（2017）研究草地群落地上现存生物量与载畜率的关系发现，随着载畜率的增加，地上现存生物量逐渐降低，合理优化草地载畜量，可减轻草地放牧承载压力。此外，针对放牧方式和经营管理方法也有大量研究。卫智军等（2002）等研究发现连续的放牧情况下，划区轮牧更有利于草地植被的生长，也有利于家畜生产性能的提高。常棋等（2006）对牧场生产经营模式研究发现，在适度的家庭牧场养殖下，可进行畜种改良和畜群结构优化。董全民等（2022）对高寒草地放牧强度的研究发现，中度放牧强度下，对于草地群落多样性维持、生态系统功能发挥具有积极作用。

三、青藏高原草—畜平衡现状及面临的挑战

青藏高原草地畜牧业生产的特点是牲畜季节性营养需求和牧草生产之间的质量和数量的不平衡（Dong et al.，2013）。由于草地生产力和牧草营养的季节性变化，牲畜的载畜能力在温暖（5—9月）和寒冷（10月至翌年4月）季节之间可能会变化2~3倍（Xue et al.，2005；Dong et al.，2006）。在寒冷季节由于暴风雪等极端寒冷天气的影响，造成牲畜和活体重的大量损失。这种不平衡的生态系统给畜牧业生产实践带来了巨大挑战，迫使牧民饲养更多牲畜以维持生计，而不幸的是，长期的牲畜生产俨然成为草地过度放牧的主要原因。

畜牧业一直是草原管理的主体。然而，这种管理与气候变暖和草原质量密切相关。在1961—2007年，高原地表空气温度呈显著的正趋势。升温速率范围为（0.09~0.74℃）/10年，平均值为0.28℃/10年（Guo et al.，2012）。与此同时，家

畜数量也从 20 世纪 50 年代上升了 5 倍之多，在 20 世纪 80 年代达到峰值。由于空间分布的巨大差异，草地的放牧率在 1.25%～102.87%（He et al.，2008）。气候的变化和过度放牧导致草原退化。近年来，青藏高原草地退化面积约为 6.5×10^7 hm^2，占青藏高原草地的 50%。"黑土类型"（即"黑土斑块"）退化草地面积约为 7.0×10^6 hm^2，占退化草地总面积的 16%～54%（Shang et al.，2007）。政策制定者担心过度放牧及产生的后果，在不考虑草地退化程度下，已经启动"绿色放牧计划"及其他针对性措施以减少或阻止围栏放牧。

为了减轻草原退化对青藏高原的影响，近几十年来，我国一直在实施大规模的保护计划，投资了约 420 亿元人民币（70 亿美元）。青藏高原草原恢复项目于 20 世纪 90 年代启动，是我国最大的生态建设项目。它包括在青藏高原、三江源国家级自然保护区和黄河水资源保护委员会区域建设生态屏障。一些生态社区项目仍在建设中，其中大部分投资用于工程建设（如移民基础设施、退化草地改良、人工牧场种植和人工降雨），而非生态补偿项目，仅占总投资的 1%。因此，青藏高原的草地通过围栏和减少放牧得到了一定程度的改善。然而，这些政策没有考虑牧民参与环境保护的热情。项目完成后是否继续有效，或状态能否恢复到以前，仍有待观察。决策者应考虑在生态补偿方面投入更高的比例，以鼓励环境保护项目的持久有效性。

在过去 10 年中，生态移民（将人们从退化地区迁移到更好的地区）被认为是减少放牧压力和改善当地人民生活条件的重要战略和实践，特别是在三江源国家级自然保护区。在这个地区，50 000 多名牧民被转移到附近的一个小镇。然而，这一看似合理的生态移民举措如果设计不当，则会对受影响社区的生计甚至社会稳定造成负面影响。最大的挑战是在短时间内将在高原上生活了数千年的游牧民族迁移到一个小地区定居。政府部门也意识到了这一问题，并调整了生态补偿政策，以减少对牲畜生产的依赖。生态补偿也取得了牧民生计改善和生态保护力度提升的良好效果。

四、青藏高原草地资源优化配置策略

1. 天然草地实行"取半留半"放牧管理策略

青藏高原的牲畜放牧可追溯到至少 10 000 年前的全新世早期（Guo et al.，2006）。长期的牲畜放牧有助于塑造当前的植被分布和生态系统结构（Zou et al.，2014）。增加放牧强度被认为是导致地上植物生物量减少的原因，并被认为是取代了莎草属、针茅属和草本植物等适口性较好的牧草的原因，而适度放牧可以加速生态系统养分循环，保持高初级生产力和物种丰富度。相反，围栏封地会导致草地变为一个简单而不稳定的生态系统，牧草的初级生产力和质量较差。因此，禁止放牧的政策可能对中度和重度退化的草地产生积极影响，但对健康草地产生负面影响。故对于恢复或健康的草地，采取半休半牧的合理放牧原则（即将地上生物量的放牧限制在可用量的 50% 以下）似乎比简单的禁牧或围栏更合适（赵亮等，2014）。

2. 人工草地和生态系统服务

青藏高原生态恢复最终的考虑和挑战是平衡植物物种多样性和生态功能与牧民生计。因此，高原的恢复政策应侧重于如何在当前土地利用集约化的情况下维持生态系统的发展和功能（赵亮等，2014）。为了实现这一目标，需要大量多样化物种，尤其要在严重退化地区建设人工草地。

在种植人工草地（由多年生禾本科植物的混合物组成）后，植被覆盖率低于20%的退化裸地（黑土滩）的生物量迅速恢复到甚至高于天然草地的水平。这种更高的牧场生产力可以更好地满足当地牧民的牧草需求，缓解寒冷季节营养供应和牲畜需求之间的不平衡，从而减少牲畜和活体重的损失（Zhao et al.，1999）。这种农业实践还抑制了有毒植物和杂草的生长，促进了当地植被的恢复。然而，种植人工草地和相关管理（如围栏、补种、杂草控制和施肥）以增加初级生产的选择仍然给决策者带来各种生态系统服务的挑战。例如，再生退化草地和相关管理可能会增加土壤有机质，从而封存大气碳（赵亮等，2014；Wang et al.，2011）。162项研究的meta分析表明，施肥可以增加土壤碳含量5%，围牧增加6.3%，农田转牧增加6.4%，再生退化草原增加42.8%（Wang et al.，2011）。然而，20年后，人工草地中的土壤碳含量也有所下降（Li et al.，2005）。因此，决策者应考虑构建长期监测网络，以评估恢复后的生态系统服务，以便识别和替换任何过时或不合适的管理做法和政策。

3. 牲畜营养均衡饲养

青藏高原上的畜牧业生产系统通常遵循传统的游牧方式，其中藏羊和牦牛全年在天然草地上放牧（Foggin et al.，2005）。如上所述，在温暖季节，可用牧草对牲畜来说绰绰有余，但在寒冷季节，供应严重不足。因此，畜牧业生产的特点是一个浪费的循环，暖季增加的80%的活重在冷季损失（Zhao et al.，1999）。这加剧了过度放牧的问题，最终导致青藏高原上更多的草地退化。为了解决这个问题，我们提出了一种新的"暖季放牧和冷季批量饲养"方法（图3-9）。该方法可以通过两个时期的畜牧生产系统实现营养平衡，包括在6—10月的暖季放牧，在11月至翌年5月的冷季进行大量饲养，从人工草地和农田提供饲料。

五、牧草—农田—牲畜综合生产系统构建

当前决策者面临的最大挑战是确保草原能够保持适度的放牧，同时增加牧民的收入，使其高于传统畜牧生产系统。很明显，地方和国家政策应鼓励采用高效牧草转换的新型畜牧生产系统，以缩短放牧期，缓解草原放牧压力。迫切需要一个有效的综合系统来生产可用于畜牧业生产的牧草，同时以可持续的方式长期保护天然草地。该系统不应完全取代传统的畜牧系统，而应为现有系统增加互补优势。

因此，我们在青藏高原提出了一种新的畜牧业"三区耦合系统"方法，旨在通过整合资源的时空变化，实现该地区天然草地、混合作物/牧场和农田的最佳利用。

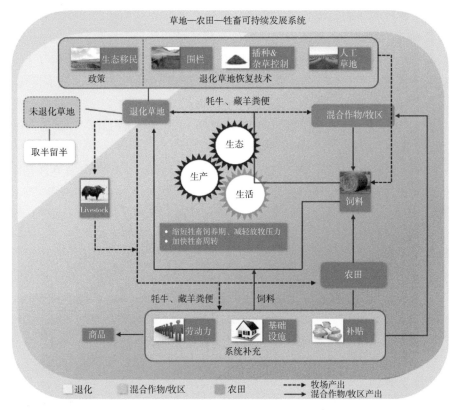

图 3-9　青藏高原典型地区牧场、混合作物 / 牧场、农田及其综合生产系统的功能

　　在这种系统中，藏羊和牦牛在短暂的温暖季节主要在牧草丰盛的牧区放牧，在寒冷季节转向农区 / 农牧交错区。该区域的农业副产品也为牲畜提供了重要的补充饲料。在适合农作物生长的区域使用大规模人工草地，通过提供替代的牲畜饲料供应，减少了天然草地的放牧压力。通过该方法的实施表明，这 3 个地区的牲畜、饲料和农业副产品的组合带来的效益超过了单个资源的价值总和。利用其各个组件的动态交互作用，综合畜牧生产系统可以保证更可持续的生产。经验表明，这一新方法是减少青藏高原上牲畜生产造成的过度放牧的战略途径。它还提高了牲畜生产的效率，增加了牧民和移民的收入。该方法在三江源地区，通过人工牧草种植（6.7 万 hm^2），可有效供给 400 万～500 万只藏羊饲喂，为冬季牲畜提供大量的绿色补充饲料，从而进一步验证了该方法的大规模可行性。此外，大量生态移民为支持这一做法提供了必要的人力资源。因此，该方法也有助于解决青藏高原上草原管理的生态原则和政策之间的冲突。

第五节　天然草地季节性优化配置在贵南县的应用

　　贵南县属于农牧交错区，其可利用天然草场面积约 4.25 万 km^2，受传统畜牧业禁锢，牦牛、藏羊于农历 5 月中旬转场到夏秋草场，10 月至翌年 5 月中旬在冬春草场放牧，天然草场同样面临着因不合理放牧导致的草地超载过牧、部分退化，草地供给与家畜营养需求间的矛盾制约着当地畜牧业的发展。

　　基于天然草场中度放牧利用原则，结合牛羊数量、草场面积和健康状况，因地制宜制订了贵南县天然草场三季放牧利用优化技术方案（图 3-10）：农历 4 月、5 月实施牧草返青期休牧（55～60 d），休牧期间牦牛、藏羊于畜棚进行舍饲，其高效养殖方法见第七章；暖季 6—9 月于夏秋草场放牧，应将草地的利用率保持在 45%～50%，冷季 10 月至翌年 3 月于冬春草场进行放牧 + 补饲，应将草地的利用率保持在 70%～80%。

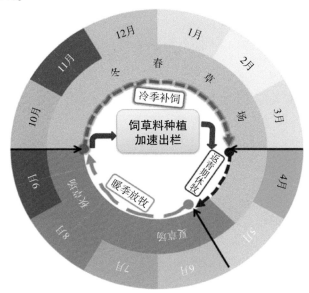

图 3-10　天然草地三季智慧放牧利用技术方案

　　此外，基于农牧交错区资源禀赋，我们大力开展有机无机复合肥精准配置、高产优质人工草地建植（图 3-11）、优质牧草青贮加工（图 3-12）等提质增效技术，通过牧草高效种植、高值化加工，提升冷季饲草供给，使牦牛、藏羊的饲养周期缩短 1～1.5 年，以期达到牧草供给与家畜营养需求间的平衡，提升畜牧业生产效率。

图 3-11　高产优质人工草地建植

（A）青贮壕青贮　　　　　　　　　（B）捆裹青贮

图 3-12　不同青贮技术在贵南县智慧畜牧业中的应用

第六节　小　结

　　草地畜牧业在我国占有重要地位，是草原地区的支柱型产业。近年来，很多地区的草原实际载畜量已经远远高于理论载畜能力，这在很大程度上造成草原的破坏或退化。目前，我国草原地区存在夏秋季节饲草丰裕、冬春季节严重匮乏或夏秋季节饲草匮乏而冬春季节丰裕的现象。天然草地是青海畜牧业发展的基础，实施天然草地智慧放牧，可以实现草畜资源的优化配置，在保护天然草地的同时，提高畜牧业生产效率。本章从青藏高原高寒草地对碳收支的响应、返青期休牧及天然草地季节性配置三大方面详细阐述了放牧对高寒草地碳收支的影响、返青期休牧在提升草地植被特征上的作用，以及如何通过构建牧草—农田—牲畜为一体的"三区耦合系统"，为贵南县乃至整个青海生态畜牧业发展提供了可复制、可推广的生产模式。

——— 参考文献 ———

常祺，2006.青海省环湖牧区家庭牧场生产经营模式探讨 [J]. 草业与畜牧（7）：53-54，59.

邓根云，1991.大气中 CO_2 等温室气体浓度增加对气候和农业生产的影响问题 [J]. 中国农业气象（2）：47-51.

董全民，赵新全，马玉寿，等，2022.高寒草地放牧生态系统土草畜互作及调控 [Z]. 西宁：青海省畜牧兽医科学院 .

方精云，2000.全球生态学：气候变化与生态响应 [M]. 北京：高等教育出版社 .

方精云，郭兆迪，2007.寻找失去的陆地碳汇 [J]. 自然杂志，29（1）：1-6.

郭连云，丁生祥，吴让，等，2009. 气候变化对三江源区兴海县天然牧草的影响 [J]. 草业科学，26（6）：90-95.

郭连云，张旭萍，丁生祥，2008. 影响共和盆地天然草地牧草生育期的气候因子变化特征 [J]. 干旱地区农业研究（6）：201-206.

郭连云，赵年武，田辉春，2011. 气候变暖对三江源区高寒草地牧草生育期的影响 [J]. 草业科学，28（4）：618-625.

韩炳宏，孔祥萍，周秉荣，等，2019. 气候变化情景下青藏高原物候研究的若干进展 [J]. 草业科学，36（11）：2786-2795.

侯向阳，尹燕亭，运向军，等，2013. 北方草原牧户心理载畜率与草畜平衡模式转移研究 [J]. 中国草地学报，35（1）：1-11.

李林栖，马玉寿，李世雄，等，2017. 返青期休牧对祁连山区中度退化草原化草甸草地的影响 [J]. 草业科学，34（10）：2016-2023.

李青丰，2005. 草地畜牧业以及草原生态保护的调研及建议（1）——禁牧舍饲、季节性休牧和划区轮牧 [J]. 内蒙古草业（1）：25-28.

李青丰，赵钢，郑蒙安，等，2005. 春季休牧对草原和家畜生产力的影响 [J]. 草地学报（S1）：53-56，66.

李兴华，陈素华，韩芳，2013. 干旱对内蒙古草地牧草返青期的影响 [J]. 草业科学，30（3）：452-456.

刘宏金，徐世晓，韩学平，等，2020. 不同物候期牧草对藏系绵羊血清生化指标、瘤胃内环境参数及瘤胃微生物功能菌群的影响 [J]. 动物营养学报，32（3）：1396-1404.

刘明春，马兴祥，尹东，等，2001. 天祝草甸、草原草场植被生物量形成的气象条件及预测模型 [J]. 草业科学（3）：65-67，69.

刘晓东，张敏锋，惠晓英，等，1998. 青藏高原当代气候变化特征及其对温室效应的响应 [J]. 地理科学（2）：113-121.

马玉寿，李世雄，王彦龙，等，2017. 返青期休牧对退化高寒草甸植被的影响 [J]. 草地学报，25（2）：290-295.

孟凡栋，王常顺，张振华，等，2013. 西藏高原高寒草地群落植物多样性和地上生物量监测方法的比较研究 [J]. 西北植物学报，33（9）：1923-1929.

潘保田，李吉均，1996. 青藏高原：全球气候变化的驱动机与放大器：青藏高原隆起对气候变化的影响 [J]. 兰州大学学报：自然科学版，32（1）：108-115.

秦金萍，刘颖，马玉寿，等，2021. 返青期休牧对退化高寒草地植被特征及优势种光合生理的影响 [J]. 草地学报，29（5）：1034-1042.

任继周，王钦，牟新待，等，1978. 草原生产流程及草原季节畜牧业 [J]. 中国农业科学（2）：87-92.

萨仁高娃，2015. 浅谈草地承载能力与家畜配置研究 [J]. 草原与草业，27（3）：11-14.

沈海花，朱言坤，赵霞，等，2016. 中国草地资源的现状分析 [J]. 科学通报，61（2）：139-154.

宋志萍，王晓丽，王彦龙，等，2022. 三江源区高寒草甸植物种群生态位对返青期休牧时间的响应 [J]. 草地学报，30（7）：1651-1658.

苏爱玲，张振华，汪诗平，等，2010. 不同季节放牧对矮嵩草草甸植物叶面积指数的影响 [J]. 草原与草坪，30（1）：50-55.

苏芬，胡德奎，2022. 三江源区高寒草原天然牧草返青期变化特征及其与气象因子的关系 [J]. 贵州农业科学，50（5）：86-91.

孙鸿烈，郑度，1996. 青藏高原形成演化与发展 [M]. 上海：上海科学技术出版社.

汪诗平，王艳芬，李永宏，等，1998. 不同放牧率对草原牧草再生性能和地上净初级生产力的影响 [J].

草地学报（6）：275-81.

王根绪，程国栋，沈永平，2002. 青藏高原草地土壤有机碳库及其全球意义 [J]. 冰川冻土（6）：693-700.

王俊峰，王根绪，王一博，等，2007. 青藏高原沼泽与高寒草甸草地退化对生长期 CO_2 排放的影响 [J]. 科学通报（13）：1554-1560.

王晓丽，温军，马玉寿，等，2020. 不同返青休牧期土壤微生物碳代谢特征及其影响因素研究 [J]. 生态环境学报，29（5）：961-970.

卫智军，韩国栋，杨静，等，2002. 家庭牧场天然草地划区轮牧实施技术研究 [C]// 现代草业科学进展——中国国际草业发展大会暨中国草原学会第六届代表大会论文集. 北京：中国草学会.

吴根耀，关静，2006.《地球科学大辞典》出版 [J]. 地质科学（4）：710，719.

吴琴，曹广民，胡启武，等，2005. 矮嵩草草甸植被 - 土壤系统 CO_2 的释放特征 [J]. 资源科学，27（2）：96-102.

谢高地，张钇锂，鲁春霞，等，2001. 中国自然草地生态系统服务价值 [J]. 自然资源学报（1）：47-53.

徐世晓，2007. 降水对青藏高原高寒灌丛冷季 CO_2 通量的影响 [J]. 水土保持学报，21（3）：193-195.

徐世晓，赵新全，2002. 气候变暖对青藏高原牧草营养含量及其体外消化率影响模拟研究 [J]. 植物学报：英文版，44（11）：1357-1364.

徐田伟，刘宏金，胡林勇，等，2019. 日粮精料水平对藏系绵羊春季生长性能、血清生化指标及养殖收益的影响 [J]. 西北农业学报，28（12）：1921-1926.

徐田伟，赵炯昌，毛绍娟，等，2020. 青海省海北地区高寒草甸群落特征和生物量对短期休牧的响应 [J]. 草业学报，29（4）：1-8.

徐影，丁一汇，李栋梁，2003. 青藏地区未来百年气候变化 [J]. 高原气象，22（5）：451-457.

闫巍，2006. 青藏高原高寒草甸生态系统 CO_2 通量及其水分利用效率特征 [J]. 自然资源学报，21（5）：756-767.

杨博，吴建平，杨联，等，2012. 中国北方草原草畜代谢能平衡分析与对策研究 [J]. 草业学报，21（2）：187-195.

杨婧，褚鹏飞，王明玖，等，2017. 基于牧场生产力的内蒙古典型草原载畜率研究 [J]. 干旱区资源与环境，31（1）：76-81.

姚莉，吴庆梅，2002. 青藏高原气候变化特征 [J]. 气象科技，30（3）：163-164.

姚玉璧，张秀云，段永良，等，2009. 亚高山草甸类草地牧草生长发育与气象条件的关系研究 [J]. 草业科学，26（3）：43-47.

张光茹，张法伟，杨永胜，等，2020. 三江源高寒草甸不同退化阶段植被和土壤呼吸特征 [J]. 冰川冻土，42（2）：662-670.

张金霞，曹广民，2001. 放牧强度对高寒灌丛草甸土壤 CO_2 释速率的影响 [J]. 草地学报，9（3）：183-190.

张永强，唐艳鸿，姜杰，2006. 青藏高原草地生态系统土壤有机碳动态特征 [J]. 中国科学：D 辑，36（12）：1140-1147.

张振超，2020. 青藏高原典型高寒草地地上 - 地下的退化过程和禁牧恢复效果研究 [D]. 北京：北京林业大学.

章力建，2009. 关于加强我国草原资源保护的思考 [J]. 中国草地学报（6）：1-7.

赵亮，古松，徐世晓，等，2007. 青藏高原高寒草甸生态系统碳通量特征及其控制因子 [J]. 西北植物学报（5）：1054-1060.

赵亮，李奇，陈懂懂，等，2014. 青藏高原三江源地区高山草原生态系统碳封存原理与管理实践

[J]. 第四纪研究，34（4）：795-802.

赵新全，张耀生，周兴民，2000. 高寒草甸畜牧业可持续发展：理论与实践 [J]. 资源科学（4）：50-61.

赵雪雁，万文玉，王伟军，2016. 近50年气候变化对青藏高原牧草生产潜力及物候期的影响 [J]. 中国生态农业学报，24（4）：532-543.

郑度，林振耀，张雪芹，2002. 青藏高原与全球环境变化研究进展 [J]. 地学前缘，9（1）：95-102.

朱玲玲，戎郁萍，王伟光，等，2013. 放牧对草地生态系统 CO_2 净气体交换影响研究概述 [J]. 草地学报（1）：3-10.

CAO G，TANG Y，MO W，et al.，2004. Grazing intensity alters soil respiration in an alpine meadow on the Tibetan plateau[J]. Soil Biology and Biochemistry，36：237-43.

DONG Q M，ZHAO X Q，MA Y S，et al.，2006. Live-weight gain，apparent digestibility，and economic benefits of yaks fed different diets during winter on the Tibetan plateau[J]. Livestock Science，101（1-3）：199-207.

DONG Q M，ZHAO X Q，WU G L，et al.，2013. A review offormation mechanism and restoration measures of "black-soil-type" degraded grassland in the Qinghai-Tibetan Plateau[J]. Environmental Earth Sciences，70（5）：2359-2370.

FOGGIN M，2005. Promoting biodiversity conservation and coromunity development in the Sanjiangyuan region，China [R]. Plateau Perspectives report.

GUITIAN R，BARDGETT R D，2000. Plant and soil microbial responses to defoliation in temperate semi-natural grassland[J]. Plant and Soil，220：271-277.

GUO D L，WANG H J，2012. The significant climate warming in the northern Tibetan Plateau and its possible causes[J]. International Journal of Climatology，32（12）：1775-1781.

GUO S C，SAVOLAINEN P，SU J P，et al.，2006. Origin of mitochondrial DNA diversity of domestic yaks[J]. BMC Evolutionary Biology，6（1）：73.

HAFERKAMP M R，MACNEIL M D，2004. Grazing effects on carbon dynamics in the northern mixed-grass prairie[J]. Environmental Management，33：S462-S474.

HE Y L，ZHOU H K，ZHAO X Q，et al.，2008. Alpine grassland degradation and its restoration on Qinghai-Tibet Plateau[J]. Prataculture & Animal Husbandry（11）：1-9（in Chinese）.

IPCC，2007. Summary for policymakers. Contribution of working Group II to the Fourth Assessment Report of the Intergovernmental Panel on Climate Change[M]. UK：Cambridge University Press.

KATO T，2004. Carbon dioxide exchange between the atmosphere，an alpine meadow ecosystem on the Qinghai-Tibetan Plateau，China[J]. Agricultural，forest meteorology，124（1-2）：121-134.

KEMP D，Michalk D，2007. Towards sustainable grassland and livestock management. The Journal of Agricultural Science，145（6）：543-564.

KLEIN J A，ZHAO X Q，Harte J，2005. Dynamic and complex microclimate responses to warming and grazing manipulations[J]. Global Change Biology，11：1440-1451.

PARKER D，JONES P，FOLLAND C，et al.，1994. Interdecadal changes of surface temperature since the late nine teeth centyry[J]. Joarnal of Geophysical Research，9967：14373-14399.

SCURLOCK J M O，HALL D O，2007. The global carbon sink：a grassland，perspective[J]. Global Change Biology，4（2）：229-233.

SHANG Z H，LONG R J，2007. Formation causes and recovery of the "Black Soil Type" degraded alpine grassland in Qinghai-Tibetan Plateau[J]. Frontiers of Agriculture in China，1（2）：197-202.

SMITH S E，1998. Variation in response to defoliation between populations of Bouteloua curtipendula var. caespitosa（Poaceae）with different livestock grazing histories[J]. American Journal of Botany，

85：1266-1272.

WANG S P，WILKES A，ZHANG Z C，et al.，2011. Management and land use change effects on soil carbon in northern China's grasslands：a synthesis[J]. Agriculture，Ecosystems &Environment，142（3-4）：329-340.

XUE B，ZHAO X Q，ZHANG Y S，2005. Seasonal changes in weight and body composition of yak grazing on alpine-meadow grassland in the Qinghai-Tibetan plateau of China[J]. Journal of Animal Science，83（8）：1908-1913.

ZHAO L，et al.，2005. Carbon Dioxide Exchange Between the Atmosphere，an Alpine Shrubl，Meadow During the Growing Season on the Qinghai-Tibetan Plateau[J]. Journal of Integrative Plant Biology，47（3）：271-282.

ZHAO X Q，ZHOU X M.，1999. Ecological basis of alpine meadow ecosystemmanagement in Tibet：Haibei Alpine Meadow Ecosystem Research Station[J]. Ambio，28（8）：642-647.

ZOU J，ZHAO L，XU S，et al., 2014. Field 13CO_2 pulse labeling reveals differential partitioning patterns of photoassimilated carbon in response to livestock exclosure in a Kobresia meadow[J]. Biogeosciences，11（16）：4381-4391.

第四章　饲草基地建植与管理智慧支撑体系建立

第一节　饲草基地有机无机复合肥精准配置

一、测土配方施肥技术

为充分发挥化肥在人工草地建植中的作用，提高饲料作物产量，保证畜产品的安全，同时也为避免过度施用化肥污染土壤、浪费资源，保证草地生态安全，促进畜牧业的可持续发展，需要对人工饲草基地施肥环节进行精细化管理。有机肥和无机肥相结合，实施饲料作物养分的精细化管理，是提高牧草生产力和氮肥利用率的重要措施。科学、有效地制定符合当地实际土壤营养状况和作物类型特征的有机、无机复合肥配施方案，推广先进的测土配方施肥技术，培肥地力，协调作物营养生长与生殖生长的平衡，促进牧草营养品质的形成，充分发挥土、肥、水、种资源的生产潜力，不断促进牧草增产。同时，在技术层面应引入信息技术，开展面源污染监测、监控与预测（图4-1）。

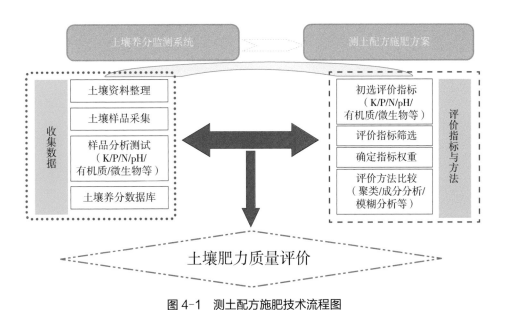

图 4-1　测土配方施肥技术流程图

二、结论及建议

实施测土配方施肥，能协调饲草营养生长与生殖生长的平衡，促进其产品营养品质的形成。推广先进的测土配方施肥技术，培肥地力，协调土壤、肥料、作物三者的关系，充分发挥土、肥、水、种资源的生产潜力，实现牧草生产全过程定量和精准配施肥料，增加牧草产量的同时，提升田间生产力的可持续性。

通过综合分析，贵南草业公司人工草地土壤有机质和全氮含量较丰富，属于缺磷性土壤（表4-1），建议播种前或播种时一次性施足磷酸二铵8 kg/亩；嘉仓合作社人工草地土壤有机质、土壤全氮及速效氮含量较丰富，属于缺磷性土壤（表4-2），建议播种前或播种时一次性施足磷酸二铵5 kg/亩；青海现代草业公司人工草地土壤属于低有机质缺磷性土壤（表4-3），建议播种前或播种时一次性施足有机肥75 kg/亩、磷酸二铵10 kg/亩；贵南黑藏羊场人工草地土壤全氮及速效氮含量较丰富，属于低有机质缺磷性土壤（表4-4），建议播种前或播种时一次性施足有机肥75 kg/亩、磷酸二铵6 kg/亩；贵南县雪域诺央家庭牧场人工草地土壤有机质、土壤全氮及速效氮含量较丰富，属于缺磷性土壤（表4-5），建议播种前或播种时一次性施足磷酸二铵4 kg/亩；泽库县拉格日合作社人工草地土壤有机质、土壤全氮及速效氮含量较丰富，属于缺磷性土壤（表4-6），建议播种前或播种时一次性施足磷酸二铵6 kg/亩。

表 4-1 贵南县草业公司人工草地土壤肥力特征

土层		pH 值	有机质（%）	全氮（%）	速效氮（mg/kg）	铵态氮（mg/kg）	硝态氮（mg/kg）	全磷（g/kg）	速效磷（mg/kg）
0～10 cm	肥力特征	8.384 ± 0.041	2.908 ± 0.2	0.232 ± 0.017	137 ± 15.556	4.05 ± 0.212	7.75 ± 0.636	0.612 ± 0.047	7.95 ± 0.212
	分级标准	弱碱性	3	1	2	极缺	低	3	4
10～20 cm	肥力特征	8.538 ± 0.067	8.157 ± 2.718	0.228 ± 0.013	111.5 ± 3.536	4 ± 0.141	6.55 ± 0.919	0.590 ± 0.035	9.15 ± 0.778
	分级标准	碱性	1	1	3	极缺	低	4	4

注：贵南草业公司样地位于 35°45′36″N，100°56′12″E，海拔高度 3 319 m。

表 4-2 贵南县嘉仓合作社人工草地土壤肥力特征

土层		pH 值	有机质（%）	全氮（%）	速效氮（mg/kg）	铵态氮（mg/kg）	硝态氮（mg/kg）	全磷（g/kg）	速效磷（mg/kg）
0～10 cm	肥力特征	8.001 ± 0.132	9.623 ± 2.955	0.350 ± 0.028	278 ± 113.137	3.7 ± 0.141	42.4 ± 1.697	0.731 ± 0.008	19.2 ± 5.515
	分级标准	弱碱性	1	1	1	极缺	高	3	3
10～20 cm	肥力特征	8.155 ± 0.042	4.674 ± 0.646	0.337 ± 0.017	219 ± 1.414	3.6 ± 0	25.55 ± 5.586	0.69 ± 0.021	14.55 ± 3.323
	分级标准	弱碱性	1	1	1	极缺	中高	3	3

注：贵南县嘉仓合作社样地位于 35°30′31″N，东经 100°50′59″E，海拔高度 3 315 m。

表 4-3　青海现代草业公司人工草地土壤肥力特征

土层		pH 值	有机质（%）	全氮（%）	速效氮（mg/kg）	铵态氮（mg/kg）	硝态氮（mg/kg）	全磷（g/kg）	速效磷（mg/kg）
0～10 cm	肥力特征	8.286 ± 0.022	2.828 ± 0.587	0.196 ± 0.015	138 ± 15.556	4 ± 0.141	7.55 ± 0.636	0.587 ± 0.063	7.75 ± 0.212
	分级标准	弱碱性	3	2	2	极缺	低	4	4
10～20 cm	肥力特征	8.339 ± 0.072	2.503 ± 1.197	0.197 ± 0.019	150 ± 19.799	3.9 ± 0.141	7.05 ± 2.051	0.555 ± 0.049	8.95 ± 1.202
	分级标准	弱碱性	3	2	2	极缺	低	4	4

注：青海现代草业公司样地位于 35°29′59″N，100°58′13″E，海拔高度 3 270 m。

表 4-4　贵南黑藏羊场人工草地土壤肥力特征

土层		pH 值	有机质（%）	全氮（%）	速效氮（mg/kg）	铵态氮（mg/kg）	硝态氮（mg/kg）	全磷（g/kg）	速效磷（mg/kg）
0～10 cm	肥力特征	8.479 ± 0.023	2.101 ± 0.872	0.252 ± 0.03	162.5 ± 34.648	4.7 ± 0.424	31.85 ± 2.192	0.583 ± 0.004	10.2 ± 0.849
	分级标准	弱碱性	3	1	1	极缺	高	4	3
10～20 cm	肥力特征	8.505 ± 0.024	2.498 ± 0.378	0.260 ± 0.026	248.5 ± 51.619	4.3 ± 0.566	21.65 ± 0.919	0.615 ± 0.013	10.4 ± 0.283
	分级标准	碱性	3	1	1	极缺	中	3	3

注：贵南黑藏羊场样地位于 35°31′32″N，100°39′39″E，海拔高度 3 341 m。

表 4-5　贵南县雪域诺央家庭牧场人工草地土壤肥力特征

土层		pH值	有机质（%）	速效氮（mg/kg）	全氮（%）	铵态氮（mg/kg）	硝态氮（mg/kg）	全磷（g/kg）	速效磷（mg/kg）
0～10 cm	肥力特征	8.041 ± 0.103	7.305 ± 1.474	282.5 ± 115.258	0.306 ± 0.05	3.8 ± 0.141	42.55 ± 2.333	0.728 ± 0.022	20.4 ± 4.525
	分级标准	弱碱性	1	1	1	极缺	高	3	2
10～20 cm	肥力特征	8.081 ± 0.048	6.321 ± 2.659	221 ± 14.142	0.303 ± 0.021	3.7 ± 0.141	25.15 ± 4.879	0.7 ± 0.003	14.35 ± 2.192
	分级标准	弱碱性	1	1	1	极缺	中高	3	3

注：贵南县雪域诺央家庭牧场样地位于 35°34′47″N、100°38′07″E，海拔高度 3 239 m。

表 4-6　泽库县拉格日合作社人工草地土壤肥力特征

土层		pH值	有机质（%）	速效氮（mg/kg）	全氮（%）	铵态氮（mg/kg）	硝态氮（mg/kg）	全磷（g/kg）	速效磷（mg/kg）
0～10 cm	肥力特征	8.125 ± 0.048	6.792 ± 0.661	321 ± 46.669	0.446 ± 0.031	4.1 ± 0.141	20.55 ± 1.202	0.73 ± 0.055	15.25 ± 2.051
	分级标准	弱碱性	1	1	1	极缺	中	3	3
10～20 cm	肥力特征	8.173 ± 0.026	6.166 ± 0.901	279.5 ± 4.95	0.430 ± 0.056	3.95 ± 0.212	18.2 ± 2.263	0.668 ± 0.011	8.3 ± 3.394
	分级标准	弱碱性	1	1	1	极缺	中	3	4

注：泽库县拉格日合作社样地位于 35°09′26″N、100°43′54″E，海拔高度 3 411 m。

第二节　有机人工草地建植

近年来，人们对健康和环保的意识不断增强，以保护生态环境、生产健康食品为理念的有机畜牧业在世界范围内迅速发展。在有机畜牧业生产中，饲草料既是畜牧业赖以生产和发展的物质基础和营养源，也是产生畜产公害的污染源。饲草料的有机栽培及管理能够解决"环境品牌"的问题，同时将为有机牛奶、有机牛羊肉的认证提供坚实的基础保障。做好有机源头的整体把控，从源头为有机牛肉、羊肉提供纯天然有机安全的饲草料。建设标准化和规范化的有机牧草基地，提出一套全面系统的牧草有机栽培技术，打造绿色有机生态的地域品牌，为走出一条"生态修复＋草牧产业发展＋牧民增收＋美丽草原＋现代牧业"的现代化之路提供保障。随着青海省有机畜牧业养殖规模的不断发展，逐步与有机种植业达到种养平衡。

青藏高原高寒牧区冷季补饲草料不足，牲畜对草料的依赖性大，特别是有机草源不足，只能靠非有机农业生产区来生产常规牧草。随着经济全球化的发展，常规栽培给人类带来高度发达的劳动生产率和丰富多样产品的同时，环境污染已成为全球性的重大环境问题。在常规牧草生产过程中通过化肥和农药等农用化学品的大量使用，使生态环境和饲草料受到不同程度污染，如农药残留超标、氮素肥料过量引起的硝酸盐问题，长期磷肥施用引起土壤、水源等重金属（如 Zn 和 Cd）污染问题，自然生态系统遭到破坏，土地生产能力持续下降。土壤中的重金属具有难降解性、难迁移性、隐蔽性、毒性大等特点，易积累在土壤的表层，并可能被植物吸收，不仅影响作物生长，还可能通过食物链威胁人类健康。因此，针对目前的补饲草料的常规栽培方法，有必要发展一种替代的生产方式，既能保持生产力和产品品质，又能在维持经济利益的同时降低对环境的污染。

一、有机牧草的生态环境要求

种植基地必须符合生产有机产品的良好生态环境质量标准，参照《有机产品　生产、加工、标识与管理体系要求》（GB/T 19630—2019）执行。环境空气质量符合《环境空气质量标准》（GB 3095—2012）中二级标准和保护农作物的大气污染物最高允许浓度。土壤环境质量符合《土壤环境质量　农用地土壤污染风险管控标准（试行）》（GB 15618—2018）。水质符合《农田灌溉水质标准》（GB 5084—2021）。具体要求空气清新、水质纯净、阳光充足，具生物多样性的边远山区，尽量避开繁华都市的工业区和交通要道。

二、土地要求

首选通过有机认证及有机认证转换期的地块；其次选择经过 3 年以上（包括 3 年）休闲后允许复耕地块或经批准的新开荒地块；如不满足上述条件的土地在进

行有机牧草栽培时，一般需要有 2 年的转换期，但对于一直按传统农用生产方式耕作的土地至少要有 1 年的转换期。同时有机牧草种植区与常规牧草种植区必须设置缓冲带。缓冲带最好是山、河流、湖泊，自然植被一般不少于 10 m。若缓冲带有种植的作物，必须按有机方式栽培，但收获的产品只能按常规产品出售。土壤要求未受污染、土质肥沃、有机质含量高、孔隙度适宜、保水保肥性强的壤土，排灌便利。

三、耕翻、整地

上年早秋深耕，将根茬、基肥翻入土壤下层，翻耕深度 20～30 cm。播种前及时耙耱整地，做到上虚下实，深浅一致，使表土平整，活土层深厚。

四、种子选择

有机栽培所使用的牧草种子需来源于有机生产体系中。但是当有足够证据证明没有所需的有机作物种子时，可以使用未经禁用物质和方法处理的传统生产方式生产的常规种子。此种子需符合国家规定的二级以上种子标准。按照《禾本科草种子质量分级》（GB 6142—2008）执行。禁止使用转基因的种子。在品种的选择中应充分考虑保护牧草的遗传多样性，以防止由于大面积耕作同一作物带来的病虫害流行。

五、种子处理

播前进行人工清选或机械清选。对于带芒的禾草种子不经处理播种时种子易成团，不易分开，播种不均匀，所以播种前要脱芒。将种子通过浸泡、摊晒、风干后机械打击进行脱芒处理。禁止使用化学包衣种子。播前将种子摊成 3～5 cm 的厚度，在干燥向阳处晒种 2～3 d，以提高种子的发芽率和生活力。

六、播种

理论播种量的计算公式为：

$$播种量（kg/hm^2）=\frac{基本苗（万/hm^2）×千粒重（g）}{100×发芽率（\%）×田间出苗率（\%）×净度（\%）} \quad (4\text{-}1)$$

以上公式计算的播种量，只是理论数据，实际播种量一般比理论播种量高 20%～30%。

苗床含水量达 10% 以上，地温在 5℃ 以上时开始播种，具体播期根据气候、地理条件及种植目的进行确定。环湖区在 4 月下旬开始播种，最迟不宜晚于 6 月下旬；青南地区 5 月上旬开始播种，最迟不宜晚于 6 月上旬。采用条播或人工撒播，条播行距为 15～30 cm，播后覆土、耙耱和镇压。

使用种肥分层播种机播种，依据种子大小及土壤墒情决定播种深度，一般播种深度为 0.5～5 cm。对于小粒种子而言，土壤含水量在 16% 以上时，播种深度为 0.5～1 cm，土壤含水量在 10%～16% 时，播种深度为 2～3 cm。对于大粒种子而言，土壤含水量在 16% 以上时，播种深度为 2～3 cm，土壤含水量在 10%～16%时，播种深度为 5 cm。要求播种时种子均匀，不漏播，不断垄，深浅一致，播种后必须镇压以利出苗。

七、田间管理

肥料的使用应按照《肥料合理使用准则 有机肥料》（NY/T 1868—2021）相关标准执行。禁止使用化学肥料（尿素、磷酸二铵、化学复合肥料等任何人工化学合成的肥料）；也禁止使用城市污水污泥、城市垃圾、人粪尿生产的肥料。应严格控制矿物肥料的使用，不得采用化学处理方式提高其溶解度。

基肥应以农家肥或有机肥为主，农家肥原则上来源于本农场或畜场内的厩肥、畜禽粪便、绿肥、秸秆等堆熟而成的有机肥；或者经认证机构许可，可以购入一部分农场外的有机肥料。外购的商品有机肥，应通过有机认证或经认证机构许可。根据土壤肥力和肥料的特性确定施肥量。基肥以撒施为主，一般要求结合秋耕，施入高温发酵腐熟好的农家粪肥 22 500～30 000 kg/hm² 作基肥。

种肥通过播种机施入。如果秋翻中基肥已施足，可不施种肥。如果秋翻中未施基肥，则结合播种需施优质农家肥 12 000～14 000 kg/hm² 作种肥。

根据牧草生长期的长短和营养需求的不同，在牧草营养需求的关键时期进行追肥，腐熟农家肥等固体肥料可以结合中耕进行，也可以结合灌溉进行。追肥的方式包括撒施、沟施和随水冲施，施肥的数量应控制在总施入量的 20%～30%。

播种前通过闷棚措施杀灭地块内的草种，减少生长期杂草发生概率。在禾草出苗到分蘖初期可以利用人工铲地、中耕进行控制。每隔 10～15 d 中耕除草 1 次，消灭阔叶杂草。在禾草分蘖盛期以后，牧草即不受杂草抑制，可不再除草。禁止使用化学除草剂或基因工程产品防除杂草。有灌溉条件的地区，可在禾草分蘖至拔节期和开花至灌浆期各灌水 1～2 次，灌溉水应符合 GB 5084 要求。

第三节 优质高产人工草地建植及田间管理

青藏高原高寒牧区，草畜矛盾突出，冬春饲草匮乏，蛋白质饲料不足，严重阻碍了区域畜牧业可持续发展。由于豆科牧草具有较高的蛋白质、钙和磷，禾本科牧草具有较高的碳水化合物，在该区域进行豆科和禾本科牧草混播（图 4-2），可充分利用不同物种的生态位，发挥豆科牧草固氮功能，既能增加产草量，同时增加牧草蛋白质含量，并且改善牧草适口性和土壤结构，提高土壤肥力，已经普遍成为青藏高原农牧交错区建植优质高产人工草地的主推模式。我们对不同豆禾混播比例和混播组合模式下各生育期的鲜干草产量和营养品质进行了定量研究，以确定不同豆禾混播比例和组合模式下的最佳收获时期和田间管理方式。

一、豆禾混播

在豆禾混播比例比较试验中，以箭筈豌豆（V）和小黑麦（T）单播作为对照，二者播种粒数均为 100 粒 /m²。另外设 3 种豆禾混播比例，箭筈豌豆和小黑麦种子粒数分别为 50∶50（VT1）、33∶67（VT2）和 25∶75（VT3）。播种期为 5 月 15 日，分别于 10 周、12 周、14 周、16 周、19 周采样，离地 5 cm 收割地上部分，计算干鲜产量，并测定牧草营养品质。

图 4-2　禾豆混播草地牧草长势及监测

试验结果见图 4-3 和表 4-7。小黑麦单播拥有最高的产量，但是品质最差，蛋白含量低，纤维含量高。3 种混播比例中，随着小黑麦比例的增加，蛋白含量降低，纤维含量增加，而干物质产量差异不显著。箭筈豌豆在生长后期，叶片水分含量降低，极易脱落而导致产量降低，进而导致牧草蛋白含量降低。

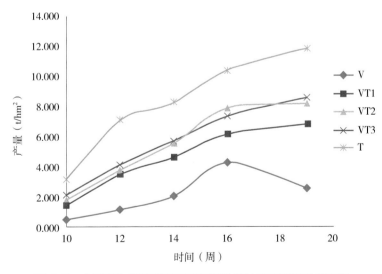

图 4-3　小黑麦和箭筈豌豆不同混播比例的干草产量动态变化

表4-7　混播比例试验产量及品质结果

混播方式	播种比例	干物质产量（t/hm²）	饲草产量（t/hm²）	粗蛋白质含量（g/kg）	粗脂肪（g/kg）	中性洗涤纤维（g/kg）	酸性洗涤纤维（g/kg）
箭筈豌豆	100	4.305	20.505	194.4	9.5	347.1	251.3
小黑麦	100	10.406	20.93	42.4	9.7	538	334.2
豆禾混播	50∶50	6.192	15.862	82.5	8.9	487.8	303.4
豆禾混播	33∶67	7.946	18.323	66.3	9.1	505	311.5
豆禾混播	25∶75	7.379	16.207	63.5	9.3	513.5	317.2

在豆禾混播比例比较试验中，设燕麦+莜麦+小黑麦+箭筈豌豆（A）、莜麦+箭筈豌豆（B）、燕麦+箭筈豌豆（C）和小黑麦+箭筈豌豆（D）4种豆禾牧草组合混播模式。试验结果表明，①鲜牧草产量4种混播模式下，牧草鲜草产量初期均随生长时间的延长，呈现先逐渐升高随后迅速下降的变化趋势。8月28日产量达到最高，A、B、C和D混播模式中鲜草产量分别达到1.44 t/亩、1.49 t/亩、2.32 t/亩和1.16 t/亩。②青干草产量总体呈上升的趋势，在9月6日产量达到最高，其中B混播模式下青干草产量最高，达到0.76 t/亩，A和C混播模式下的青干草产量则为0.70 t/亩和0.67 t/亩。③4种混播草地牧草粗蛋白质含量在监测初期最高，而后粗蛋白质含量有所降低，并维持在一个相对稳定的比例，在生长期结束后迅速降低。在生长初期，A和C两种混播模式下牧草粗蛋白质含量均在11%以上；在生长期，A混播模式下的粗蛋白质含量基本维持在9%左右，B混播模式下粗蛋白质含量在8%左右，C和D模式下粗蛋白质含量则在7%；而生长期结束后，4种混播模式下牧草的粗蛋白质含量均在5%左右。

二、结论和建议

为了改善禾本科饲草的营养品质，可以选择与豆科牧草混播。在本研究中，豆禾混播模式下，随着小黑麦比例的增加，蛋白质含量降低，纤维含量增加，而干物质产量差异不显著。所以，建议将小黑麦与箭筈豌豆进行50∶50混播。在以往的生产中，多以牧草产量作为收获与否的依据，所以，牧草收获期一般在10月上旬。然而，此时牧草营养品质不高，特别是粗蛋白质含量明显降低，因此，建议在后续生产中以8月下旬作为牧草最佳收获时间。除产量外，在收获时还要考虑机械化水平及天气情况，可以根据当地气候条件，适当调整播种期，将牧草最佳收获期所处的日期进行调整。这为牧草混播组合的确定和最佳收获时间的确定提供依据，也为高寒农牧交错区因地制宜实施"粮改饲"奠定了技术基础。

第四节　基于贵南县气候变化评估的牧草种植时间优化

贵南县的气候特征表现为气温低、日照长、辐射强、降水集中但降水量不足、蒸发量大、雨热同季，属典型的高原大陆性气候，并且干旱、暴雨、冰雹等气象灾害频繁。近几十年来，该区域气候变化明显，对高寒草地生态系统的结构和功能产生显著影响，这种变化必然影响一年生和多年生植物的生长和繁殖。所以，在气候变化背景下，牧草种植时间的确立和优化不仅是牧草种子萌发和幼苗生长的先决保障，而且是牧草生长发育中后期应对极端天气和自然灾害的关键影响因素。

一、贵南日照变化

日照时数指太阳在一地实际照射的时数，也可称实照时数。测量方法采用暗筒式（乔唐式）日照计，以小时为单位。选取 1981—2011 年贵南县气象局逐旬日照时数观测数据。

贵南县春、夏、秋、冬四季的多年平均日照时数分别为：724.1 h、681.6 h、663.2 h 和 663.7 h。春季日照时数最长，秋季和冬季的日照时数较短。由图 4-4a 和图 4-4b 可以看出，春季和夏季呈现出微弱的减少趋势，未通过 0.05 显著性检验，但是夏季 2000 年以后减少趋势极显著，变化倾向率为 -110.8 h/10 年（即每 10 年减少 110.8 h，下同），通过 0.01 显著性检验。由图 4-4c 可知，秋季基本比较稳定，未表现出增加或减少的趋势。图 4-4d 则表明冬季日照时数呈现出显著的减少趋势，变化倾向率为 10 年减少 14.5 h，通过 0.05 显著性检验，特别是 2000 年以后减少趋势极显著，变化倾向率为 -68.0 h/10 年，通过 0.01 显著性检验。

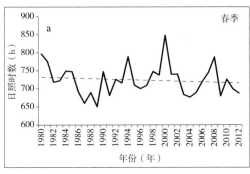
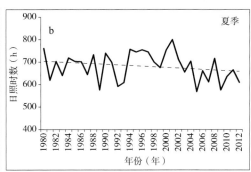
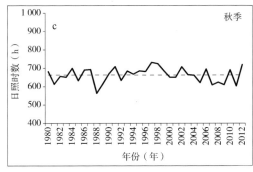
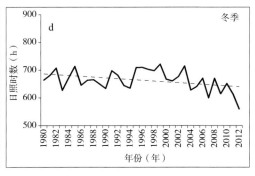

图 4-4　贵南县四季日照时数变化趋势图

采用 Mann-Kendall 法进行气候序列变化的突变特征检验。该方法是世界气象组织推荐并被广泛用于实际研究的非参数检验方法，是时间序列趋势分析方法之一。此方法由 Mann 和 Kendall 提出。近年来该方法被众多学者应用于分析径流、气温、降水和水质等要素时间序列的变化趋势。Mann-Kendall 检验方法不要求被分析样本遵从一定分布，同时也不受其他异常值的干扰，适用于气象、水文等非正态分布数据（下同）。

根据图 4-5a 可知，春季日照时数在 20 世纪 80 年代开始有一明显地减少趋势，在 20 世纪 80 年代末至 90 年代初，这种减少趋势超过显著性水平为 0.05 的临界线。根据 UF 和 UB 曲线交点的位置，可以确定贵南县春季日照时数在 20 世纪 80 年代出现的减少是一突变现象，并可以判定 1981 年是春季日照变化发生转折的年份。

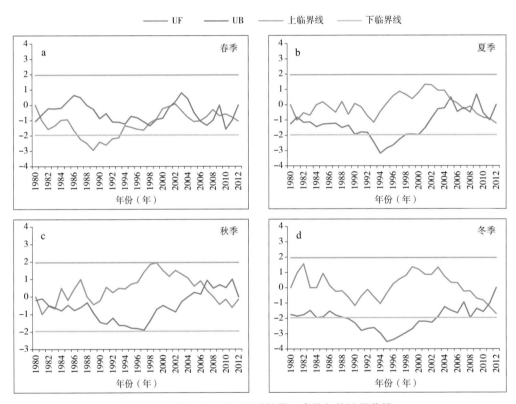

图 4-5　贵南县四季日照时数曼-肯德尔统计量曲线

二、贵南热量变化

贵南县热量状况用平均气温和≥0℃积温表征。平均气温是指某一时段内各次观测气温值的算术平均值，采用置于百叶箱中的温度表和传感器测量，以℃为单位。≥0℃积温是指某一时期内≥0℃的日平均温度的总和，以℃为单位。

1. 平均气温

平均气温采用置于百叶箱中的温度表和传感器测量，计算某一时段内各次观测气温值的算术平均值。

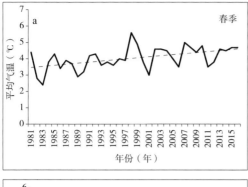
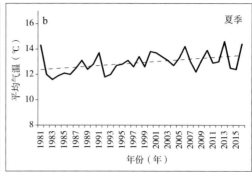
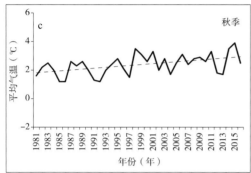
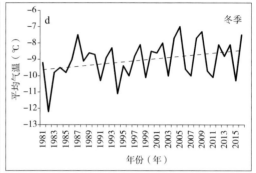

图 4-6　贵南县四季平均气温变化趋势图

贵南县春、夏、秋、冬四季 1981—2016 年的平均气温分别为：4.0℃、12.9℃、2.4℃和 -9.0℃。对四季平均气温而言，春季最高值为 5.6℃，出现在 1998 年，最低值为 2.4℃，出现在 1983 年；夏季最高值为 14.6℃，出现在 2013 年，最低值为 11.6℃，出现在 1983 年；秋季最高值为 3.9℃，出现在 2015 年，最低值为 1.2℃，出现在 1985、1986 和 1992 年；冬季最高值为 -7.0℃，出现在 2005 年，最低值为 -12.2℃，出现在 1982 年。由图 4-6 可知，春、夏、秋和冬季均呈现出升高的趋势，春、夏和秋季通过 0.01 的显著性检验，且变化倾向率均为 0.32℃/10 年；但冬季升高的趋势未通过 0.05 显著性检验。

根据图 4-7 可知，春季、夏季和秋季在 20 世纪 90 年代中后期开始有一明显的增暖趋势，进入 21 世纪后这种增暖趋势均大大超过显著性水平为 0.05 的临界线，甚至超过 0.01 显著性水平的临界线（$U_{0.01}=2.56$）。根据 UF 和 UB 曲线交点的位置，可以确定贵南县春季和秋季平均气温在 20 世纪 90 年代中后期出现的增暖是一突变现象，春季具体是从 1995 年开始的，而秋季则是从 1994 年开始的。

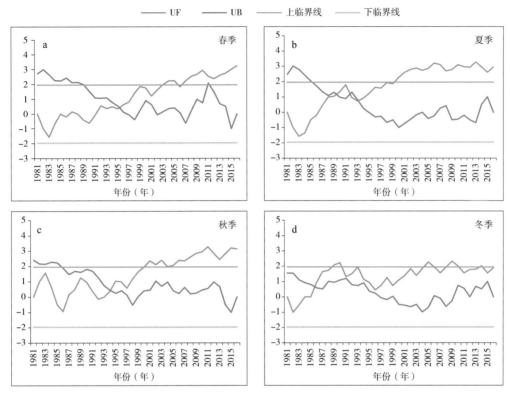

图 4-7 贵南县四季平均气温曼－肯德尔统计量曲线

2.≥0℃积温

1981—2016 年的月≥0℃积温分别为：139℃、272℃、356℃、428℃、407℃ 和 266℃，6月、7月和8月是热量条件最好的3个月。对月≥0℃积温而言，4月 ≥0℃积温最大值为232 ℃，出现在 1998 年，最小值为 77 ℃，出现在 1983 年；5月≥0℃积温最大值为340 ℃，出现在 1995 年，最小值为 218 ℃，出现在 1987 年；6月≥0℃积温最大值为432 ℃，出现在 2013 年，最小值为 305 ℃，出现在 1982 年；7月≥0℃积温最大值为509 ℃，出现在 2000 年，最小值为 351 ℃，出现在 1992 年；8月≥0℃积温最大值为510 ℃，出现在 2016 年，最小值为 361 ℃，出现在 1984 年；9月≥0℃积温最大值为337 ℃，出现在 2010 年，最小值为 209 ℃，出现在 1986 年。由图 4-8 可知，生长季均呈现出增加的趋势，4月、7月和8月通过 0.05 的显著性检验，9月增加的趋势通过 0.01 显著性检验。

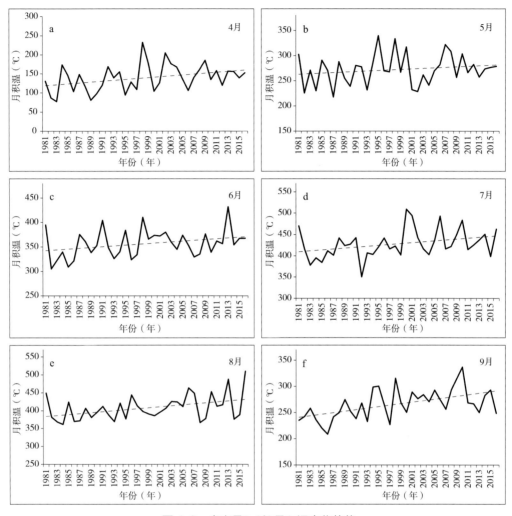

图 4-8　贵南县≥0℃月积温变化趋势

　　根据图 4-9 可知，4 月、7 月、8 月和 9 月的≥0℃积温存在突变现象，具体情况如下：4 月、7 月、8 月和 9 月有一明显的增加趋势，进入 21 世纪后这种增暖趋势均大大超过显著性水平为 0.05 的临界线。根据 UF 和 UB 曲线交点的位置，可以确定贵南县 4 月、7 月、8 月和 9 月≥0℃积温出现的增加是一突变现象，具体突变起始时间如下：4 月是从 1992 年开始的，7 月是从 1995 年开始的，8 月是从 2001 年开始的，而 9 月则是从 1989 年开始的。

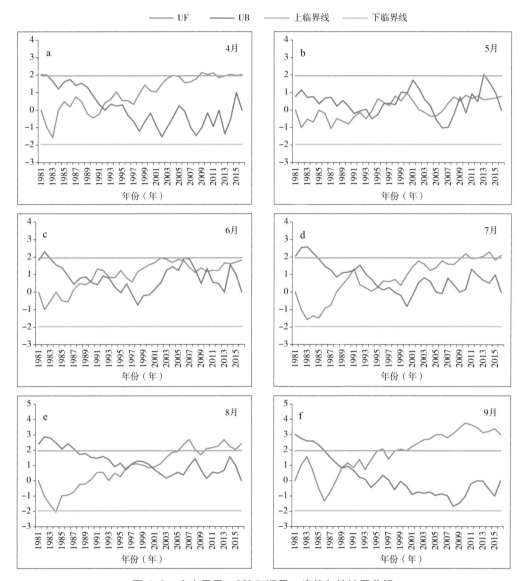

图 4-9　贵南县月≥0℃积温曼-肯德尔统计量曲线

3. 贵南降水量变化分析

1981—2016 年贵南县春、夏、秋、冬四季的平均季降水量分别为 89 mm、254 mm、77 mm 和 6 mm。对季降水量而言，春季最大值为 164.6 mm，出现在 2016 年，最小值为 15.9 mm，出现在 2000 年；夏季最大值为 373.1 mm，出现在 2016 年，最小值为 143.5 mm，出现在 2000 年；秋季最大值为 154.7 mm，出现在 2009 年，最小值为 20.4 mm，出现在 1980 年；冬季最大值为 13.3 mm，出现在 2004 年，最小值为 0 mm，出现在 2002 年，2009 年、1991 年和 2005 年的冬季降水量也未超过 1 mm。由图 4-10 可知，春、夏、秋和冬季的降水量均呈现出增加的趋势，但春、秋和冬季未通过 0.05 的显著性检验，夏季增加的趋势通过 0.05 显著性检验。

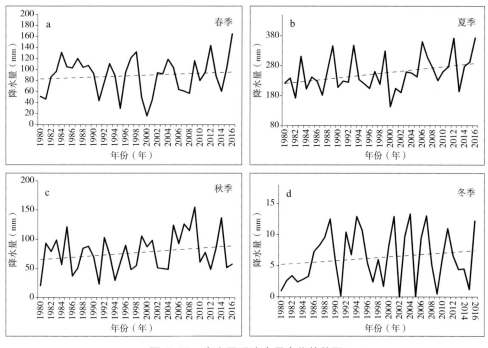

图4-10　贵南县季降水量变化趋势图

根据图4-11可知，春、夏、秋和冬四季的降水量变化可能存在多种类型突变复合的情况，MK突变检验无法得到合理的结果。

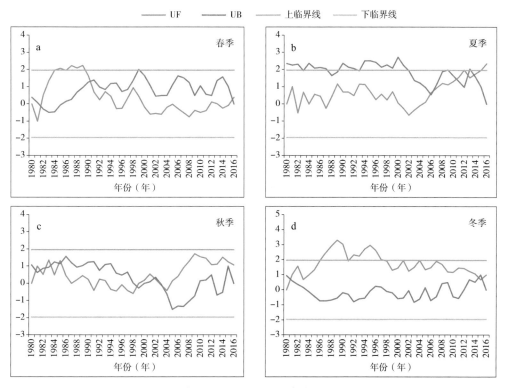

图4-11　贵南县季降水量曼-肯德尔统计量曲线

三、结论和建议

贵南县年日照时数的多年平均值为 2 734 h，4 月日照时数最长为 244 h，9 月日照时数最短为 198 h。贵南县年平均气温为 2.6℃，月平均气温最高值出现在 7 月，为 13.8℃，月平均气温最低值则出现在 1 月，为 -11℃，贵南县春季和秋季平均气温存在突变现象。贵南县 ≥0℃ 积温多年平均值为 2 002℃，7 月积温最高为 428℃，10 月至翌年 2 月积温基本为 0℃。4 月、7 月、8 月和 9 月的 ≥0℃ 积温存在突变现象。贵南县年降水量为 418 mm，7 月降水量最高，为 91.9 mm，12 月降水量最低，仅为 1.6 mm。综合分析，贵南县 4 月日照充足，但此时气温和 ≥0℃ 积温可能存在突变现象，所以建议牧草最佳的种植时间为 4 月中后旬；6 月、7 月和 8 月是贵南县热量条件最好的 3 个月，尤其 7 月积温和降水量均达到最大值，此时牧草光合作用最强，又是需水关键期；9 月气温开始降低，牧草进入生理成熟期，生物量和营养品质均较高，为最佳刈割时间。所以，贵南县牧草最佳生长季为 4 月中后旬至 9 月上旬。

第五节　人工草地牧草智能监测及产量预测评估

利用 2016 年现代草业牧场内实验观测场监测数据，以燕麦为代表牧草，进行同步气象与牧草产量、高度的数理统计分析，建立最终的产量预测模型。其中牧草高度采取定株观测，在气象站安装点附近不同位置选择 30 株。以红线标记，将米尺垂直于地面。

一、基于贵南县气温和降水变化评估

1. 贵南平均气温变化

平均气温是指某一时段内各次观测气温值的算术平均值，以℃为单位。利用百叶箱中的温度表和传感器测量。贵南县月平均气温最高值出现在 7 月，为 13.8℃；最低值出现在 1 月，为 -11.0℃。总体而言，贵南县从 11 月至翌年 3 月的月平均气温在 0℃ 以下，4—10 月的月平均气温在 0℃ 以上，气温的年较差平均为 24.8℃。

贵南县多年平均气温为 2.6℃，1980—2016 年的年平均气温在 1998 年最高，为 3.6℃，1983 年最低，为 1.3℃。1980—2016 年年平均气温呈现极显著的升高趋势，变化倾向率为每 10 年升高 0.3℃，升高趋势通过 0.01 显著性检验（图 4-12）。

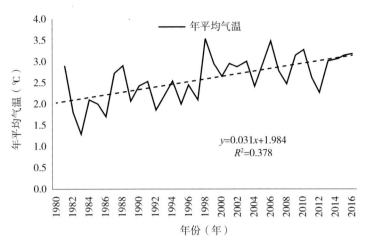

图 4-12　贵南县年平均气温变化趋势图

2. 贵南降水量变化分析

贵南年降水量为 418 mm，7 月降水量最高，为 91.9 mm，12 月降水量最低，仅为 1.6 mm。5—9 月的月降水量超过 50 mm，4 月和 10 月的月降水量接近 20 mm，其余月份降水量在 10 mm 以下，降水的年较差平均为 90.3 mm。

贵南年降水量最大为 595.8 mm，出现在 2016 年，2000 年年降水量最少，仅为 248.3 mm。1980—2016 年年降水量呈现显著增多的趋势，变化倾向率为 28.98 mm/10 年，升高趋势通过 0.05 显著性检验（图 4-13）。

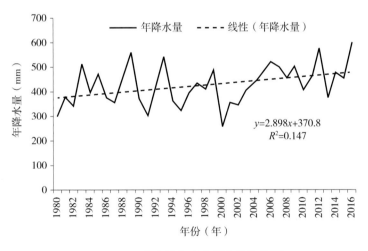

图 4-13　贵南县年降水量变化趋势图

二、牧草生长动态监测

植物的生长大致可以分成 5 个阶段。第一阶段为迟滞期，这一时期植物利用种子中存储的营养物质开始构建茎叶，叶冠层很小，光合面积小，光合速率很低，所以此时干物质增加速率极慢。第二阶段为指数期，这一时期随着新叶的产生和叶片的扩展，叶冠快速增加，进而导致光合速率增加，此时植物有效光合组织和器官的比例维持在高水平上，所以干物质加速积累。第三阶段为线性增长阶段，这一时期叶冠持续增加，光合速率增加，植物生物量持续增加，然后非光合组织的比例也显著增加，呼吸过程加强，所以干物质基本以恒定速率增加。第四阶段为增长衰减期，这一时期非光合组织的比例进一步增加，光合组织相互遮挡导致光合效率降低，但是呼吸速率却不受影响，所以总干重增加速率不断降低。第五阶段为负增长阶段，这一时期新叶片停止增加，加之原有叶片衰老甚至脱落，光合功能衰减，光合速率降低，与此同时，呼吸作用增加，所以光合干物质生产低于呼吸消耗，随着时间增加植物生物量降低。由 2016 年和 2017 年的观测结果来看，基本上在播种后 100～120 d 开始进入负增长期。所以在兼顾牧草营养物质的基础上，尽可能在播种后 3.5～4 个月内收获，可以获得较高的牧草产量。指数期和线性增长期的时段在下文中详细描述。

人工牧草的产量测定存在程序烦琐、工作量较大等实际问题，特别是大面积种植。目前尚无仪器可以替代人工进行测量。随着照相机设备及物联网的发展，实景监控越来越受到人们的重视。不过实景监控目前还只限于可见光波段，能观测的项目较少，这其中就包括植被高度。鉴于牧草高度与牧草产量具有一定的相关性，这就为评测牧草长势提供了方便。为了准确评估人工牧草不同时期的产量，需要建立同时期人工牧草高度与产量的预测模型。由于观测地段的种植密度不均匀，所以单用每平方米的牧草产量来评估高度与产量的关系不太准确，为了解决这一问题，利用每平方米的牧草产量除以每平方米的牧草株数得到单株牧草的鲜重和干重，进而与牧草高度建模，模型的统计学参数检验结果见表 4-8。图 4-14 中 e、f 为牧草高度与牧草株重（下称牧草株鲜重或牧草株干重）的模型关系图，g、h 为牧草高度与牧草每平方米产量（下称牧草鲜重或牧草干重）的模型关系图。由图 4-14h 可知，牧草高度每增加 1 cm，牧草干重增加 11 g 左右，两者关系模型的 R^2 为 0.899；由图 4-14e 可知，牧草高度每增加 1 cm，牧草株干重增加 0.02 g 左右，两者关系模型的 R^2 为 0.895，2016 年高度每增加 1 cm，牧草干重增加 14 g，而 2017 年只有 10 g 左右。对 2016 年和 2017 年 5—9 月的平均气温、最高气温和最低气温进行配对 t 检验，发现 2016 年气温较 2017 年偏高，但未通过显著性检验，另外由于土壤的营养参数未知，所以后期可以通过试验对这一问题进行单独分析。由图 4-14g 可知，牧草高度每增加 1 cm，牧草鲜重增加 25 g 左右，两者关系模型的 R^2 为 0.875；由图 4-14f 可知，牧草高度每增加 1 cm，牧草株鲜重增加 0.05 g 左右，两者关系模型的 R^2 为 0.924，相关性较前者有较大程度提升，不过由于牧草干重并没有发现明显的变化，所以针对这一问题还需要作进一步的分析。通过牧草鲜重和干重随牧草高度的变化可以看到，牧草在生长过程中，不论是平方产量还是株亩均表现出，每增加 1 cm，其干物质增加量只有生长量的 40% 左右，其余均为水分。

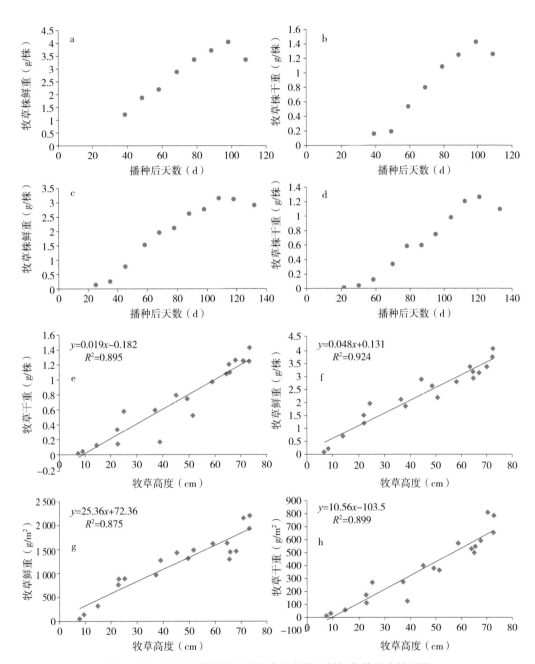

图 4-14　人工牧草鲜重及干重变化曲线及其与牧草高度关系图

表 4-8　高度与产量模型参数的统计学检验结果

模型	参数	非标准化系数		标准系数	t	Sig.
		B	标准误差			
高度与株鲜重	常量	0.131	0.169		0.776	0.448
	高度	0.048	0.003	0.961	14.42	0.000 1
高度与株干重	常量	-0.182	0.084		-2.17	0.044
	高度	0.02	0.002	0.946	12.056	0.000 1
高度与鲜重	常量	72.361	117.398		0.616	0.546
	高度	25.369	2.316	0.936	10.955	0.000 5
高度与干重	常量	-103.512	43.386		-2.386	0.029
	高度	10.567	0.856	0.949	12.348	0.000 1

三、产量动态预报模型

上面提到植物的生长存在生长大周期，生长速度会表现出"慢—快—慢"的基本规律，即开始时生长缓慢，以后逐渐加快，然后又减慢以至停止。如果以植物（或器官）体积对时间作图，可得到植物的生长曲线。生长曲线表示植物在生长周期中的生长变化趋势，典型的有限生长曲线呈"S"形。如果用干重和高度等参数对时间作图，亦可得到同样类型的生长曲线。这里为了便于模拟将植物生长简化成3个时期，即指数期、线性期和衰减期。在指数期绝对生长速率是不断提高的，而相对生长速率则大体保持不变；在线性期绝对生长速率为最大，而相对生长速率却是递减的；在衰减期生长逐渐下降，绝对与相对生长速率均趋向于零值。根据这一规律，利用 Logistic 方程模拟贵南人工牧草的高度、干重，很好的拟合了人工牧草生长的动态变化。方程如下：

$$Y = \frac{A}{1 + B^{-kt}} \qquad (4\text{-}2)$$

式中，Y 为模拟要素，A 为极限生长量（终极生长量），t 为播种后天数，k 为瞬时相对生长率，B 为常数尺度（戴国俊等，2006）。

图 4-15 是分别用两种方法模拟的牧草高度和牧草干重的生长曲线，图 4-15a 为 2016 年牧草干重曲线拟合得到的模型，图 4-15b 为 2016 年牧草干重非线性回归得到的模型，图 4-15c 为 2017 年牧草干重曲线拟合得到的模型，图 4-15d 为 2017 年牧草干重非线性回归得到的模型，图 4-15e 为 2016 年牧草高度曲线拟合得到的模型，图 4-15f 为 2016 年牧草高度非线性回归得到的模型，图 4-15g 为 2017 年牧草高度曲线拟合得到的模型，图 4-15h 为 2017 年牧草高度非线性回归得到的模型。求

Logistic 曲线方程的一阶导数，可以得到生长过程的速度函数，进而求生长速度函数的二阶导数，令其等于零，其解即为速度函数的两个拐点（崔党群，2005），加上高峰点，即得到不同生长过程的 3 个拐点，即式 4-3、式 4-4 和式 4-5。对应着人工牧草生长发育过程中的 3 个时期，播种至第一拐点为指数期，第一个拐点至第二个拐点为线性期，第二个拐点至收获为衰减期。

$$t_1 = \frac{\ln B - 1.317}{k} \tag{4-3}$$

$$t_2 = \frac{\ln B + 1.317}{k} \tag{4-4}$$

$$t_3 = \frac{\ln B}{k} \tag{4-5}$$

式中，t_1 为第一个拐点，t_2 为第二个拐点，t_3 为高峰点，B 和 k 同式 4-2。由表 4-9 可知，干重第一个拐点基本上出现在播种后 50～55 d，干重第二个拐点出现在播种后 94～95 d，而生长速度的高峰点基本上出现在播种后 72～75 d。牧草高度的拐点和高峰点在年际间变化比较大，而且与牧草干重并不同步，这可能与播种方式、土壤营养成分等因素有关。

图 4-15 的左侧为曲线估计模拟结果，右侧为非线性回归结果，从判定系数来看，非线性回归的拟合度均高于曲线估计。不过整体来看，两种方法的拟合度均较好，曲线拟合的 R^2 值最小也为 0.877，非线性回归的 R^2 值最大值甚至达到了 0.986。从非线性回归的上界来看，2017 年的牧草产量仅为 600 g/m²，较 2016 年的 900 g/m² 明显偏低，而且从实际观测值来看，2016 年播种后 39 d 时，牧草干重就已经超过 100 g/m²，而 2017 年播种后 45 d 时的牧草干重还不到 60 g/m²。到播种后 80 d 时，2017 年牧草干重几乎只有 2016 年的一半。2017 年播种后 110 d 时牧草干重增加到 500 g/m²，而此时 2016 年则增加到 810 g/m²，两者差距变小。因为两年的牧草品种和种植方式均未发生大的改动，所以牧草的产量应该与气象条件有较大关系。结合贵南县气象资料可以看出，5—9 月牧草生长季内，2016 年气温较 2017 年偏高 0.8℃，降水偏多 10 mm，在 6—8 月牧草生长旺盛期间，2016 年的气温较 2017 年偏高 1.4℃，降水偏多 40 mm，特别是 8 月气温，2016 年月平均气温为 24.4℃，较 2017 年高 4.4℃，加之降水也偏多 20 mm。

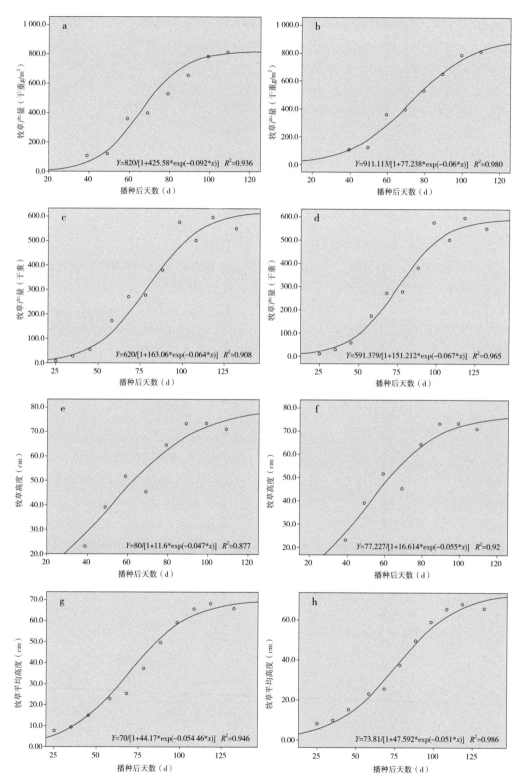

图 4-15　人工牧草干重、高度的曲线拟合和非线性回归模型

表 4-9 人工牧草生长曲线参数

项目	A	B	k	第一个拐点	高峰点	第二个拐点
2016 年干重曲线估计	820	425.58	0.092	51.483 18	65.798 4	80.113 62
2016 年干重非线性回归	911.113	77.238	0.06	50.498 19	72.448 19	94.398 19
2017 年干重曲线估计	620	163.06	0.064	59.017 47	79.595 6	100.173 7
2017 年干重非线性回归	591.379	151.212	0.067	55.249	74.905 71	94.562 43
2016 年高度曲线估计	80	11.6	0.047	24.127 77	52.149 04	80.170 32
2016 年高度非线性回归	77.227	16.614	0.055	27.149 92	51.095 38	75.040 83
2017 年高度曲线估计	70	44.17	0.054 46	45.373 59	69.556 48	93.739 37
2017 年高度非线性回归	73.81	47.592	0.051	49.914 99	75.738 52	101.562 1

四、产量预测模型

以 2016 年生长季为例，燕麦最终产量预报模型如下。

$$M = -129.861 \times T + 1.231 \times P + 3180.337 \qquad (4-6)$$

其中，M 为每年的最终产量，单位为 g/m²；T 为生育期内平均气温，单位为℃；P 为生育期内降水量，单位为 mm。回归模型建立过程参数分别见表 4-10 和表 4-11。

表 4-10 所建模型的复相关系数

模型	R	R^2	调整 R^2	标准估计的误差
1	0.847[a]	0.718	0.530	129.39

表 4-11 模型的统计学检验结果

模型	平方和	df	均方	F
回归	127 907.143	2	63 953.572	3.819
残差	50 232.253	3	16 744.084	
总计	178 139.397	5		

五、基于作物生长特征的最终产量预测模型

利用现代草业提供的 2011—2015 年牧草观测数据以及 2016 年和 2017 年贵南县气象局牧草观测数据，因为观测地段差异过大，剔除 2012 年和 2015 年的数据

后，根据上文的方法分别计算得到各年的 A、B 和 k 值。分年统计 5—9 月平均气温、平均最高气温、平均最低气温、平均气温日较差、平均相对湿度、平均总云量、2 m 风速、平均地面温度、平均 10 cm 地温、降水量和日照时数，最后在 spss 中进行逐步回归，得到 A 和 k 值的预测模型，方程均通过 0.05 显著性检验。两个方程分别为：

$$A = 3\ 470.9 - 41.733 \times Z \tag{4-7}$$

$$k = 1.042 - 0.011 \times S - 0.048 \times T_{\min} \tag{4-8}$$

式中，Z 为平均总云量，S 为平均相对湿度，$T_{\min}$ 为平均最低气温。式 4-7 的 R^2 为 0.836，方程 F 检验值为 15.297 $>F_{0.05}$，系数和常量进行 t 检验，t 值均 $>t_{0.05}$。式 4-8 的 R^2 为 0.99，方程 F 检验值为 97.404 $>F_{0.05}$，系数和常量进行 t 检验，t 值均 $>t_{0.05}$。

B 值采用逐步回归未能得到有效预测模型，因其与平均总云量呈正相关，与平均最低气温和日照时数呈负相关，所以利用三者建立了预测模型，但未通过显著性检验。

$$B = 6\ 056.2 + 120.238 \times Z + 242.758 \times T_{\min} - 13.623 \times R \tag{4-9}$$

式中，Z 为平均总云量，R 为日照时数，$T_{\min}$ 为平均最低气温。式 4-9 的 R^2 为 0.581，方程 F 检验值为 15.297 $<F_{0.05}$，系数和常量进行 t 检验，t 值均 $<t_{0.05}$。相关模型参数见表 4-12。

表 4-12　ABK 估计模型参数的统计学检验结果

模型	参数	非标准化系数		标准系数	t	Sig.
		B	标准误差			
式 4-6	常量	3 470.901	708.237		4.901	0.016
	平均总云量	−41.733	10.67	−0.914	−3.911	0.03
式 4-7	常量	6 056.194	25 691.65		0.236	0.853
	平均总云量	120.238	198.421	0.422	0.606	0.653
	平均最低气温	242.758	4 025.282	0.074	0.06	0.962
	日照时数	−13.623	29.888	−0.565	−0.456	0.728
式 4-8	常量	1.042	0.078		13.295	0.006
	平均相对湿度	−0.011	0.001	−0.783	−10.27	0.009
	平均最低气温	−0.048	0.004	−0.951	−12.474	0.006

因为 M 等于 A，这里可以直接利用式 4-7 直接计算最终产量，不过为了准确度，还是建议在非线性回归中用式 4-7、式 4-8、式 4-9 计算值作为初始值，通过

4～5 次固定时段观测，来最终确定 A 值。

在得到最终产量预报值时，还需要考虑机械收割，留茬高度对产量的影响，这里一般用 0.15 系数对预报产量进行修正。

六、逐月生物量预报模型

逐月预报一方面可以参照基于作物生长特征的最终产量预报模型，不过需要先求得全年的生长曲线方程，这里可以根据前期气象条件利用式 4-7、式 4-8 和式 4-9 计算，也可以根据前期连续观测的牧草产量数据拟定，然后在输入需要预报的天数，这样就可以得到逐月滚动预报。

另一方面，如果将生长过程按照拐点分开，这样就可以将生长过程模型简化成一个指数方程和一个线性方程，因为 2016 年和 2017 年第二个拐点至产量最高点的差值较为稳定，基本上就是 20～30 g/m²，所以拐点 2 以后可以每天增加 1 g/m² 来计算，直至增量达到 30 g/m²。通过前面的分析可知，播种后 2～3 个月内基本处于指数期，播种后 2～3 个月时处于线性增长期，其拟合公式如下：

$$M_Z = 8.897e^{0.06t} \tag{4-10}$$

$$M_Z = 1.273\,7e^{0.085t} \tag{4-11}$$

$$M_Z = ae^{bt} \tag{4-12}$$

$$M_X = 11.05t - 326.5 \tag{4-13}$$

$$M_X = 9.129t - 377.2 \tag{4-14}$$

$$M_X = at - b \tag{4-15}$$

式中，M_Z 为指数期产量，M_X 为线性增长期产量，t 为播种后天数。式 4-10 为 2016 年的指数增长方程，式 4-11 为 2017 年的指数增长方程，式 4-13 为 2016 年的线性增长方程，式 4-14 为 2017 年的线性增长方程。

七、动态产量预报模型

燕麦不同发育时长的产量模型如下：

$$Y = \cfrac{1}{\cfrac{1}{M} + 0.085 \times 0.925t} \tag{4-16}$$

其中，Y 为产量预报结果，单位为 g/m²；M 为每年的最终产量，单位为 g/m²；t 为发育时间，即从播种开始累计的天数，以日为单位（图 4-16，表 4-13）。

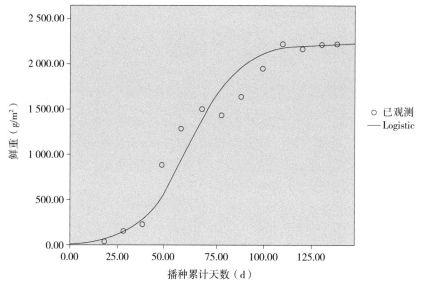

图 4-16 2016 年燕麦鲜草产量 Logistic 生长曲线模拟

表 4-13 logistic 生长曲线模型汇总和参数估计

方程	模型汇总					参数估计值	
	R^2	F	df_1	df_2	Sig.	常数	b_1
Logistic	0.931	148.524	1	11	0.000	0.058	0.925

注：自变量为时间，因变量为牧草鲜重。

八、动态监测模型

式 4-17 用于燕麦产量与牧草高度的动态关系模拟（图 4-17），监测模型如下。

$$M = 0.108 \times H^{1.612} \tag{4-17}$$

其中，M 为产量，单位为 g/m²；H 为牧草高度，单位为 cm。

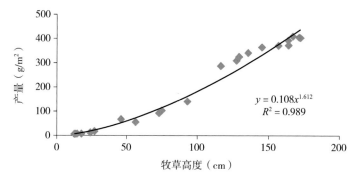

图 4-17 燕麦 2011 年牧草产量与牧草高度关系图

第六节　基于卫星植被指数的预测模型

一、数据来源

1.气象资料

选用贵南县地面气象站 2001—2016 年逐月气象资料，包括平均气温、相对湿度、降水、风速、大风日数、地表温度、日照时数。数据来源于中国气象局综合气象信息共享平台（CIMISS）。

2.遥感数据

地面牧草生物量数据为卫星遥感获取的 NDVI 数据，该遥感数据来自美国 NASA 网站（https：//ladsweb.nascom.nasa.gov/data/search.html）MOD13Q1 陆地专题的产品，其中 h25v5 和 h26v5 文件覆盖青海省。收集贵南地区 2001—2015 年生长季（6—9 月）每 16 d 合成（半月）产品，其空间分辨率为 250 m。提取出现代草业燕麦种植区域 2001—2015 年 6—9 月每 16 d 合成 NDVI，以指示该区域人工种植牧草生物量。

二、研究方法

MOD13Q1 数据利用 MRT 工具（MODIS Reprojection Tool）将原始数据 Sinusoidal 投影转换成 WGS84/Albers 正轴等面积双标准纬线圆锥投影。

采用最大合成法 MVC（Maximum Value Composites）获取逐月 NDVI 数据。以最大程度消除云、大气、太阳高度角的影响。合成逐年最大值时，通过该数据质量控制文件，选取像元可靠性为 0 和 1 的数据，以获取高质量的 NDVI 数据集，同时基于 Arcgis 软件提取出研究区 2001—2015 年逐月 NDVI 值。

运用逐步回归分析法将平均气温、相对湿度、降水、风速、大风日数、地表温度、日照时数作为自变量，NDVI 作为因变量，将各气象因子逐步引入关于 NDVI 的回归方程。通过对每一个自变量引入后回归方程的显著程度的 F 检验，并对已经选入的变量逐个进行 t 检验，删除不显著的变量，最终经多次回归，得到最终回归方程。这样，最后保留的回归模型中的变量既是与植被产量间关系是最重要的，又最大程度地消除了多重共线性，从而得到最优的回归模型。

三、结果分析

5 月现代草业的人工牧草进入出苗期，部分进入分蘖期，是需水的关键期。由表 4-14 可知，5 月的 NDVI 与前期（3—4 月）日照和降水显著相关，模型二更优，但日照条件也是不容忽视的重要因子，在光照阶段，日照时间是主导因素。

表 4-14　人工牧草 5 月 NDVI 预测模型

项目	5 月 NDVI 预测模型	Sig.
模型一	$Y = 0.264 + 0.0001X_1 + 0.0001X_2$	0.042
模型二	$Y = 0.285 + 0.0001X_2$	0.012
参数	Y 为 5 月 NDVI；X_1 为 3—4 月降水；X_2 为 3—4 月日照	

6 月人工牧草进入快速的营养生长阶段，此时降水条件适宜，但温度变幅大，前期的热量条件成为制约该时期的重要影响因素（表 4-15）。

表 4-15　人工牧草 6 月 NDVI 预测模型

项目	6 月 NDVI 预测模型	Sig.
模型	$Y = -1.973 + 0.225X$	0.028
参数	Y 为 6 月 NDVI；X 为 5—6 月气温	

7 月和 8 月是牧草产量形成的关键时期，水分通过光合作用影响牧草的生长发育。该时期降水成为限制牧草生长的关键因子（表 4-16，表 4-17）。

表 4-16　人工牧草 7 月 NDVI 预测模型

项目	7 月 NDVI 预测模型	Sig.
模型一	$Y = 0.171 + 0.002X_1$	0.002
模型二	$Y = 0.275 + 0.003X_2$	0.011
参数	Y 为 7 月 NDVI；X_1 为 5—7 月降水；X_2 为 4—6 月降水	

表 4-17　人工牧草 8 月 NDVI 预测模型

项目	8 月 NDVI 预测模型	Sig.
模型	$Y = 0.520 + 0.001X$	0.002
参数	Y 为 8 月 NDVI；X 为 6—7 月降水	

9 月，牧草陆续开始黄枯，前期的日照、气温成为关键因子，也就是说，前期热量条件决定牧草的后期生长（表 4-18）。

表 4-18　人工牧草 9 月 NDVI 预测模型

项目	9 月 NDVI 预测模型	Sig.
模型	$Y = 1.079 + 0.001X_1 + 0.757X_2$	0.002
参数	Y 为 9 月 NDVI；X_1 为 5—7 月日照；X_2 为 7 月气温	

就整个生长季而言，前期的气温、日照、湿度、地温、降水对牧草整个生育期都或多或少地发挥作用（表 4-19）。

表 4-19　人工牧草生长季 NDVI 预测模型

项目	最大 NDVI 预测模型	Sig.
模型	$Y = 3.022 - 0.027X_1 - 0.003X_2 - 0.011X_3 + 0.032X_4 + 0.001X_5$	0.002
参数	Y 为年最大 NDVI；X_1 为 4 月气温；X_2 为 4—5 月日照；X_3 为 5—6 月湿度；X_4 为 3 月地温；X_5 为 6 月降水	

四、结论和建议

利用气象资料对现代草业进行分月模拟和生长季 NDVI 模拟，分月模拟较为合理，生长季模拟方程，因牧草达到最大生长的时期较灵活，可能出现在 7 月、8 月或 9 月，而在进行模型回归时无法准确认定，若将所有时期的气象因子都考虑在内，则可能出现误判的情况。因此，本研究认为分月方式，依托前期气象条件，模拟预测下月牧草 NDVI 较为合理。

参考文献

崔党群，2005. Logistic 曲线方程的解析与拟合优度测验 [J]. 数理统计与管理，24（1）：112-115.
戴国俊，王金玉，杨建生，等，2006. 应用统计软件 SPSS 拟合生长曲线方程 [J]. 畜牧与兽医，38（9）：28-30.

第五章　优良牧草现代化青贮加工技术

第一节　引　言

2020 年，国务院办公厅发布了《关于促进畜牧业高质量发展的意见（以下简称《意见》）。《意见》提出，要健全饲草料供应体系，因地制宜推行粮改饲，提高紧缺饲草自给率，开发利用新饲草资源，推进饲草料专业化生产，加强饲草料加工、流通、配送体系建设，促进秸秆等非粮饲料资源高效利用。2021 年，国家林草局退耕办印发《退耕还林还草信息管理办法》，继续作出退耕还林还草相关通知，推动畜牧业高质量发展。畜牧业的发展需要大量的饲草料资源支持，饲草料是保证畜牧业生产出优质安全产品的基础保障和关键生产资料，其产量和质量都直接影响家畜的产能情况。随着生活水平的不断提高，人民对牛肉、羊肉、牛奶等草食家畜产品的需求量也在不断增加。针对现阶段需求的快速增长，我国饲草料行业也进入产业调整阶段，饲草料市场由数量型向质量型转变，由"散兵游勇"到"集团化""现代化"和"智慧化"转变。追求高质量、耐储存的饲草料产品成为现代智慧畜牧业追求的主要目标之一。

青藏高原地域辽阔，横跨西藏、青海、甘肃、四川、云南、新疆六省（区），天然草场面积较大，但该地区平均海拔多处于 4 000 m 以上，被称为"世界屋脊"和"世界第三极"。受独特地理环境和气候条件的影响，该区域生态环境脆弱，天然草地牧草生产季短，草地初级生产能力低，家畜放牧量大，致使生态环境逐渐恶化，草原的承载能力大幅度下降，不能满足现代畜牧业的发展需要。饲草料在青藏高原畜牧业生产中处于核心地位，饲草料供给整体不足是造成青藏高原草地退化、草地生态系统能量和物质转换效率低、经济效益不明显的根本原因。如何提高饲草料生产系统中产前、产中、产后各个环节的科技含量，实现饲草料生产的提质增效，保障畜牧业的有效供给，国家和地方政府应重点关注。

在青藏高原地区开展人工饲草种植，逐渐实现由传统天然放牧模式向舍饲和放养补饲相结合的饲养方式转变，可以有效缓解青藏高原草畜平衡，利于青藏高原草地畜牧业的可持续发展。青海省作为青藏高原重要组成部分，全省饲草种植面积超过 13.3 万 hm²，种植饲草品种为燕麦、玉米、大麦和青稞等。其中，燕麦是最主要的种植品种，种植面积占饲草种植面积的 70% 以上，饲草利用多以调制青干草为主，在调制中因风吹日晒和雨淋影响，饲草营养损失通常达 20%～40%。为减少饲草营养损失，有效提高饲草营养品质和利用效率，大力推广饲草青贮利用技术，青贮饲草量逐年增加，青贮饲料已在青藏高原畜牧业发展中扮演十分重要的角色。青贮饲料不仅能降低饲料成本，加工快速，而且对环境无污染，提高养殖经济效益。另外，有机肥还田还能有利改善土壤环境，形成生态农业的发展局面，促使畜牧饲养者高度重视饲草青贮技术应用，逐步完善青贮技术，使畜牧业具有产业化、现代化的发展趋势。饲草青贮使饲草料供给长期稳定，草原压力获得有效缓解，天然草场供给不足的现象获得有效解决，草原能重新焕发应有的生机，畜牧业的饲养质量也能获得高效的保障。

第二节 牧草营养动态研究及最佳青贮时间优化

一、试验样地

牧草种植试验样地位于青海省海南藏族自治州贵南县森多乡，地处青海湖南侧的黄河山谷地带，平均海拔 3 100 m。其中，样地 1（燕麦 + 箭筈豌豆）位于（35°30′5.2″N，100°58.11′7″E）海拔 3 150 m；样地 2（燕麦 + 箭筈豌豆 + 黑麦）位于（35°30′6″N，100°58′52″E）海拔 3 230 m；样地 3（燕麦）位于（35°30′5.2″N，100°58′11.7″E）海拔 3 149 m。该区域年平均气温为 2.3℃，年降水量为 403.8 mm，属于高原大陆性气候，草地类型以高寒草原为主，无霜期约 50 d（表 5-1）。

表 5-1 牧草种植样地信息

样地编号	牧草类型	经纬度	海拔
1	燕麦 + 箭筈豌豆	35°30′5.2″N，100°58.11′7″ E	3 150 m
2	燕麦 + 箭筈豌豆 + 黑麦	35°30′6″N，100°58′52″E	3 230 m
3	燕麦	35°30′5.2″N，100°58′11.7″E	3 149 m

二、试验设计

1. 牧草样品采集

在 3 类牧草样品不同生育期（拔节期、开花期、乳熟期和蜡熟期）分别进行样品采集，采集时间分别为拔节期（7 月 22 日）、开花期（8 月 14 日）、乳熟期（8 月 26 日）及蜡熟期（9 月 4 日），采集样品时随机选取各样地中的 1 m² 的区域，齐地面刈割地上牧草作为试验样品，每种样品 3 个重复，共 9 个重复，分装标记后带回实验室备用。

2. 牧草青贮制作

将 3 类不同的牧草分别用剪刀剪成 1.5 cm 左右混匀，控制样品水分含量在 65%～75%，取 200 g 于真空压缩袋中，并加入 0.8 mL 由我国台湾亚芯生物科技有限公司生产的亚芯秸秆青贮剂（5 g/L），用真空包装机进行真空包装，每种类型的牧草在每个生育时期设 3 个重复，每时期 9 个重复，4 个时期共 36 包青贮饲料，置于室温下保存。

3. 测试样品制备

将采回的 3 类样品各取 1 kg 于阴凉处晾干，并不断翻转防止晾晒过程中发霉变质。每种类型的牧草在每个生育时期设 3 个重复，每时期 9 个重复，4 个时期共 36 包样品。

4. 测定指标及方法

干物质测定采用烘干法，称取 200 g 样品，120℃下烘 10～15 min，迅速转移至 65℃烘箱中烘干 48 h；粗蛋白质（CP）、酸性洗涤纤维（ADF）及中性洗涤纤维（NDF）的测定方法参照张丽英主编的《饲料分析及饲料质量检测技术》第 3 版；能量测定采用氧弹式热量计；干物质消化率采用产气法测定；pH 值用 pH 计测定。

三、试验结果

1. 青干草与青贮料营养成分比较

将青干草和青贮料作为相互独立的样本，对它们的营养成分进行分析比较，结果如表 5-2 所示。青贮料的粗蛋白质含量为 7.2%，略高于青干草；且青贮料所释放的能量也高于青干草，由此可见，牧草通过青贮加工能够减慢其营养物质的流失，且在一定程度上可以提高饲料的营养价值。

表 5-2　青干草与青贮料营养成分比较

项目	ADF（%）	NDF（%）	CP（%）	能量（kJ）
青干草	32.42 ± 0.04	52.49 ± 0.04	6.5 ± 0.01	17 108 ± 2 358.5
青贮料	33.86 ± 0.03	52.97 ± 0.05	7.2 ± 0.02	19 271 ± 2 947.9

2. 不同混播类型牧草对青贮料营养成分的影响

将不同生育期的牧草作为一个整体，研究 3 种不同混播类型的牧草对青贮料营养价值的影响，结果如表 5-3 所示。当混播类型为燕麦 + 箭筈豌豆 + 黑麦时，青贮料中粗蛋白质含量显著高于其他两种类型（$P<0.05$），可以达到 8.6%。燕麦单播类型牧草所制作的青贮料粗蛋白质含量最低，中性洗涤纤维和酸性洗涤纤维含量最高，故较其他两种青贮类型适口性差，能量释放量也低。综上考虑多种因素指标，发现最适宜青贮混播的饲料类型为燕麦 + 箭筈豌豆 + 黑麦。

表 5-3　不同混播类型牧草对青贮料营养成分的影响

项目	ADF（%）	NDF（%）	CP（%）	能量（kJ）
燕麦 + 箭筈豌豆	33.6 ± 0.03[a]	53.5 ± 0.05[a]	6.8 ± 0.01[a]	20 926.5 ± 3198.3[a]
燕麦 + 箭筈豌豆 + 黑麦	34.4 ± 0.04[a]	53.5 ± 0.05[a]	8.6 ± 0.04[bc]	20 417.7 ± 1474[a]
燕麦	35.7 ± 0.04[a]	55.8 ± 0.02[a]	6.1 ± 0.02[a]	16 468.3 ± 2119.7[a]

四、不同生育期牧草对青贮料营养成分的影响

不同生育时期对牧草青贮料品质的影响如表 5-4 所示，随着牧草生育期的延长，青贮料中粗蛋白质含量迅速降低，开花期青贮料粗蛋白质含量显著高于乳熟期与蜡熟期（$P<0.05$）。同时酸性洗涤纤维和中性洗涤纤维含量也因生育期的延长而显著增加（$P<0.05$）。综上实验结果，确定开花期为牧草刈割制作青贮的最佳时间。

表 5-4 不同生育期牧草对青贮料营养成分的影响

项目	ADF（%）	NDF（%）	CP（%）	能量（kJ）
开花期	30.9 ± 0.01^a	47.8 ± 0.07^a	10.1 ± 0.02^a	$18\,007.2 \pm 1948^a$
乳熟期	36.7 ± 0.4^b	56.9 ± 0.03^b	5.9 ± 0.02^b	$20\,047.7 \pm 4156^a$
蜡熟期	36.1 ± 0.2^b	54.2 ± 0.04^b	5.6 ± 0.01^b	$19\,757.4 \pm 2139.8^a$

第三节 青贮耐低温乳酸菌的分离与鉴定

一、耐低温乳酸菌的分离

1. 乳酸菌的分离与初筛

取新鲜泡菜汁液体样品 1 mL 于盛有 9 mL 无菌水的试管中，振荡混匀；全株玉米青贮固体样品称取 1 g，剪碎置于无菌烧杯中，加 50 mL 无菌生理盐水，摇晃并浸泡数分钟。无菌试管中利用 10 倍稀释法分别上述两样品溶液稀释至 10^{-3}、10^{-4} 以及 10^{-5} 倍，并进行编号。对应编号，吸管移取 2 滴于含有 0.5% $CaCO_3$ 的 MRS 培养基上涂平板。10℃ 恒温培养 72 h 后，选取周围出现溶钙圈的菌落，利用划线法在空白 MRS 平板上分离出单菌落，观察菌落形态。分离出的单菌落菌株进行革兰氏染色和接触酶试验，选择溶钙圈较大、革兰氏染色阳性且接触酶试验阴性的菌株，转移至 MRS 斜面培养基上，2℃ 恒温保存备用。

革兰氏染色：先在载玻片上滴一滴无菌水，再用接种环取少量菌体在载玻片上均匀涂抹。待涂片干燥，让菌膜朝上，通过火焰 2~3 次固定（以不烫手为宜）。将固定过的涂片放报纸上，滴加草酸铵结晶紫液，染色 1 min。用水缓慢冲洗涂片上的染色液，用吸水纸吸干，观察细胞形态。滴加 1 滴碘液，染 1 min，水洗。吸去残留水，连续滴加 95% 乙醇脱色 20~30 s 至流出液无紫色，立即水洗。滴加番红复染 3~5 min，水洗。染色结束后镜检，菌体呈红色为革兰氏阴性菌，菌体呈蓝紫色为革兰氏阳性菌。

接触酶试验：将试验菌接种于 PYG 琼脂斜面上，适温培养 18~24 h。乳酸菌连同培养基在空气中暴露 30 min 后，取一环乳酸菌涂于干净的载玻片上，然后在其

上加一滴 3%～15% 的 H_2O_2，若有气泡产生则为阳性反应，无气泡为阴性反应。

2. 乳酸菌的复筛

用接种环分别挑取上述菌种约两环于 MRS 液体培养基中，10℃培养 48 h 得到母液。将母液分别接入空白 MRS 液体培养基中，保持接入后菌种浓度一致（4.78 lgCFU/mL）。10℃恒温培养，每隔 12 h 测定一次菌体浓度及发酵液 pH 值。选出生长速度和产酸能力最好的一株菌种。

3. 优良菌种的筛选

通过两次筛选，从青贮料中得到有溶钙圈、革兰氏染色呈阳性、接触酶试验呈阴性的菌株共 5 株。通过光学显微镜观察可知其中球菌 2 株，杆菌 3 株。现记球菌为 R，杆菌为 L，分别对其进行编号，5 株菌种分别为 R1、R2、L1、L2、L3。上述菌种液体培养得到各菌株生长曲线，其中 L2 菌稳定期时培养液的菌体浓度最大，活菌的相对数值最高，为 6.30 lgCFU/mL，且 L2 培养液的 pH 值下降的最快，表明 L2 产酸能力最好。所以这 5 株菌种中选取 L2 作为目的菌种。

二、耐低温乳酸菌的鉴定

1. 耐低温乳酸菌的鉴定方法

耐低温乳酸菌的鉴定方法主要包括形态学鉴定和生理生化特性鉴定。其中形态学鉴定采用光学显微镜观察，乳酸菌生理生化特性鉴定参照伯杰氏细菌鉴定手册和《乳酸细菌分类鉴定及实验方法》中的描述方法进行（凌代文，1990）。

（1）精氨酸产氨实验。

含精氨酸的 PY 培养液：在 PY 培养液中加入配制好的精氨酸液（L- 精氨酸 1.5 g、浓度为 1 g/10 mL H_2O 的半胱氨酸 0.05 mL、蒸馏水 10 mL。调 pH 值至 7.0，灭菌后加 3 滴至 3 mL 培养基中）。奈氏试剂：20 g KI 溶于 50 mL 蒸馏水中，溶解后再向其中加入约 32 g 的 HgI_2 颗粒，另外加入 460 mL 蒸馏水和 134 g KOH 混合均匀，上清液贮存于棕色瓶中避光保存备用。

乳酸菌接种到含精氨酸的 PY 培养基中（以不含精氨酸的 PY 培养基为对照），适合温度培养 3 d。取稳定期乳酸菌菌液数滴于比色盘内，加入数滴奈氏试剂，若出现橙黄或黄褐色沉淀表示有产氨反应。若含精氨酸培养基中的反应强于无精氨酸培养基为阳性反应，反之为阴性。

（2）葡萄糖和葡萄糖酸盐产酸产气实验。

配置培养基：在 PY 基础培养基（1 L）内加入 30 g 葡萄糖、0.5 mL 的吐温 -80、6 g 琼脂和 1.6 g/100 mL 的澳甲酚紫指示剂 1.4 mL。分装试管，高度 4～5 cm。置于 112℃灭菌 20～30 min 后冷却备用。用穿刺接种的方法接入乳酸菌，置于适温培养。培养基中指示剂变黄表示产酸；软琼脂柱内产生气泡或出现将 2% 琼脂层向上顶，表示产气。

（3）淀粉水解实验。PY 培养基中加入 0.5 g 可溶性淀粉。分装试管，112℃灭菌 30 min。冷却后接入待试菌种，适温培养 1～2 d。取培养液少许置于比色盘内，同时取未接种的培养液作为对照，分别在其中滴加卢哥氏碘液（先用少量蒸馏水溶解 2 g 碘化钾，再加入 1 g 碘片，待碘全溶后，用水稀释至 300 mL）。如不显色表示淀粉水解，显蓝黑色或蓝紫色时，表示淀粉未水解或水解不完全。

（4）石蕊牛奶实验。每 100 mL 脱脂牛奶加入 4 mL 浓度为 25 g/L 的石蕊牛奶。分装试管，牛奶高度 4～5 cm。113℃高压蒸气灭菌 15～20 min。接种后适温培养 1～3 d 观察产酸和凝固反应。

（5）明胶液化实验。拟分装的试管中各加入明胶 0.6 g，再分别加入 5 mL 配制好煮沸后的培养基（蛋白胨 1 g，酵母提取物 1 g，葡萄糖 0.1 g，盐溶液 4.0 mL，蒸馏水 100 mL。调制 pH 值至 7.0）。113～115℃高压蒸气灭菌 15～24 min。冷却后接种 20℃恒温培养，以未接种的试管培养基作对照。相同温度环境下，若对照管凝固而接种管液化则为阳性反应；若接种管与对照管液化或凝固现象均表现一致为阴性。

（6）硫化氢实验。

培养基：胰胨 10 g，肉浸膏 3 g，酵母提取物 5 g，NaCl 5 g，半胱氨酸 0.4 g，葡萄糖 2 g，蒸馏水 1 L，调 pH 值至 7.2～7.4。分装试管，保证每管培养液层高度为 4～5 cm。113℃灭菌 20 min 灭菌后备用。乙酸铅试纸条：根据试管和培养基高度，将普通滤纸剪成 0.5～0.6 cm 宽的纸条。用浓度为 50～100 g/L 的乙酸铅将纸条浸透，然后置于烘箱烘干，放入培养皿或试管内，灭菌后备用。接种后，用无菌的镊子夹取一乙酸铅纸条悬挂于接种管内。保证下端不接触培养液表面的前提下尽量接近培养基表面，上端塞上棉塞。另外，乳酸菌的接种需在无氧条件下进行。在未接种任何菌种的试管斜面上悬挂乙酸铅纸条，作为空白对照试验。另设一组接种已知阴性反应的菌种作为参照。培养基置于合适温度下培养，对纸条进行对比和观察，如果纸条变成黑色则反应为阳性，反之为阴性。

（7）精氨酸水解实验。

培养基：蛋白胨 5 g，肉浸膏 5 g，葡萄糖 0.5 g，吡哆醛 5 mg，L- 精氨酸 10 g，蒸馏水 1 L，1.6g/100 mL 的甲酚紫乙醇溶液 0.625 mL，甲酚红液（0.5 g 甲酚红溶解到 26.2 mL 的 0.01 mol/L NaOH 中，并且稀释至 250 mL，调 pH 值至 6.0～6.5，每试管分装 3 mL，121℃灭菌 10 min）。上述培养基接入 1～2 滴培养过夜的菌液，并在培养基上涂上一层无菌的石蜡矿物油。放置在 35℃下，恒温培养 72 h。如果接种和培养的试管中培养基转变成黄色，表示葡萄糖产酸，反应为阴性。培养基内 pH 指示剂显示紫色，表示精氨酸被细菌酶水解，产生了碱性物质，反应为阳性。

（8）葡聚糖实验。

培养基：胰胨 10.0 g，K_2HPO_4 5.0 g，酵母提取物 5.0 g，柠檬酸二铵 5.0 g，蔗糖 50.0 g，琼脂 15 g，调 pH 值至 7.0，121℃灭菌 15 min。冷却后接种，合适温度培养 2～4 d。如果斜面培养物形成了黏稠状菌苔，表明该菌能够产生葡聚糖，结果为阳性反应。反之结果则为阴性。

（9）脲酶实验。待试验菌接种到 PYG 培养基的斜面上，合适温度培养 2～3 d。

取 PYG 培养基上待试菌种，放入在空试管中制成 2 mL 的浓菌悬液，加入 1 滴酚红指示剂，调节 pH 值至 7，至酚红指示剂恰好转为黄色。将此调好 pH 值的菌悬液分成两份，在其中一个试管加入少许 0.05～0.1 g 的结晶的尿素，另一管作为对照不加尿素。如果加有尿素的试管在数分钟内变为红色，则表示试验菌能够分解尿素并生成了氨，使液体呈碱性，酚红指示剂该条件下变红色，表示脲酶是结果为阳性，如果仍为黄色表明为阴性反应。

（10）糖酵解。在 PY 培养基中分别加入各种糖、醇类和某些苷类碳水化合物，试验发酵产酸情况。

2. 耐低温乳酸菌的鉴定结果

（1）形态学鉴定（表 5-5）。

表 5-5 乳酸菌的表观特征

编号	菌落形态	菌体形态
R1	灰白色、不透明、边缘整齐、表面光滑、扁平	椭圆，成对、成链
R2	白色、不透明、边缘完整、表面光滑、隆起	球状，单个、成对、成链
L1	灰白色、半透明、边缘完整，表面光滑、扁平	长杆状，单个、成链
L2	乳白色、不透明、边缘整齐、表面光滑、隆起	短杆状，单个、成对、成链
L3	微黄色、不透明、边缘整齐、表面光滑、隆起	长杆状，单个、成对、成链

（2）生理生化及糖发酵试验（表 5-6）。

表 5-6 乳酸菌属鉴定结果

项目	R1	R2	L1	L2	L3
精氨酸产氨试验	−	−	+	−	−
石蕊牛奶试验	−	−	+	+	+
硝酸盐还原试验	−	−	−	−	−
联苯胺试验	−	—	−	−	−
吲哚试验	−	−	−	−	−
明胶液化试验	−	−	−	−	−
淀粉水解试验	+	+	+	+	+
葡聚糖试验	−	−	+	−	−
脲酶试验	−	−	+	−	−
H_2S 试验	−	−	−	−	−
15℃生长试验	+	+	−	+	+
运动性试验	−	−	−	−	−
葡萄糖酸盐产酸产气	+	+	−	−	−

注：表中"+"表示 95% 以上为阳性，"−"表示 95% 以上为阴性，"—"表示弱阴性反应。

（3）鉴定结果。菌株 L2 的明胶液化试验、吲哚试验、H₂S 试验、硝酸盐还原和联苯胺试验均为阴性；而石蕊牛奶试验、淀粉水解试验为阳性，可以判断该菌为乳杆菌属。阿拉伯糖、棉籽糖、果糖、半乳糖、葡萄糖、乳糖、麦芽糖等发酵产酸试验中，发现其除鼠李糖外，其他糖类都可以利用。对照鉴定手册，鉴定结果 L2 为植物乳杆菌（*Lactobacillus plantarum*）。其他菌株鉴定结果，R1、R2 为乳明串珠菌（*Leuconostoc lactis*）；L1 为德氏乳杆菌（*Lactobacillus delbrueckii*）；L3 为植物乳杆菌（*Lactobacillus plantarum*）（表 5-7）。

表 5-7　乳酸菌种的鉴定结果

项目	R1	R2	L1	L2	L3
果糖	+	+	+	+	+
半乳糖	+	+	-	+	+
葡萄糖	+	+	+	+	+
乳糖	+	+	-	+	+
甘露糖	-	-	+	+	+
山梨醇	-	-	-	-	-
蔗糖	+	+	+	+	+
木糖	-	-	-	+	+
鼠李糖	-	-	-	-	-
阿拉伯糖	-	-	-	+	+
肌醇	-	-	-	+	+
麦芽糖	-	-	—	+	+
纤维二糖	-	-	-	+	+
棉籽糖	+	+	-	+	+
核糖	+	+	-	+	+
淀粉	+	+	+	+	+
海藻糖	-	+	-	+	+

注：表中"+"表示 95% 以上为阳性，"-"表示 95% 以上为阴性，"—"表示弱阴性反应。

三、培养温度对耐低温乳酸菌生长的影响

温度与乳酸菌酶的活性直接相关，高于或低于酶的最适温度时将不同程度的影响菌体的生长代谢。表 5-8 显示，在不同培养温度条件下，培养 0~48 h 菌体浓度显著增大（$P<0.05$），培养 60~72 h 菌体浓度显著下降（$P<0.05$）。比较不同培养温度条件下稳定期活菌浓度知道：培养温度为 10℃、13℃、16℃、19℃、22℃时，对应稳定期活菌数分别为 6.27 lgCFU/mL、6.34 lgCFU/mL、6.40 lgCFU/mL、6.46 lgCFU/mL、6.41 lgCFU/mL。10℃时菌体浓度最小，随着温度的增高，菌体浓度逐渐升高。19℃时菌体浓度达到最大值，温度进一步增高时，菌体浓度显著下降

（$P<0.05$）。分析可知，最佳培养温度在19℃左右。

表5-8　温度对乳酸菌活菌数的影响

温度	0 h	12 h	24 h	36 h	48 h	60 h	72 h
10℃	4.778	5.05 ± 0.04^a	5.49 ± 0.05^b	6.08 ± 0.04^c	6.23 ± 0.04^{de}	6.27 ± 0.04^e	6.16 ± 0.05^{cd}
13℃	4.778	5.15 ± 0.03^a	5.64 ± 0.04^b	6.19 ± 0.02^c	6.31 ± 0.03^{de}	6.34 ± 0.04^e	6.26 ± 0.02^d
16℃	4.778	5.13 ± 0.01^a	5.76 ± 0.02^b	6.27 ± 0.03^c	6.40 ± 0.02^d	6.38 ± 0.03^d	6.28 ± 0.04^c
19℃	4.778	5.21 ± 0.03^a	5.81 ± 0.03^b	6.30 ± 0.02^c	6.46 ± 0.02^d	6.45 ± 0.04^d	6.35 ± 0.03^e
22℃	4.778	5.25 ± 0.04^a	5.92 ± 0.01^b	6.34 ± 0.04^d	6.41 ± 0.03^e	6.40 ± 0.03^e	6.21 ± 0.02^c

注：表中同列数字肩标有相同小写英文字母表示差异不显著（$P>0.05$），不同小写英文字母表示差异显著（$P<0.05$）。

四、耐低温乳酸菌培养条件的优化

Box-Benhnken试验设计的17个试验组以及活菌数作为响应值的试验结果如表5-9所示。

表5-9　Box-Benhnken试验结果

编号	A	B	C	活菌数对数（lgCFU/mL）
1	-1	-1	0	6.263
2	1	1	0	6.337
3	0	0	0	6.511
4	1	-1	0	6.348
5	1	0	1	6.267
6	0	0	0	6.486
7	0	-1	1	6.328
8	0	1	-1	6.430
9	-1	1	0	6.249
10	0	0	0	6.496
11	0	0	0	6.506
12	0	1	-1	6.362
13	0	0	0	6.499
14	-1	0	1	6.241
15	-1	0	-1	6.258
16	1	0	-1	6.329
17	0	1	1	6.331

Design Expert 7.0软件对试验结果进行回归分析得到方程，方程中Y为响应值、A为接种量、B为初始pH值、C为培养温度。

$Y=-5.977\ 8+19.266\ 0A+52.865\ 3B+6.706\ 0C+0.600AB-1.875\ 0AC+5.916\ 7BC-57.870\ 0A^2-89.080\ 0B^2-5.637\ 2C^2$

对该回归方程进行方差分析，结果见表 5-10。由试验方法分析结果可知，该模型水平差异极显著（$P<0.001$），方程失拟项不显著（$P=0.086\ 0$），表明该方程的误差较小。方程相关系数 $R^2=0.989\ 7$，表明该方程模型与试验数据符合度较高，能够很好地代表真实试验结果。

表 5-10　Box-Benhnken 试验方差分析

方差来源	平方和	自由度	均方	F 值	P 值
模型	0.158 640	9	0.017 627	74.522 388	<0.000 1
A-A	0.015 224	1	0.015 224	64.364 442	<0.000 1
B-B	0.010 099	1	0.010 099	42.698 323	0.000 3
C-C	0.007 827	1	0.007 827	33.093 023	0.000 7
AB	0.000 002	1	0.000 002	0.009 513	0.925 0
AC	0.000 506	1	0.000 506	2.140 333	0.186 9
BC	0.001 260	1	0.001 260	5.328 109	0.054 3
A^2	0.088 130	1	0.088 130	372.597 348	<0.000 1
B^2	0.013 051	1	0.013 051	55.178 924	0.000 1
C^2	0.027 745	1	0.027 745	117.299 827	<0.000 1
残差	0.001 656	7	0.000 237		
失拟项	0.001 287	3	0.000 429	4.646 082	0.086 0
纯误差	0.000 369	4	0.000 092		
总差	0.160 296	16			

注：$R^2=0.9897$；$R^2_{Adj}=0.976\ 4$。

以活菌数对数值作为响应值，绘制接种量与起始 pH 值、接种量与培养温度、起始 pH 值与培养温度之间的三维响应曲面图，由响应面的高点及等值线可以看出，在所选的范围内拟合曲面有极大值，对回归方程求导，得到极大值为 6.505 lgCFU/mL，对应的接种量为 3.12%、起始 pH 值为 6.44、温度为 18.44℃。

第四节　牧草青贮技术集成与应用

一、牧草青贮的营养特征

1. 牧草青贮的发酵过程

青贮是利用微生物的发酵作用将新鲜牧草（含饲用作物）置于厌氧环境下经过乳酸发酵，制成一种多汁、耐贮藏的、可供家畜长期食用的饲料的过程。青贮饲料不仅具有良好的适口性，而且营养价值较全面，能够很大程度地将饲料原料的营养成分保存下来。牧草的青贮是长期保存青绿饲料营养的一种简单、经济而可靠的方法，也是保证家畜长年均衡供应粗饲料的有效措施和重要技术。

青贮发酵是一个复杂的微生物活动和生物化学变化的过程，根据其环境、微生物种群的变化及其物质的变化可分为好氧呼吸期、乳酸发酵期、稳定期和二次发酵期4个时期（张淑绒和曹妮，2010）。

（1）好氧呼吸期。也称为干物质营养损失阶段。当牧草被收获时，本身是活体，在刈割后的一段时间内，它仍然有生命活动，直到水分低于60%才停止。这个时期由于牧草刚被密闭，霉菌、腐败菌等微生物与植物细胞利用间隙的空气继续呼吸，进行生化反应，随着呼吸消耗植物体内的可溶性糖，产生大量的二氧化碳、水和氨气等，并产生热量。待青贮窖内的氧被消耗完后，则变成厌氧状态。同时，这个时期好氧菌也在短期内增殖，消耗糖，产生醋酸和二氧化碳。此期内蛋白质被蛋白酶水解，当pH值下降到5.5以下，蛋白水解酶的活性停止。通常这个时期在1～3 d结束，时间越短越好。

（2）乳酸发酵期。也称为厌氧微生物竞争期阶段。经过好氧呼吸期，青贮窖内氧气耗尽，充满二氧化碳和氮气，好氧微生物停止活动，进入厌氧发酵期，此时主要是乳酸发酵。这个时期在青贮窖密封后的4～10 d内。牧草原料中的少量乳酸菌含量在2～4 d之内增加到每克饲料数百万个。乳酸菌把容易利用的碳水化合物转化成乳酸，进入乳酸积累期，降低了被贮牧草的pH值。低pH值可以抑制细菌的生长和酶的活动，从而实现有效保存青贮饲料的目的。

（3）稳定期。当青贮饲料中产生的乳酸含量达到1.0%～1.5%的高峰值时，pH值下降到4.2以下，此时乳酸菌的活动减弱并停止，青贮饲料的pH值达到终端，进入稳定阶段。青贮饲料由于处于厌氧和酸性的环境中得以安全贮藏。这个时期为密封后的2～3周。如果期间没有空气的侵入干扰，青贮饲料可以保存数年。

（4）二次发酵期。青贮饲料二次发酵是指青贮成功后，由于中途开窖或密封不严，或青贮袋破损，致使空气侵入青贮饲料内，青贮残留与外界侵入的霉菌、腐败菌等再次繁殖活动，分解青贮饲料中的糖、乳酸、乙酸、蛋白质和氨基酸，并产生热量的过程。此时青贮饲料内pH值升高，品质变坏，所以也称为好氧性变质。

2. 牧草青贮的种类

（1）半干青贮。也叫低水分青贮，是青贮发酵的主要类型之一。这种青贮生产工艺已在美洲、欧洲等地区广泛应用，中国北方地区也适合采用这种方法进行青贮。具体做法是：将牧草（含饲料作物）收获后，经风干晾晒，水分降至45%～55%，将牧草放入青贮窖或青贮塔中，压紧密封，使氧气含量处于较低状态，抑制腐败菌、醋酸菌等的活动，但乳酸菌的活动相对受影响较少，依旧能够进行增殖，随着厌氧条件的形成、乳酸的积累，牧草便被完好地保存下来。半干青贮牧草含水量低，干物质含量多，可以有效减少运输成本，使营养物质损失更少。

（2）添加剂青贮。即在青贮加工时加入适量的添加剂，以保证青贮质量。加入添加剂的目的主要是保证乳酸繁殖的条件，促进青贮发酵。添加剂还具有控制青贮发酵及改善青贮饲料营养价值的作用。添加剂一般分为4种：发酵促进剂、发酵抑制剂、好氧性变质抑制剂和营养添加剂。这4种添加剂的主要作用在于提高青贮饲料酸度，促进pH值的降低，抑制不良细菌的产生，最终提高青贮饲料的营养价值。

（3）混合青贮。青贮原料的种类繁多，质量各异，如果将两种或两种以上的青贮原料进行混合青贮，彼此取长补短，可以更好地保证青贮质量。如豆科牧草与禾本科牧草混合青贮更易成功。

3. 牧草青贮设施的类型

（1）青贮窖。青贮窖形式有半地下式、地下式和地上式，形状有长方形、方形、圆形等，以长方形居多。永久性青贮窖用混凝土建成，窖顶部可加盖一层顶棚，以防止雨水的渗入；半永久性青贮窖实际上是一个土坑。长方形窖的宽深之比一般为（1∶2.0）～（1∶1.5）；圆形窖的直径和深度之比相同。窖的大小可根据家畜的数量和饲料量而定，建造青贮窖造价较低，作业比较方便，既可实现人工作业，也可以机械化作业。

（2）青贮壕。青贮壕通常为一个长条形的壕沟，沟的两端呈斜坡，沟底及两侧墙用混凝土砌抹。青贮壕便于大规模机械化作业，通常由拖拉机牵引拖车从壕一端驶入，边前进、边卸料，从另一端驶出。拖拉机（以及青贮拖车）驶出青贮壕，既完成卸料又可将先前卸下的料压实，这是青贮壕的优点。此外，青贮壕的结构也便于推土机挖壕，从而提高挖壕的效率，降低建造成本。而建在地上的青贮壕，是在平地建两面平行的水泥墙，两墙之间便是青贮壕。青贮壕的青贮效果与青贮窖相同。

（3）青贮塔。青贮塔多为圆筒形，以地上形式为主。塔的内径为3～6 m，高度为内径的2～4倍。青贮塔的结构有耐酸的不锈钢结构、砖石水泥结构和耐酸塑料板结构等。国内青贮塔多为砖砌圆筒；国外青贮塔塔身高大，多为金属和树胶液黏缝制成，完全密封，塔的大小上下等同。青贮塔占地少，构造坚固，经久耐用，制成的青贮料质量高，养分损失少。塔式青贮要求机械化程度高，进料、取料有专用机械。

（4）青贮堆。青贮堆是指在一块干燥平坦地面上铺上塑料布，将青贮料卸在塑料布上剁成堆，然后压实密封而成。青贮堆的四边呈斜坡，以便拖拉机能开上去。青贮堆压实之后，用塑料布盖好，周围用沙土压严。青贮堆青贮的优点是：节省了建窖的投资，贮存地点也十分灵活。但堆贮法贮量不大，损失较多，而且保存时间不长。

（5）包膜青贮捆。包膜青贮捆是指细长青贮原料通过打捆机打成结实的圆筒形草捆，然后在包膜机上进行拉伸膜裹包，包成严实的草捆包。该青贮方法需要打捆机、包膜机、拉伸膜等设备与材料，而且要求青贮原料秆细柔软，原料可不用切短，但水分不宜太高，最好是半干青贮原料（梁正文，2017）。

4. 牧草青贮的调制技术

在调制牧草青贮时要掌握各种青贮牧草的收割适宜期，及时收割。一般禾本科牧草适宜在孕穗期至抽穗期收割，豆科牧草在孕蕾期至开花初期进行收割。这样既能兼顾营养成分和收获量，又有比较适宜的水分，可随割随运。调制青贮牧草时，可将收割的牧草阴干晾晒1~2 d，使禾本科牧草的含水量降至45%，豆科牧草至50%左右。另外，原料切碎便于压实排出空气，原料中的汁液也能流出，有利于乳酸菌摄取养分。在机器切碎时，要防止植物叶片、花序等细嫩部分的损失。采用窖贮或塔贮装窖时，原料要逐层平摊装填，同时要压紧，排出空气，为乳酸菌创造厌氧环境。原料要随装随压，务求踏实，要达到弹力消失的程度，整个装窖过程要求迅速和不间断。具体流程和技术要点如图5-1所示。

（1）适时刈割。青贮饲料的收割期以牧草扬花期为最佳。此阶段不仅可以从单位面积上获取最高可消化养分产量，而且不会大幅度降低牧草蛋白质含量和提高纤维素含量。

（2）调节水分。收割时牧草含水量通常为75%~80%或更高。要制作出优质青贮饲料，必须调节含水量使其含水量控制在80%左右。

（3）切碎和装填。裹包青贮可直接机械完成，无须切碎；青贮窖青贮，应将饲草切成2~3 cm。青贮前将青贮窖清理干净，窖底铺软草，以吸收青贮汁液。装填时边切边填，逐层装入，速度要快，当天完成。

（4）密封。原料装填压实后，应立即密封和覆盖，而且压得越实越好，尤其是靠近壁和角的地方。

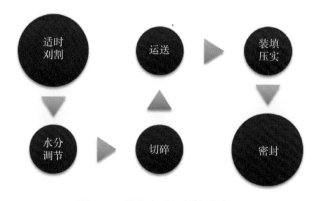

图5-1　牧草青贮调制技术流程

5. 牧草青贮的质量评价

高品质的牧草青贮饲料要做到：① pH值迅速下降到最佳水平；②有机酸的适当发酵范围；③水溶性碳水化合物保存；④减少蛋白质降解；⑤控制发酵温度；⑥减少移除饲料的有氧活动。总的来说，牧草青贮饲料的质量评定可分为3个方面，即感官评价、化学成分和物理特性（王星凌等，2010）。

（1）感官评价。通过嗅觉、视觉等感官可以快速了解青贮牧草的质量。正常青贮由于乳酸发酵，气味最小，类似刚切开的面包或香烟味；如果醋酸产量高，青贮可能会有醋气味；酵母发酵高会产生大量乙醇，产生乙醇气味；梭菌发酵产生腐臭黄油的气味；丙酸发酵导致芳香甜气；霉变的青贮会有发霉或腐烂气味。优质的青贮饲料外形应该平滑且简捷，最大限度地减小氧气接触。植物的结构（茎、叶等）应能清晰辨认，结构破坏及呈黏滑状态是青贮严重腐败的标志。另外，在颜色上应非常接近于牧草原料原先的颜色，若青贮前牧草原料为绿色，青贮后仍保持绿色或黄绿色为最佳，而褐色到黑色青贮通常由于发酵和水分损失产热造成，更容易霉变，白色着色青贮通常表明发生了二次霉菌生长。

（2）化学成分。青贮饲料的水分、粗蛋白质、中性洗涤纤维和酸性洗涤纤维及木质素含量都是评价牧草饲料营养质量的关键因素。其中水分决定了青贮饲料中干物质的含量；粗蛋白质含量是饲料质量评价的重要指标，蛋白质值高说明牧草青贮的质量较高，充足的蛋白质含量可以有效促进家畜瘤胃微生物的发酵，提高家畜的生产性能；中性洗涤纤维和酸性洗涤纤维含量过高，会导致青贮饲料的整体质量下降；木质素是一种多酚类化合物，作为内外细胞壁层之间的结合物，随着植物的成熟，木质化的细胞壁增加。细胞壁木质化会降低细胞壁相关的纤维碳水化合物有效性。

（3）物理特性。pH值是衡量青贮饲料酸度的最直接指标，优质牧草的pH值相对偏低。玉米青贮pH值在3.8～4.2，而牧草青贮pH值略高，在4.0～4.8。另外，青贮的温度也是一个重要的物理指标。当牧草青贮的温度高于环境温度时，表明其内存在霉菌和真菌的高温氧化呼吸，会直接影响牧草青贮的质量和稳定性；饲料的颗粒大小可以直接对反刍动物的咀嚼活动和瘤胃功能产生影响，适宜颗粒大小的青贮饲料可以有效提高家畜的适口性，促进对营养物质的消化吸收（表5-11）。

表5-11　牧草青贮品质鉴定指标

等级	颜色	气味	质地结构
优	绿色或黄绿色，有光泽	芳香味重，给人以舒适感	湿润，松散，松软，不粘手，茎、叶、花能分辨清楚
中	黄褐色或暗绿色	有刺鼻酒酸味，芳香味淡	柔软，水分多，茎、叶、花能分清
差	黑色或褐色	有刺鼻的腐败味或霉味	腐烂、发黏结块或过干，分不清结构

二、青贮壕加工技术

1. 青贮壕青贮的概念

由于高寒牧区特殊的气候条件，青绿饲草的供应存在着明显的季节不平衡性，而传统的牧草（饲草）保存方法也有其致命的缺陷——收割时间受到限制，而且青绿色的饲草在晒制过程中渐渐变黄，粗蛋白质含量下降4%～6%，茎秆变得粗老，适口性和消化率都随之下降；堆垛贮存时饲草含水量偏高，或春季雨雪渗入垛内，极易引起霉变，造成更大损失。青贮壕青贮可以低成本地有效解决以上高寒牧区牧草（饲草）难以保存的问题。青贮壕通常为一个长条形的壕沟，沟的两端呈斜坡，沟底及两侧墙用混凝土砌抹。青贮壕便于大规模机械化作业，通常由拖拉机牵引着拖车从壕一端驶入，边前进边卸料（图5-2）。

图5-2　青贮壕青贮

2. 青贮壕青贮的加工工艺及注意事项

青贮壕青贮的加工工艺步骤为：建壕→挖壕→备料→装壕→封顶→取用（感昕，2006）。具体加工工艺及注意事项包括以下几种（表5-12）。

（1）建壕。青贮壕应建在地势较高，地下水位较低，避风向阳，排水性好，距畜舍近的地方。

（2）挖壕。青贮壕按照宽：深为1∶1的比例来挖，并根据青贮量的大小选择合适的规格，常用的有1.5 m×1.5 m、2.0 m×2.0 m、3.0 m×3.0 m等多种，长度应根据青贮量的多少来决定。一般1 m³可容青贮料700 kg左右。青贮壕壕壁要平、直。平即壕壁不要有凹凸，有凹凸会导致饲料下沉出现空隙，使饲料发霉；直是要上、下直，壕壁不要倾斜，否则易烂边。侧壁与底界处可挖成直角，但最好挖成弧形，以防有空隙导致饲料霉烂。青贮壕的一端挖成30°的斜坡以利于青贮料的取用。

（3）备料。凡是无毒、无刺激、无怪味的禾本科牧草茎叶都是制作青贮饲料的原料，青贮原料含水量应保持在65%～75%（即原料切碎放在手里攥紧，手指缝渗出水珠）。青贮牧草应在9月初收割，含水量控制在约65%。备好原料后用切草机或铡刀切成3 cm长，以便装壕。

（4）装壕。将切短的原料均匀地摊平在青贮壕内，每装 15～20 cm 厚踏实 1 次，堆到高于地面 20～30 cm 便停止堆放。为了提高青贮饲料的营养价值，满足草食动物对蛋白质的要求，可按 0.3% 的比例在装填过程中均匀撒入尿素。

（5）封顶。贮料装满踏实后，仔细用塑料薄膜将顶部裹好，上用 30 cm 厚的泥土封严，壕的四周挖好排水沟。7～10 d 后，青贮饲料下沉幅度较大，压土易出现裂缝，出现裂缝时要随时封严。

（6）取用。青贮饲料在装入封严后，经 30～50 d（气温高 30 d，气温低 50 d）就可以从有斜坡的一端打开青贮壕，每天取料饲喂动物。

表 5-12　青贮壕加工技术流程

步骤	主要内容	注意事项
青贮设备	青贮壕建设应靠近饲养场，选择地势高排水方便且干燥向阳的地方；呈长条形壕沟且四周光滑，沟两端呈斜坡（从沟底逐渐升高至与地面平）。大小应根据贮存数量、地下水位高低及家畜数量综合确定	注意宽度不宜过宽，以方便取用为宜
原料准备	适时收获：燕麦高 100～130 cm 时为最佳收获时间；水分调节：水分控制在 65%～75%，水分过高时添加干草，水分不足时加水，添加高水分原料；适度切碎：羊青贮料长度一般在 2～3 cm，牛青贮料一般在 4～5 cm	燕麦青贮前应压扁揉碎，减少氧气存留空间。收获切碎后应尽快装填
装填压实	清理青贮壕，在底部铺 10～15cm 厚的干秸秆或软草，窖壁四周衬塑料膜。遵循逐层填装、边填边压、快速、紧实性好尽量不留空隙的原则，每层应该在 15～20 cm。青贮剂应在牧草填入时均匀添加。一般小型壕当天完成，大型壕 2～3 d 完成	规模较大的青贮壕需用拖拉机压实。可选择添加高蛋白饲料提高品质；还可将鲜草与干草混合提高发酵效果
封埋管理	封顶时应先覆盖软草或秸秆，厚度为 20 cm 左右，随后覆盖塑料膜并将边缘严实，后覆盖土层	注意封顶时防止漏水漏气。密封成馒头形，利于排水
后期管理	青贮壕四周开挖排水沟；如发现窖顶有裂缝，应及时覆土压实	发酵期间谨防雨水渗入
开窖取用	高原地区发酵时间为 30 d 左右达到稳定，60～80 d 取用，取用遵循从一端分段逐层取用原则。未用青贮及时覆盖，避免与空气接触。防止雨淋及二次发酵	为防止二次发酵，除取用时注意外，也可喷洒有机酸等药剂

三、捆裹青贮加工技术

1. 捆裹青贮的概念

牧草捆裹技术是在窖贮、塔贮基础上发展起来的一种新型的饲草料加工及贮存技术，较之传统青贮方式的最大优点是可以移动，可以把本来构不成商品的鲜草变为商品，为合理开发利用饲草资源和调节地域间的余缺创造了条件（陈功，2001）。

在高寒牧区大力推广冷季贮备饲草机械及其加工技术，提高饲草贮备量，集成并推广多年生人工半人工草地草贮牧草暖棚育肥和放牧相结合的草地畜牧业优化经营管理模式，减少营养物质的损失和浪费，缓解饲草供应的季节不平衡性，为畜牧业实现由粗放经营向集约化经营转变提供可靠的饲草技术保障，充分发挥牲畜的生产能力，确保畜产品的均衡上市，加快畜群周转，提高牲畜的出栏率，从而避免草场过度放牧，有利于维持草地生产力和草地生态环境的可持续发展。

捆裹青贮有 2 种方式：裹包青贮和袋式青贮（欧阳克蕙等，2003）（图 5-3）。

裹包青贮采用捆草机将刈割后的牧草压实，进行机械打捆，制成圆柱形或长方形草捆，然后采用裹包机，用青贮专用拉伸膜将草捆紧紧地裹包起来。捆裹过程中也可添加多种添加剂。大型圆捆（φ120 cm×120 cm），在含水量约 50% 时，每捆草重约 500 kg；小型圆捆（φ55 cm×52 cm），在含水量约 50% 时，每捆草重约 40 kg。

图 5-3 捆裹青贮

袋式青贮特别适合于玉米等以及秸秆类青贮。将其切碎后，采用袋式灌装机将秸秆/牧草高密度地装入塑料拉伸膜制成的专用青贮袋。秸秆的含水量可高达 60%～65%。一只 33 m 长的青贮袋可灌装 90 t 秸秆，每小时可灌装 60～90 t。

裹包青贮和袋式青贮都采用了青贮专用拉伸膜。它是一种特制的聚乙烯薄膜，具有良好的拉伸性和单面自黏性。它具有抗穿刺强度高、撕裂强度高、韧性强、稳定性好、抗紫外线等特点。这种膜耐候性极强，在高温 40℃ 以上和低温 -40℃ 以下的恶劣气候条件下在野外存放 1～2 年，性能都可以保持稳定。

2. 捆裹青贮的加工工艺及注意事项

捆裹青贮生产工艺流程：原料草（刈割或刈割压扁）→晾晒→捡拾压捆→拉伸膜裹包作业→入库。

青贮饲料的收割期以牧草扬花期到乳熟期为宜，收割时其原料含水量通常为75%～80%或更高。裹包青贮可直接机械完成，无须切碎。青贮窖青贮，应将饲草切成2～3 cm。青贮前将青贮窖清理干净，窖底铺软草，以吸收青贮汁液。装填时边切边填，逐层装入，速度要快，当天完成。原料装填压实后，应立即密封和覆盖，而且压得越实越好，尤其是靠近壁和角的地方。适时刈割：青贮饲料的收割期以牧草扬花期为宜。此阶段不仅从单位面积上获取最高可消化养分产量，而且不会大幅度降低蛋白质含量和提高纤维素含量。密封：原料装填压实后，应立即密封和覆盖，而且压得越实越好。

捆裹开始前要检查和保养好所有的农机具，确保整个工作的顺利进行；每天开始割草前，要根据实际情况，将割草机的割台设定在合适高度上，否则将翻起泥土，弄脏草料；割草结束后，用拖拉机和搂草机将割好的牧草搂成行或堆；测试草料的含水量，含水量在45%～50%时，就可打捆裹包；放置草捆时，捆裹柱体一面的圆形地面朝下，摞起的草捆层数不超过3层；定期检查草捆，一旦发现破洞应及时补好。

裹包好的草捆至少要放置1个月以上，直至饲喂家畜时才能将草捆打开，且根据饲喂量开包，不能提早打开，避免营养损失和二次发酵；青海地区捆裹时间一般在9月左右。

3. 捆裹青贮的优点

捆裹青贮的主要优点是机械化程度高，加工速度快，草捆可长时间贮存且便于移动或运输。根据家畜的需要量开包，从而避免常规青贮贮存过程中的二次发酵（张国立等，1996）。

由于制作速度快，被贮饲料高密度挤压结实，密封性能好，能创造一个最佳的灭氧发酵环境。经3～6周，便可完成乳酸型自然发酵的生物化学过程。捆裹青贮不仅能青贮含糖量较高的禾本科牧草，而且可以青贮含糖量低的豆科类牧草和含水率达70%的秸秆，且捆裹青贮制品质量也比常规青贮料要好。经过良好青贮的牧草／秸秆，达到如下标准：pH值4.5，水分50%～60%，乳酸4%～7%，乙酸小于25%，丁酸小于0.2%，N-NH$_3$占总氮5%～7%，灰分小于11%。发酵的草料气味芳香，适口性好，蛋白质含量高，粗纤维含量低，消化率明显提高。可提高家畜的日增重等生长性能。

与传统的窖贮方式相比较，捆裹青贮方式的损失浪费较少，霉变损失、流液损失和饲喂损失比窖贮减少20%～30%；保存期长，可长达1～2年；捆裹好的青贮料不受季节、日晒、降水和地下水位的影响，可在露天堆放；储存方便，取饲方便；节省了建窖费用和维修费用；节省了建窖占用的土地和劳力；节省了上窖劳力；易于运输和商品化。

第五节　优良牧草现代化青贮加工利用

一、优良牧草青贮在草牧业发展中的意义

1. 促进牧草产业经济效益的提升

传统的畜牧业养殖一般在牧草生长季节采取天然放牧的方式进行，并将多余的牧草收割晾晒后储存作为冷季的饲草储备。但是晒干或风干的牧草处理方式导致饲草原料中的鲜物质营养流失较多，保存下来的粗纤维等成分却较多，不利于家畜的消化吸收，导致饲草料的利用效率和转化效率极低。对于牧草种植地区的农牧民而言，牧草集中上市会导致牧草市场价格较低，而冷季牧草量少，价格较高，牧草市场供需不平衡，且价格不稳定。现代化牧草青贮加工技术的发展一方面有利于养殖户在牧草生产旺盛期将多余的牧草以青贮的方式贮存下来，用作冬季饲草料；另一方面青贮饲料营养价值高，饲草转化效率高，间接地促进了饲草料的经济效益。对于牧草种植地区的种植人员而言，牧草青贮技术的发展有助于平衡牧草市场供需，稳定市场价格，从而保证牧草种植经济效益的相对稳定，防止因牧草种植季节不平衡导致的经济损失。对于饲草料加工企业而言，牧草青贮技术加大了市场对新鲜牧草的间接性消耗，有利于促进牧草产业发展，提高牧草市场的经济价值。

2. 促进牧草产业多元化发展

随着现代化牧草青贮加工技术的发展，牧草种植业得到了较好的发展。许多地区推广青贮玉米、大豆、豌豆、苜蓿、高粱等优质饲草牧草种植，扩大了青贮饲料原料的种植种类和种植面积，有效促进了区域牧草产业多元化的发展，有效保障了区域畜牧养殖过程中的饲料充足供应。

3. 有效提升天然草场的生态功能

在青藏高原传统放牧区，通过轮牧、季节性放牧等技术实施促进了天然草地的休养生息，有规划的安排家畜放牧和饲草生产。在牧草生长到一定高度时，适时收割后进行青贮处理，可以有效提高冷季牧草的营养价值，并且有效保护了天然草场，预防草场的退化，从而保证优质天然草场及草牧业的可持续发展。

4. 促进环境保护与畜牧养殖和谐发展

畜牧养殖地区牧草的消耗量较大，长期不合理采收新鲜牧草易导致自然环境和生态破坏。牧草青贮技术的发展有效地保证了畜牧养殖中优质牧草的供应，且青贮资料原料成本较低，营养价值高，价格低，是大多数养殖户的选择。通过购买青贮饲料养殖家畜，减少了养殖户不规律、大面积、破坏性的采收新鲜牧草，有效地保护了生态环境，促进了牧草生产与家畜养殖的和谐发展，也为牧草产业化发展奠定了良好的发展基础。

二、牧草青贮加工中存在的问题

1. 现代化配套机械设备匮乏

众所周知，工艺的成熟实施必须通过机械化的实现。现阶段，青贮技术正逐渐应用并推广，但受到配套机械与检测设备匮乏的限制，青贮效率、成本仍有较大的提升空间，尤其是包膜、捡拾、堆垛等机械相对匮乏或技术不完善，对该技术的推广造成了较大阻力（张军强等，2019；袁兴茂，2014）。目前草捆捡拾机械按工作原理大致分为链耙式与铲抱式。前者需刺入草捆中捡拾，多为方形草捆，捡拾成功率高，速度快，工作稳定可靠，但只能用于无需包膜的干草捆，不可用于制作青贮饲料的包膜草捆；后者对草捆作怀抱式动作捡拾，不破坏草捆，结构简单，可最大程度保护草捆的包裹膜不受损伤（张琦峰等，2019；闫令强等，2018；高旭宏等，2017）。

2. 青贮加工工艺条件受限

根据青贮技术相关理论，青贮原料应清洁无杂质，且温度和含水量均符合青贮要求。但实际实施过程中，由于设备本身的局限性，仍难以理想化的贯穿整个青贮过程。例如收割粉碎过程中难免混入灰尘、土壤，导致有害杂菌增多，产生霉变等不良现象，影响青贮的效果与适口性。现有解决方式主要为控制留茬高度，收获时留茬不可过低，一般为 15～20 cm。如遇到土壤混入明显，可适当添加乳酸菌改善（孙娟娟等，2021）。

3. 青贮品质评价体系缺乏

青贮饲料品质评价体系缺乏，检测手段落后。目前对青贮效果的综合评价主要以发酵指标、营养价值指标、饲用指标或采用隶属函数法进行计算评价，未形成针对青贮工艺本身的综合评价指标（王亚芳等，2020；王旭哲等，2018）。在实践中多采用酸度、气味、颜色相结合的检测方法（张养东等，2016），由于缺乏便携式定量或定性监测设备，气味、颜色等主要靠人的主观感官评价，可靠性差，误差较大。而理化指标检测多用于实验室科学研究，监测烦琐，效率低下。同时各地方或企业评价细化标准不统一，增加了青贮品质的互认难度。

三、牧草现代化青贮加工平台搭建及应用

1. 牧草青贮加工机械创新

青贮饲料的收获方式主要有 3 种，即人工收获法、机器与人工结合作业方式、联合机械收获方式。半机械化方式收获多用于对青贮饲料要求不高、饲料种植面积较小的地方，大型的农场大多使用的是联合机械收获方式。联合机械收获时利用青贮饲料联合收获机进行田间收获，一并完成收获、粉碎然后直接抛送到饲料挂车当中，由饲料装载车运输到青贮饲料储存的地方，具有节省人力、作业高效等优点（李学永等，2022）。青贮饲料收获机国外研制的最早，20 世纪 40 年代发达

国家就对青贮饲料收获机进行了深入的研究，现在完全实现机械化，其中国外高秆青贮饲料收获机主要收获的是玉米、葵花等农作物秸秆，主要用来喂养农场中的牲畜；国外的一些低秆青贮饲料收获机还可以收获水稻、燕麦、甜菜茎叶等。国外还研发了捡拾青饲料收获机，将田间已经收割铺放的秸秆进行捡拾机械化田间收获。具有代表性的品牌有德国 CLAAS、克罗尼公司、美国 JOHN DEERE 公司、俄罗斯 ROSTSELMASH 公司等（王立阳，2020）。

针对青藏高原高寒牧区牧草收获、粉碎机械化程度低、效率低一系列制约牧草青贮加工进度的瓶颈问题，近几年已经成功引入集牧草收割、捡拾与粉碎于一体的自走式牧草青贮收获机，牧草青贮加工效率相较于以往传统方式可提高 5 倍以上（图 5-4）。另外，青贮收获机和牧草捆裹包膜一体机也可以有效解决青贮牧草二次发酵等阻碍传统青贮壕青贮牧草商业化的问题。未来青贮饲料机的研发可以利用仿真技术实现对机器的自主创新，如利用 EDEM 软件对青贮料喂入方式进行仿真模拟，并与 ADAMS 软件进行机械耦合仿真分析，快速、有效、直观地将青贮机工作流程表现出来，通过观察分析改进装置让青贮机更好地进行工作。另外，对机器的改进还应提高智能化水平的研究，如对整机实施 GPS 定位，通过无人驾驶远程操控机组进行田间作业，让青贮作业过程具有节省人力、实时监控的效果；对机器的行走装置、液压装置、减震装置、监测装置等部件添加智能化控制设备来应对不同的作业环境，让机组人员在作业过程中得到安全感与舒适感（朱孔欣，2012）。

图 5-4　优良牧草现代化青贮加工平台

2. 牧草青贮加工工艺优化

近年来，青贮饲料的研究已被世界各国所重视，畜牧业发达的国家将其列为发展畜牧产业的重要手段，并且大力投资加以研究和应用（陈海霞等，2006）。我国在青贮加工技术和设备方面虽然取得了进步，但与发达国家相对仍存在一定的差距，青贮工艺是制作优质青贮饲料的关键因素之一。从田间收获、调制、装填、密封贮存到取用等环节均会影响青贮的品质和特性（林炎丽等，2018）。

青贮技术较其他饲料制备技术对人的要求高，需经过系统培训学习方可制备，制备过程中存在一定风险（如腐败变霉、丁酸发酵等）。此外，青贮饲料含有较多有机酸，有轻泻作用，长期饲喂可造成牲畜瘤胃酸过多甚至瘤胃酸中毒，进而影响牲畜消化与健康。目前，有效解决办法是在青贮饲料中根据实际情况添加适量缓冲剂。不同发酵乳酸菌剂及组合添加剂均可不同程度改善青贮发酵品质，要针对实际情况确定最佳乳酸菌剂及组合添加剂，并且需要根据不同青贮原料、环境及用途确定最佳青贮条件，并配合相关机械装备与在线实时监控系统，力求在整个青贮过程中持续最佳状态，生产出高品质青贮饲料（马雪亭等，2022）。

第六节　小　结

牧草青贮可以有效保留饲草的营养成分，具有适口性好、营养价值全面等优点。通过青贮加工能够有效减慢牧草营养物质的流失，在一定程度上可以提高饲料的营养价值。试验表明，最适宜贵南区域青贮混播的饲草类型为燕麦＋箭筈豌豆＋黑麦，并且开花期为牧草刈割制作青贮的最佳时间。利用平板划线法从新鲜泡菜和全株玉米青贮中分离得到 2 株乳酸球菌和 3 株乳酸杆菌，经过复筛得到其生长繁殖能力最强、产酸能力最好的乳酸杆菌 L2。对该菌进行生理生化鉴定发现其为植物乳杆菌（*Lactobacillus plantarum*）；响应面分析得到 L2 乳酸菌最佳培养条件：接种量为 3.1%、起始 pH 值为 6.4、温度为 18.4℃。此时 L2 乳酸菌活菌数理论最大值为 6.505 lgCFU/mL。另外，通过牧草青贮加工工艺优化、加工机械创新以及优良牧草现代化青贮加工平台搭建，可以有效提高贵南县及青藏高原其他地区牧草青贮的现代化加工水平，有效缓解青藏高原地区冷季家畜饲草料不足的现状。

———— 参考文献 ————

陈功，2001. 牧草捆裹青贮技术及其在我国的应用前景 [J]. 中国草地，23（1）：72-74.

陈海霞，张淳铸，董德军，2006. 秸秆青贮工艺与设备的研究 [J]. 农机化研究，22（1）：34-36.

感昕，2006. 壕贮饲料的制作 [J]. 农村养殖技术（20）：39.

高旭宏，徐向阳，王书翰，等，2017. 方草捆集捆机设计与试验 [J]. 农业机械学报，48（4）：111-117.

李学永，王逸飞，蒋延金，等，2022. 青贮饲料收获机的发展现状 [J]. 现代化农业（10）：91-93.

梁正文，2017.青贮饲料的制作及利用技术 [J].畜牧与饲料科学，38（10）：43-46.

林炎丽，云颖，郭琳娜，等，2018.饲用玉米青贮工艺研究现状 [J].草学（A01）：50-54.

凌代文，1990.乳酸细菌分类鉴定及实验方法 [J].微生物学通报（1）：7.

马雪亭，廖结安，赵劲飞，等，2022.青贮技术研究与应用现状及问题分析 [J].中国饲料（15）：
5-12.

闵令强，刘学峰，钟波，等，2018.草捆机械化捡拾应用现状及发展趋势 [J].中国农机化学报，39
（1）：12-16.

欧阳克蕙，王文君，瞿明仁，2003.一种新的牧草青贮技术——捆裹青贮 [J].江西饲料（3）：
19-20.

孙娟娟，赵金梅，薛艳林，等，2021.土壤污染及乳酸菌添加对紫花苜蓿青贮品质的影响 [J].中国
草地学报，43（8）：114-120.

王立阳，2020.农业机械节油技术探讨 [J].南方农机，51（1）：66.

王星凌，赵洪波，胡明，等，2010.牧草青贮质量评定和青贮潜在问题 [J].草食家畜（1）：38-44.

王旭泽，张凡凡，马春晖，等，2018.同 / 异型乳酸菌对青贮玉米开窖后品质及微生物的影响 [J].
农业工程学报，34（10）：296-304.

王亚芳，姜富贵，成海建，等，2020.不同青贮添加剂对全株玉米营养价值、发酵品质和瘤胃降解
率的影响 [J].动物营养学报，32（6）：2765-2774.

袁兴茂，郝金魁，张秀平，等，2014.机械打捆包膜青贮技术 [J].家畜生态学报，35（6）：85-86，
93.

张国立，贾纯良，杨维山，1996.青贮饲料的发展历史、现状及其趋势 [J].饲料与营养，6（3）：
19-21.

张军强，梁荣庆，董忠爱，等，2019.马铃薯茎叶青贮现状及青贮收获机的开发 [J].农机化研究，
41（5）：262-268.

张琦峰，刘学峰，钟波，等，2019.方草捆捡拾码垛车反转车机构的设计 [J].山东农业大学学报
（自然科学版），50（6）：967-970.

张淑绒，曹妮，2010.青贮饲料的加工技术要点 [J].畜牧兽医杂志，29（3）：96-97.

张养东，杨军香，王宗伟，等，2016.青贮饲料理化品质评定研究进展 [J].中国畜牧杂志，52
（12）：37-42.

朱孔欣，2012.我国青贮饲料收获机的现状及发展趋势 [J].农业机械（16）：82-84.

第六章 饲草料智能化检测、精准配制及高效利用技术

饲草料是畜牧业最重要的基础资源，由于其均衡的营养性质，含有关键水平的蛋白质、纤维、矿物质和微量营养素，是牦牛、藏羊等牲畜生长和发育的必需资源。然而，在过去的十年中，由于饲草料营养品质测定的不便性，导致饲草料资源的浪费。随着检测技术的快速发展，快速、准确地检测饲草料的营养品质成为可能。同时，饲草料营养品质的快速检测为牦牛、藏羊饲料的智能化精准配制提供了良好的基础，极大程度地提升了饲草料的利用率，节约了饲草资源。青藏高原严酷的自然环境条件造成了天然草地牧草营养的季节性失衡，限制了家畜的生长潜力和畜产品质量。冷季舍饲能够保障牦牛、藏羊冷季生长性能的有效发挥，粗蛋白质作为舍饲日粮中重要的营养物质，对牦牛生长发育有重要的调节作用。因此，探究"饲草料的智能化检测—精准配制—高效利用技术"这一一体化的模式，对于青藏高原畜牧业的发展具有重要意义。

第一节 基于近红外光谱（NIRS）的牧草营养品质快速检测技术

牧草是青藏高原生长最广泛的饲料作物之一，也是家畜最需要的食物之一，由于其均衡的营养性质，含有关键水平的蛋白质、纤维素、矿物质和微量元素，有助于家畜的生长和发育。同时，牧草也是畜牧业发展的重要基础资源，它以多种形式供家畜食用，如青贮、干草、草块等。近年来，由于肉类需求的不断增加，牧草的需求也在急剧增加，它的高效利用成为缓解其产量需求压力的重要手段。根据不同的利用方式，牧草的营养品质的精确检测具有重要意义，精确的检测评估允许最大限度地利用牧草。牧草的营养品质指标包括分析参数（如蛋白质含量、纤维含量）、流变学参数（如混合性、黏弹性）和最终产品品质参数（如牧草产品的质地、营养品质）。使用常规化学评估方法费力、耗时、昂贵、不环保，并且需要有经验的技术人员。鉴于传统评估方法的缺点以及牧草的大量使用，人们对快速、低成本、无损、简单和环保的评估方法有很大的需求，以评估草种、鲜草、干草和牧草产品的营养品质。为了满足这一需求，研究人员已经研究并应用了光谱方法，例如核磁共振（NMR）、荧光光谱（FS）、X射线计算机断层扫描（CT）、高光谱成像

（HSI）、紫外光谱、可见光谱和中红外光谱（MIRS）。与这些方法相比，近红外光谱（NIRS）是最流行的方法，因为它在吞吐量、便携性、多功能性、简单性和成本方面具有优势（Du et al.，2022）。

一、近红外光谱（NIRS）技术

1. NIRS 的组成

典型的 NIRS 系统由以下主要组件组成：光源、分光光度计和用于数据采集的计算机。光源照射样品，其随后被反射（反射模式）、透射（透射模式）或漫射反射（相互作用模式），随后通过干涉或色散系统对其进行检测。分光光度计主要由干涉仪、棱镜、衍射光栅或任何类似的光学设备和检测器组成；光学设备仅允许特定波长范围或单个波长的光通过检测器。最后，检测器将从 NIR 光谱获取的数据发送到计算机，以进行进一步分析。

2. NIRS 的原理

NIRS 通过使用 750～2 500 nm 范围内的近红外（NIR）辐射吸收来工作。NIR 区域的吸收是由泛音和组合的基本振动产生的。NIR 光谱包含有关 X-H 化学键的信息（如 C-H、N-H 和 O-H），这些键的吸收表明分析物的独特组成。有机物中广泛丰富的氢使得 NIRS 能够定量测定各种有机成分。图 6-1 显示了不同牧草和不同营养成分化合物的近似吸收波长范围。由于带有超音和组合带，很难直接使用光谱进行牧草及其最终产品的定量评估。已经开发了现代化学计量学方法，可从光谱数据中提取信息，并建立允许 NIRS 实际应用的校准模型。建立校准模型的主要程序如图 6-2 所示。光谱基准是样品的测量位置的平均光谱（平均测量），并且存在几种光谱数据采集模式（透射率、反射率、透射率和互比）。虽然反射模式是牧草品质评估中最流行的一种，但合适的数据采集模式高度依赖于样品类型和实际需求。

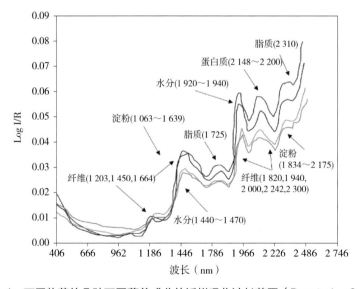

图 6-1　不同牧草的几种不同营养成分的近似吸收波长范围（Du et al.，2022）

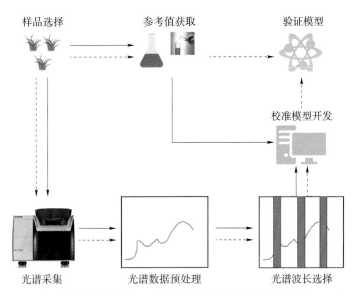

图 6-2　利用近红外光谱建立牧草品质评价校准模型的主要程序（Du et al.，2022）

3. NIRS 分析中的化学计量学

（1）光谱预处理。预处理的目的是减少系统噪声并增加或增强来自样品相关的化学信息的信号，以改善校准模型的建立。当采用不同的方法时，原始光谱数据会发生变化，每种预处理方法都有其优势，因此没有一般的预处理选择规则。在实践中，最佳的预处理选择需要在交叉验证 / 测试结果和经验的指导下进行反复试验。

（2）光谱波长选择。光谱波长选择（也称"数据降维"），其目的是减少原始光谱数据中的冗余信息，因为不同的化学成分通常具有特定的吸收带。首先是选择特定的波长范围，以表示原始光谱数据中的全部波长范围。通过这种途径，逐渐增加了对光谱范围选择的数据分析的依赖，并减少了对经验的依赖。这可以从手动光谱范围选择到自动最佳光谱范围组合搜索（例如，区间偏最小二乘 I-PLS）的变化中看出。

（3）异常值和数据集划分。在模型开发之前，需要考虑异常值和数据集划分。参考值和光谱数据中都存在异常值。为了消除参考值中的异常值，用于光谱数据异常值消除的最流行的方法是主成分分析（PCA），其依赖于 F 残差的 T-values 超过相应的 5% 极限。在很大程度上，离群值的去除主要取决于经验而不是一般标准。收集的数据通常分为校准集（训练集）、验证集和预测集（测试集）。在最常用的交叉验证方法中，没有独立的验证集，只有一个校准集和一个预测集，公共比率大约为 3∶1。数据集划分的原理是每个数据集中测得的参数变化的分布是均匀的，这意味着两个数据集中的标准偏差值和范围是相似的。

（4）校准模型开发和性能评估。校准模型开发的方法可以分为两类：线性回归方法和非线性回归方法。线性回归方法，尤其是偏最小二乘回归（PLSR）很流行，但它们有许多实际缺点，并且需要特定条件，例如样品光谱和参考值之间的线性关系，这限制了它们的应用。事实上，样品光谱和参考值之间的非线性似乎是不可避免的，因为样品均匀性、杂散光、参考方法中的误差以及近红外光谱和感兴趣性质之间的非线性违反了比尔 - 兰伯特定律。因此，在使用线性回归方法之前，必须评估非线性有多强。用于非线性检测的有用工具包括运行测试和增强部分残差图。当非线性不明显时，线性校准模型是可靠的。当非线性很重要时，在进行线性校准模型之前，应考虑几种措施，包括删除波长、添加额外的主成分 / 潜变量以及分裂数据。校准模型建立后，通过验证数据集对模型进行优化以找到最优模型，然后通过预测数据集对模型进行测试以评估鲁棒性。最常用的验证方法是交叉验证，其中校准集中仅保留一个频谱及其相关参考值作为验证集，并且其余部分用于校准集，然后重复进行，直到所有的光谱都被遗漏一次并用于验证。模型性能的评价参数包括：校准的确定系数（$R2C$）、预测的相关系数（rC）、校准的均方根误差（RMSEC）、校准的标准误差（SEC）、交叉验证的确定系数（$R2CV$）、预测的相关系数（rCV）、交叉验证的均方根误差（RMSECV）、交叉验证的标准误差（SECV）、预测的确定系数（$R2P$）、预测的相关系数（rP）、预测的均方根误差（RMSEP）、预测的标准误差（SEP）、预测与偏差的比率（RPD）和范围误差比（RER）。

二、NIRS 在牧草品质评价中的应用

NIRS 应用的方法包括光谱采集、预处理、波长选择和模型开发，对于不同牧草类型通常是相同的。具体的方法在某种程度上具有普遍性，但最优模型通常是通过反复试验将这些方法结合起来得到的。

牧草营养成分的定量测定：蛋白质、水分、纤维、淀粉和脂质含量是牧草最重要的质量指标，这些成分中的每一种都具有特定的化学结构，因此在 NIR 光谱中具有特定的经典吸收波。NIRS 评估中使用的不同组分的近似波长吸收范围如图 6-1 所示。使用 NIRS 进行测定是一种经过验证的技术，并且 NIRS 已成为标准方法。PLSR 作为传统的线性回归方法在蛋白质含量测定的模型开发中占很大比例。这些校准模型已经实现了稳定和令人满意的测定，并且 R^2 大于 0.9。PLSR 作为主流应用已被用于开发用于测定牧草养分含量的模型。

表 6-1　用于建立模型所用技术参数

参数	校准样本	验证样本	光谱预处理	1-VR	SECV
粗蛋白质	134	46	Smooth（16）+1st Deriv.+SMSC	0.9874	0.6640
中性洗涤纤维	134	46	Smooth（4）+2nd Deriv.+IMSC	0.9771	0.9666
酸性洗涤纤维	135	46	Smooth（16）+2nd Deriv.+SNV	0.9754	0.8823
粗脂肪	132	44	Smooth（10）+2nd Deriv.+ Detrend	0.9506	0.1259

表 6-1 为建立模型所需的技术参数，其中 1-VR 和 SECV 是建立模型和优化模型首选的两个关键参数。依此进行光谱数据和参比数据分析，将样品随机分成定标集：验证集 =3：1，分别用于定标模型（偏最小二乘法、交互验证法）的建立和外部验证（表 6-2）。样品湿化学分析值标准偏差与外部验证标准差的比值加以衡量。当 RPDV＞2.5 表示模型满足以筛选牧草品质为目的的粗略分析。

表 6-2　用于模型外部验证所需技术参数

参数	R2val	SEP	BIAS	Slope	RPDV
粗蛋白质	0.983	0.723	0.214	1.035	7.2659
中性洗涤纤维	0.969	1.071	-0.170	1.004	5.6915
酸性洗涤纤维	0.968	0.967	-0.204	1.016	5.4883
粗脂肪	0.957	0.133	0.055	1.013	4.4192

基于上述模型，构建得到燕麦、青稞、菜籽饼等农副产品及相关牧草的近红外快速检测模型。

第二节　牦牛、藏羊饲草料智能化精准配制技术

青藏高原农作物和牧草的分离、专业化生产有着悠久的历史。在人口和牲畜增长的压力越来越大的情况下，这种孤立的模式导致了当前对农业集约化、环境退化和草料短缺的担忧。为了解决饲料短缺的困境，对饲草料进行专业化配制，以实现潜在的作物—牧草—牲畜整合。能量需求是畜牧业发展的基础要求，搭配合理的饲草饲料的能量值，以满足家畜的能量需求。长期生活在青藏高原的牦牛，演化出了一系列适应高原独特地理环境和气候特征的机制。与其他反刍动物相比，牦牛具有更高的能量利用率和代谢效率。了解牦牛的能量利用特征，针对性地调控其能量利用，对于牦牛的生长发育具有实践作用。藏羊盛产于青藏高原，能很好地适应高寒条件，藏羊在能量摄入利用上也具有独特性。研发智能化的饲草料配制技术，满足家畜能量需求，以实现饲草资源的高效利用，提高家畜生产力，满足社会畜产品需求。

一、不同体重藏羊、牦牛营养需求

针对青藏高原饲草料资源相对短缺，尤其是冷季更为紧缺，不能满足妊娠期藏羊（牦牛）营养需求，进而影响藏羊（牦牛）繁殖率和羔羊（犊牛）成活率，严重影响了畜牧业养殖效益。参照美国 NRC《绵羊饲养标准》和《中国肉羊饲养标准》（《肉牛饲养标准》）中妊娠期母羊（肉牛）每日营养需求量，采用近红外光谱分析技术快速测定青海省内农副产品及牧草营养水平，基于"一种藏系绵羊母羊妊

娠期补饲饲料及其制备方法和补饲方法（专利号：ZL 201110287090.3）"专利技术，借助智能饲料配方设计软件设计配合饲料配方。以充分利用菜籽饼等当地饲草料资源、降低生产成本、提高饲料报酬、满足母畜和胎儿营养需要、提升藏羊（牦牛）养殖的经济效益，为生态畜牧业发展提供技术支撑。

根据《中国肉羊饲养标准》，参考根据中国科学院西北高原生物研究所赵新全等的研究，总结得到不同体重生长阶段藏羊的蛋白和能量需求（表6-3、表6-4）。

表6-3 不同体重牦牛的蛋白质和能量营养需求量

体重（kg）	日增重（g/d）	干物质采食量（kg/d）	消化能（MJ/d）	代谢能（MJ/d）	粗蛋白质需要量（g/d）	Ca（g/d）	P（g/d）	食盐（g/d）
4	100		1.92	1.88	35	0.9	0.5	0.60
	200	0.12	2.80	2.72	62	0.9	0.5	0.60
	300		3.68	3.56	90	0.9	0.5	0.60
10	100		3.97	3.60	54	1.4	0.8	1.10
	200	0.24	5.02	4.60	87	1.4	0.8	1.10
	300		8.28	5.86	121	1.4	0.8	1.10
20	100	0.80	9.00	8.40	111	1.9	1.8	7.60
	200	0.90	11.30	9.30	158	2.8	2.4	7.60
	300	1.00	13.60	11.20	183	3.8	3.1	7.60
25	0	0.8	5.86	4.60	47	3.6	1.8	3.30
	100	0.9	10.50	8.60	121	2.2	2.0	7.60
	200	1.0	13.20	10.80	168	3.2	2.7	7.60
	300	1.1	15.80	13.00	191	4.3	3.4	7.60
30	0	1.0	6.70	5.44	54	4.0	2.0	4.10
	100	1.0	12.00	9.80	132	2.5	2.2	8.60
	200	1.1	15.00	12.30	178	3.6	3.0	8.60
	300	1.2	18.10	14.80	200	4.8	3.8	8.60
35	0	1.2	7.95	6.28	61	4.5	2.3	5.00
	100	1.2	13.40	11.10	141	2.8	2.5	8.60
	200	1.3	16.90	13.80	187	4.0	3.3	8.60
	300	1.3	18.20	16.60	207	5.2	4.1	8.60
40	0	1.4	8.37	6.69	67	4.5	2.3	5.80
	100	1.3	14.90	12.20	143	3.1	2.7	9.60
	200	1.3	18.80	15.30	183	4.4	3.6	9.60
	300	1.4	22.60	18.40	204	5.7	4.5	9.60

续表

体重 （kg）	日增重 （g/d）	干物质 采食量 （kg/d）	消化能 （MJ/d）	代谢能 （MJ/d）	粗蛋白质 需要量 （g/d）	Ca （g/d）	P （g/d）	食盐 （g/d）
45	0	1.5	9.20	8.79	94	5.0	2.5	6.20
	100	1.4	16.40	13.40	152	3.4	2.9	9.60
	200	1.4	20.60	16.80	192	4.8	3.9	9.60
	300	1.5	27.38	22.39	233	6.2	4.9	9.60
50	0	1.6	9.62	7.95	80	5.0	2.5	6.60
	100	1.5	17.90	14.60	159	3.7	3.2	11.00
	200	1.6	22.50	18.30	198	5.2	4.2	11.00
	300	1.6	27.20	22.10	215	6.7	5.2	11.00

表6-4　几种主要饲草料原料的营养成分含量

原料名称	代谢能（MJ/kg）	粗蛋白质（%）	Ca	P
玉米	12.28	8.7	0.02	0.27
小麦	11.46	13.9	0.17	0.41
菜籽饼	11.63	34.3	0.62	0.96
燕麦草	6.71	8.5	0.37	0.31

根据青海省畜牧兽医科学院崔占鸿等的研究，总结得到不同体重生长阶段牦牛的蛋白和能量需求（表6-5）。

表6-5　不同体重牦牛的蛋白质和能量营养需求量

体重 （kg）	日增重 （g/d）	干物质采食量 （g/d）	粗蛋白质 需要量 （g/d）	可消化蛋白质 需要量 （g/d）	消化能 （MJ/d）	代谢能 （MJ/d）
50	0		60	46.59	10.50	8.61
	300	874	182	141.77	4 869.77	3 993.21
	500		203	158.12	8 109.28	6 649.61
70	0		71	55.50	13.52	11.08
	300	1 204	207	161.46	5 538.64	4 541.68
	500		233	182.12	9 222.05	7 562.08
300	0		152	118.29	40.26	33.01
	300	4 999	350	272.82	13 222.70	10 842.61
	500		412	321.06	22 010.99	18 049.01

续表

体重 （kg）	日增重 （g/d）	干物质采食量 （g/d）	粗蛋白质 需要量 （g/d）	可消化蛋白质 需要量 （g/d）	消化能 （MJ/d）	代谢能 （MJ/d）
	0		86	66.81	17.66	14.48
100	300	1 699	237	184.57	6 541.56	5 364.08
	500		270	210.66	10 890.83	8 930.48
	0		98	76.57	21.50	17.63
130	300	2 194	260	203.17	7 544.19	6 186.23
	500		300	233.81	12 559.31	10 298.63
	0		109	85.30	25.13	20.60
160	300	2 689	281	218.91	8 546.59	7 008.20
	500		325	253.51	14 227.57	11 666.60
	0		123	95.80	29.70	24.36
200	300	3 349	304	236.91	9 882.88	8 103.96
	500		354	276.08	16 451.66	13 490.36
	0		138	107.59	35.12	28.80
250	300	4 174	328	256.13	11 552.92	9 473.40
	500		385	300.18	19 231.46	15 769.80
	0		152	118.29	40.26	33.01
300	300	4 999	350	272.82	13 222.70	10 842.61
	500		412	321.06	22 010.99	18 049.01

二、牦牛、藏羊饲料智能化精准配制

根据牦牛和藏羊的营养需求和当地主要饲料原料代谢能、营养含量和价格等，基于 R 语言可视化包 shiny 和 shinydashboard 等及非线性规划包 Rdonlp2 实现最低成本饲草料配方系统。可根据饲料原料的实时价格、对应批次饲料原料代谢能、营养含量，通过非线性规划自动计算牦牛藏羊对应体重和日增重条件下的最低成本饲料配方。

非线性规划目标函数和约束条件如下。

1. 目标函数

$$\min\left(\sum_{i=n}^{n} x_i price_i\right)$$

其中，x_1、x_2、x_3 和 x_4 分别为配方中玉米、青稞、菜籽饼和燕麦青干草的重量（kg），$price_i$ 分别为其单价（元/t）。

2. 约束条件

（1）定义域。

$$0 \leqslant x_1 \leqslant 0.45DMI$$

$$0 \leqslant x_2 \leqslant 0.45DMI$$

$$0 \leqslant x_3 \leqslant 0.22DMI$$

$$0 \leqslant x_4 \leqslant 1.25DMI$$

其中，DMI 为日进食量（kg/ 头或 kg/ 只）。

（2）线性约束。

$$R_{ME} \leqslant \sum_{i=n}^{n} x_i ME_i \leqslant 1.25 R_{ME}$$

$$R_{CP} \leqslant \sum_{i=n}^{n} x_i CP_i \leqslant 1.25 R_{CP}$$

$$R_{Ca} \leqslant \sum_{i=n}^{n} x_i Ca_i \leqslant 1.5 R_{Ca}$$

$$R_P \leqslant \sum_{i=n}^{n} x_i P_i \leqslant 1.5 R_P$$

$$DMI \leqslant \sum_{i=n}^{n} x_i \leqslant 1.10 MI$$

其中，x_i 为配方中玉米、青稞、菜籽饼和燕麦青干草的重量（kg），ME_i、CP_i、Ca_i、P_i 分别为其代谢能（MJ/kg）、粗蛋白质（%）、钙（%）和磷（%），R_{ME}、R_{CP}、R_{Ca}、R_P 分别为代谢能（MJ/d）、粗蛋白质（g/d）、钙（g/d）和磷（g/d）的每日需求。

（3）非线性约束。

$$0 \leqslant x_{i3} / \sum_{i=n}^{n} x_i \leqslant 0.18$$

$$0 \leqslant \sum_{i=n}^{3} x_i / \sum_{i=n}^{n} x_i \leqslant 0.70$$

$$0.12 \leqslant \sum_{i=n}^{n} x_i CP_i / \sum_{i=n}^{n} x_i \leqslant 0.16$$

（4）智能饲料配方设计软件安装说明。安装 R 语言，下载地址：https: //www.r-project.org/；在程序中点击启动 R 语言；在 R 菜单栏点击 File，在下拉菜单中点击 Open script，选择 Tibetan-Sheep-Feed-Formation 或 Yak-Feed-Formation 文件夹下的 app.R，即打开；首次使用须修改第 11 行地址"F：/R Workspace/My R Functions/Shiny/Tibetan-Sheep-Feed-Formation"或"F：/R Workspace/My R Functions/Shiny/Yak-Feed-Formation"为您的程序实际存储地址"…/Tibetan-Sheep-Feed-Formation"或"…/Yak-Feed-Formation"；首次使用须删除第 13 行行首"#"然后保存，以安装

程序运行所需的包；在 R 菜单栏点击 File，在下拉菜单中点击 Source R code，选择 Tibetan-Sheep-Feed-Formation 或 Yak-Feed-Formation 文件夹下的 app.R，即运行程序，图形界面在默认浏览器中自动打开；如果程序报错，请直接输入：source（"…/app.R"，encoding="UTF-8"）；runApp（"app.r"）注意…/app.R 为您的程序实际存储地址"…/Tibetan-Sheep-Feed-Formation/app.r"或"…/Yak-Feed-Formation/app.r"；请在左侧活体重滑动选择需计算的活体重（图 6-3、图 6-4）；请在左侧日增重选择框中选择需计算的日增重；如各饲料原料与右侧显示价格不符，请在左侧对应单价输入框中输入实际价格，如不输入或输入后删除，则为默认价格；计算结果在右侧下方"藏羊最低成本饲料配方"或"藏羊最低成本饲料配方"中显示。

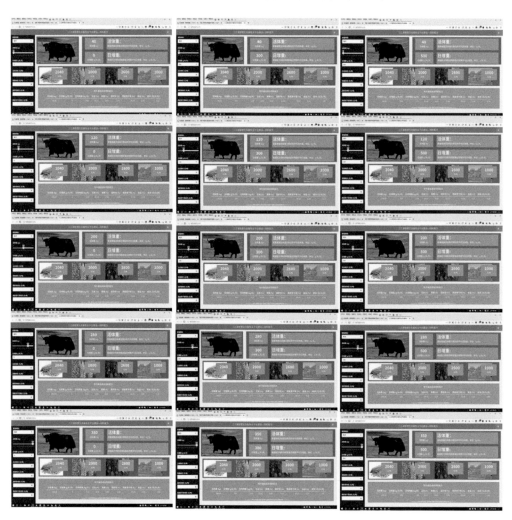

图 6-3　不同体重和日增重牦牛饲料配方

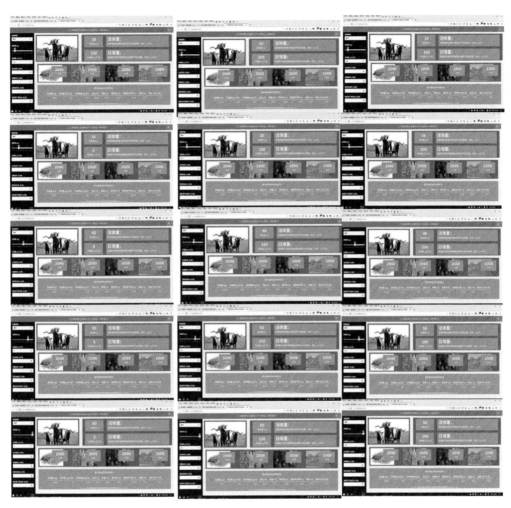

图 6-4　不同体重和日增重藏羊饲料配方

第三节　基于蛋白水平的牦牛、藏羊饲草料高效利用技术

牦牛（*Bos grunniens*）是青藏高原地区草地畜牧业发展的重要畜种之一，对高原农牧民生产生活、当地经济发展及国家生态安全起不可替代的作用。由于青藏高原冷季牧草量少质劣，导致牦牛在冷季的生长发育受限，饲养周期增长。加之过度放牧引起的草地退化，进一步影响畜牧业发展。冷季舍饲能够保障牦牛冷季生长性能的有效发挥，粗蛋白质作为舍饲日粮中重要的营养物质，对牦牛生长发育有重要的调节作用，因此对牦牛适宜蛋白需求量进行探究。藏系绵羊（Tibetan Sheep）是青藏高原传统牧区最主要的放牧家畜，对青藏高原的高寒环境具有很强的适应性。而青藏高原严酷的自然环境条件造成了天然草地牧草营养的季节性失衡，进一步限制了家畜的生长潜力和畜产品质量。蛋白质作为反刍动物日粮中基础的营养限制因

素，对家畜的生长发育和健康状况起着重要的调节作用。因此对藏系绵羊适宜蛋白需求量进行探究。

一、牦牛饲草料的高效利用技术

1. 牦牛的分布、数量、高原适应性及其价值

牦牛（*Bos grunniens*）被誉为世界上最杰出的家畜之一，通常分布于海拔2 000～5 000 m，在恶劣的气候条件下繁衍生息，与牧民共存。中国历史学家认为，如果没有牦牛在如此恶劣的环境中生存，人类文明就不可能在这些偏远地区建立和繁荣。牦牛是偶蹄目（Artiodactyla）、牛科（Bovidae）、牛亚科（Bovinae）、牦牛属的唯一品种（Xin et al., 2019）。主要起源于中国，目前世界上有1 470多万头，尽管部分牦牛向北向南扩散，但青藏高原仍然是牦牛分布的中心，其中94%分布在中国，约有1 400万头（郭伟，2021）。牦牛在我国境内分布于青海、四川、西藏、甘肃、云南等地，青海省是分布数量最多的省份。因牦牛所处的生态环境差异，形成了不同的类群，目前主要分为青藏高原型与横断高山型，根据染色体特征，又分为九龙牦牛、西藏牦牛、野牦牛、环湖牦牛、麦洼牦牛和中甸牦牛6个品种（钟金城等，2006）。

青藏高原条件恶劣，牦牛必须适应极端寒冷、高海拔、空气含氧量低、太阳辐射强、地势险峻和牧草营养季节性不均衡的环境条件，在千万年的自然选择和人工驯化过程中，它们逐渐形成了许多独特的生物学特性。牦牛通过不同途径来存储热量，一方面通过改变毛发的长度及成分来御寒，另一方面通过入冬前囤积皮下脂肪实现。此外，牦牛多数的汗腺没有功能，从而减少出汗率。牦牛的瘤胃中存有大量微生物，它们共同作用，相互协调，形成天然厌氧发酵罐，保证瘤胃内环境的动态稳定（韩璐璐和丛玉艳，2015）。牦牛主要依靠瘤胃微生物对牧草中纤维素进行降解。牦牛的高原适应特征，使其成为不可替代的具有特殊生物学意义的高原物种。此外，牦牛作为藏区农牧民重要的生产生活资料，具有不可替代的生态、经济地位。它们为当地牧民提供肉、奶、皮毛及燃料等生活必需品，其中肉制品及奶制品是牧民主要的蛋白质来源（方雷，2015）。另有部分牦牛经过训练后，成为牧民驮运、骑乘出行等活动的重要工具。牦牛饲养收入在农牧民家庭收入中占比较大，是重要的经济来源之一，而且与牧民家庭和社区的文化、宗教及社会生活紧密相连。

2. 牦牛饲草料高效利用的重要性

在青藏高原地区，生长季（5—9月）牧草光、温、水、热条件充足，牧草产量和营养品质最佳，牧草粗蛋白质含量高适口性好，能够提供牦牛所需的营养物质。而冷季气候条件恶劣，牧草的地上生物量和粗蛋白质等养分含量急剧下降，天然草场牧草在质量和数量上均无法满足家畜需求，牦牛生长发育在冷季受阻（程长林等，2018；徐田伟等，2020）。另外，因地理条件的限制和传统思想根深蒂固，我国牦牛饲养仍然以全年自然放牧为主，这种放牧模式使家畜陷入"夏饱、秋肥、冬

瘦、春乏"的恶性循环中。且过度放牧导致青藏高原草地生态系统逐渐退化，草地生物量低、生产力下降，毒杂草数量上涨。进一步造成家畜可食牧草变少，草地群落结构严重失衡（石生光，2008）。而气候变化致使牧草生产丰年、平年、歉年交替，草畜供需矛盾进一步加剧。这种传统的粗放模式降低了牦牛的出栏率，并对青藏高原生态屏障保护工作极为不利。为保障牦牛在冷季的生长性能，缩短饲养周期，减轻草场放牧压力，转变畜牧业生产方式极其重要。开展冷季舍饲养殖，能够保障牦牛生长性能的有效发挥，提高农牧民的经济收益，同时可以有效缓解高寒地区天然草场的放牧压力。

蛋白质是一切生命的物质基础，是构成细胞的基本有机物、生命活动的主要承担者。蛋白质饲料在反刍动物营养中有特殊重要的作用，它和能量饲料构成了饲料的主体，是反刍动物日粮中最主要的氮源（刘靖和张石蕊，2009）。蛋白质饲料主要有植物性蛋白资源、动物性蛋白资源和非蛋白质含氮物等。在青藏高原畜牧业生产中，豆科和菜籽类农副产品（包括大豆粕、菜籽粕和棉籽粕等）为主要的植物蛋白质饲料（刘靖和张石蕊，2009；徐亮等，2019；杨得玉等，2018）。日粮蛋白质能够满足动物机体新陈代谢和氨基酸需要，但蛋白质的添加应适量，添加量过高会降低乳脂率，并引发相关代谢疾病；添加不足又会影响消化率和动物的生产性能（刘洁和刁其玉，2010）。因此，研究适宜的日粮蛋白水平摄入量，对提高反刍动物生长发育和保障机体健康有重要意义。

3. 牦牛日粮高效利用的试验探究

以2岁左右（生长期）母牦牛为研究对象，系统探究日粮蛋白水平对其生长性能、营养物质表观消化率、血液生化指标和瘤胃发酵参数的影响，并利用组学技术，探究其瘤胃微生物区系的组成及变化情况。研究从生理、生化和机制3个方面综合评价日粮蛋白水平变化对生长期牦牛的影响，从而优化饲养管理过程中营养素的需求量，提高生产性能，实现牦牛科学均衡饲养，为牦牛饲养标准的制定提供科学依据。同时对维护青藏高原草地畜牧业的可持续发展、减轻草场放牧压力具有重要意义。

从放牧草场选取24头2岁左右健康母牦牛［平均体重：（107.54 ± 4.72）kg］，每头牦牛打耳标，随机分为4组，每组6头，分别饲喂4种代谢能相近而蛋白水平不同的日粮（9.64%、11.25%、12.48%、13.87%；即L组、ML组、MH组和H组），预饲期15 d，正式期135 d。所有牦牛均按牦牛平均体重的1%饲喂并逐日增加，直至第15天达到活体重的1.5%，提供的饲料量根据体重两周调整1次。日粮组成营养水平如表6-6、表6-7所示。饲养试验开始前对牦牛进行驱虫处理，对圈舍及饲喂器具进行清洁消毒。牦牛全天自由饮水，每天于8时和17时分别饲喂。

表6-6 基础日粮的组成（风干基础）

项目	组别			
	L	ML	MH	H
原料（%）				
燕麦青干草	40	40	40	40
玉米	30.3	29.4	28.2	24.6
小麦麸	21.6	18.6	15.6	15.6
菜籽粕	5.1	3.6	1.8	0.6
棉籽粕	0.3	2.4	4.8	7.8
豆粕	0.3	3.6	7.2	9
盐	0.6	0.6	0.6	0.6
预混料①	0.6	0.6	0.6	0.6
磷酸氢钙	0.6	0.6	0.6	0.6
碳酸钙	0.6	0.6	0.6	0.6
合计	100	100	100	100

注：①预混料（每千克日粮提供）：维生素 A 200 000 IU，维生素 D_3 15 000 IU，维生素 E 1 250 IU，Cu 375 mg，Fe 15 000 mg，Zn 750 mg，Mn 1 000 mg，Se 7.5 mg。

表6-7 基础日粮的营养成分

项目	组别			
	L	ML	MH	H
营养水平				
干物质 DM（%）	82.5	83	85	83.5
粗蛋白质 CP（%）	9.64	11.25	12.48	13.87
能量 ME（MJ/kg）	12.04	12.01	11.98	11.95
中性洗涤纤维 NDF（%）	38.23	36.70	34.03	33.14
酸性洗涤纤维 ADF（%）	21.81	19.31	18.10	18.07
钙 Ca（%）	0.67	0.69	0.71	0.73
磷 P（%）	0.52	0.54	0.54	0.59

注：代谢能是计算值，其余营养水平是实测值。

4. 日粮蛋白水平对牦牛生长性能的影响

通过对试验不同阶段牦牛的活体重、平均日增重的计算来评估日粮蛋白水平对牦牛生长性能的影响。结果表明，各组牦牛的初始体重无显著差异；在试验期第一阶段（1～45 d），各组牦牛末体重未出现显著差异（$P>0.05$）；在试验期第二阶段（46～90 d），MH 的牦牛末体重显著高于 L 组（$P<0.05$），H 组的牦牛末体重显著高于 L 组（$P<0.05$），且 MH 与 H 组的平均日增重均极显著高于其他两组（$P<0.001$）；在试验期第三阶段（91～135 d），牦牛的末体重在 MH 及 H 组极显著高于 ML 和 L 组（$P<0.001$），而平均日增重在 MH 组和 H 组极显著高于 L 组（$P<0.001$）。整个试验周期结果表明，MH 及 H 组的平均日增重极显著高于 L 组和 ML 组（$P<0.001$），且 ML 组的平均日增重显著高于 L 组（$P<0.05$）（表 6-8）。

表 6-8　饲粮蛋白水平对牦牛生长性能的影响

项目	组别				均值标准误 SEM	P 值
	L	ML	MH	H		
1～45 d						
初始重 IBW（kg）	108.50	106.33	107.50	107.83	0.96	0.90
末体重 FBW（kg）	134.00	132.67	137.30	135.30	1.89	0.88
平均日增重 ADG（kg/d）	0.57	0.59	0.66	0.61	0.04	0.86
46～90 d						
初始重 IBW（kg）	134.00	132.67	137.30	135.30	0.88	0.88
末体重 FBW（kg）	160.30b	164.67ab	179.30a	175.67a	2.46	0.01
平均日增重 ADG（kg/d）	0.57b	0.71b	0.94a	0.90a	0.04	<0.001
91～135 d						
初始重 IBW（kg）	160.30b	164.67ab	179.30a	175.67a	2.46	0.01
末体重 FBW（kg）	178.83b	189.83b	211.17a	206.50a	3.13	<0.001
平均日增重 ADG（kg/d）	0.42b	0.56ab	0.71a	0.69a	0.03	0.001
1～135 d						
初始重 IBW（kg）	108.50	106.33	107.50	107.83	0.96	0.90
末体重 FBW（kg）	178.83b	189.83b	211.17a	206.50a	3.13	<0.001
平均日增重 ADG（kg/d）	0.52c	0.62b	0.77a	0.73a	0.02	<0.001

5. 日粮蛋白水平对牦牛营养物质表观消化率的影响

探究日粮蛋白水平对牦牛营养物质表观消化率的影响。由表 6-9 可知，H 组的 DM 表观消化率显著高于 L 组（$P<0.05$）；H 与 MH 组的 CP 消化率极显著高于 L 组，H 组极显著高于 ML 组（$P<0.001$）。其他营养物质表观消化率在组间未呈现显著差异（$P>0.05$）。

表6-9 日粮蛋白水平对牦牛表观消化率的影响

项目（%）	组别				均值标准误 SEM	P 值
	L	ML	MH	H		
DM 消化率	70.30b	70.70ab	74.20ab	77.30a	0.01	0.04
CP 消化率	57.20c	63.60bc	69.10ab	74.40a	0.02	0.001
NDF 消化率	62.20	59.00	63.30	66.60	0.01	0.23
ADF 消化率	58.50	49.60	57.70	59.70	0.02	0.23
OM 消化率	71.40	71.90	75.40	78.40	0.01	0.05

6. 日粮蛋白水平对牦牛血液生化指标的影响

探究日粮蛋白水平对牦牛血清生化指标影响。由表6-10可知，随日粮蛋白水平的升高，血清尿素氮浓度逐渐上升，且 H 组的血清尿素氮显著高于 L 组（$P<0.05$）；而血清 ALT、AST、TP、ALB、GLO、A/G、GLU、TCh、TG 含量在组间均无显著差异（$P>0.05$）。

表6-10 日粮蛋白水平对牦牛血清生化指标的影响

项目	组别				均值标准误 SEM	P 值
	L	ML	MH	H		
谷丙转氨酶 ALT（U/L）	26.00	33.67	21.33	23.83	2.38	0.15
谷草转氨酶 AST（U/L）	70.33	77.83	95.00	185.67	23.25	0.28
总蛋白 TP（g/L）	68.47	69.90	67.73	70.85	0.88	0.06
白蛋白 ALB（g/L）	36.23	36.05	36.20	37.18	0.71	0.88
球蛋白 GLO（g/L）	32.23	33.85	31.53	33.65	0.81	0.17
白蛋白（球蛋白 A/G）	1.13	1.08	1.15	1.12	0.04	0.75
葡萄糖 GLU（mmol/L）	4.71	4.92	4.73	4.83	0.17	0.95
总胆固醇 TCh（nmol/L）	2.58	2.42	2.11	3.68	0.29	0.26
甘油三酯 TG（nmol/L）	0.44	0.41	0.33	0.36	0.04	0.79
尿素氮 BUN（mmol/L）	3.89b	4.85ab	6.36ab	7.50a	0.51	0.01

7. 日粮蛋白水平对牦牛瘤胃发酵参数的影响

探究日粮蛋白水平对牦牛瘤胃发酵参数的影响。结果表明，日粮蛋白水平显著影响了瘤胃 pH 值，并呈现随蛋白水平增高组间显著降低的趋势（$P<0.05$）。高蛋白组氨态氮浓度显著高于低蛋白组（$P<0.05$）。随日粮蛋白水平增加，瘤胃内丁酸的浓度呈现 ML 组最高而 H 组最低的趋势，且 H 组显著低于 ML 组（$P<0.05$）。H 组的总挥发酸浓度显著低于 ML 组（$P<0.05$）。而日粮蛋白水平的改变未对瘤胃内乙酸、丙酸、异丁酸、异戊酸及戊酸等挥发性脂肪酸的浓度产生显著影响（$P>0.05$）（表6-11）。

表6-11　日粮蛋白水平对牦牛瘤胃发酵参数的影响

项目	组别				均值标准误 SEM	P 值
	L	ML	MH	H		
乙酸（mmol/L）	43.40	55.50	48.60	37.90	2.53	0.06
丙酸（mmol/L）	8.53	10.57	13.50	7.61	0.89	0.06
异丁酸（mmol/L）	0.49	0.67	0.61	0.49	0.06	0.59
丁酸（mmol/L）	6.19ab	9.56a	7.02ab	3.16b	0.85	0.02
异戊酸（mmol/L）	0.74	0.87	0.88	0.68	0.07	0.73
戊酸（mmol/L）	0.57	0.67	0.77	0.39	0.06	0.05
总挥发性脂肪酸（mmol/L）	59.90ab	77.80a	71.40ab	50.20b	3.96	0.03
乙酸：丙酸	5.10	5.29	3.76	5.33	0.33	0.30
氨态氮 NH_3-N（mg/dL）	5.64b	7.36b	13.49ab	14.02a	1.39	0.04
pH 值	6.82a	6.53b	6.28c	6.11d	0.07	<0.001

8. 日粮蛋白水平对牦牛瘤胃细菌的影响

（1）测序数据的数量与质量。研究对4组24个瘤胃液样品进行16S rRNA V3-V4区进行分析，24个样本共获得2 105 160条原始序列，经过筛选、质控，共获得1 500 085条高质量序列，平均每个样品62 503条序列，浮动范围为40 833～71 120。基于非聚类去噪法共获得5 600个ASV。

针对筛选出的ASV进行稀释曲线绘制，评判测序深度是否能够反映测序数据量的合理性。如图6-5A所示，4个处理组的稀释曲线随着测序深度的增加，逐渐趋于平缓，说明测序深度足够且测序的结果能够较好地反映微生物的组成。从图6-5B中得知，4个处理组中，瘤胃细菌的丰富度在高蛋白组显著下降（$P<0.05$）。

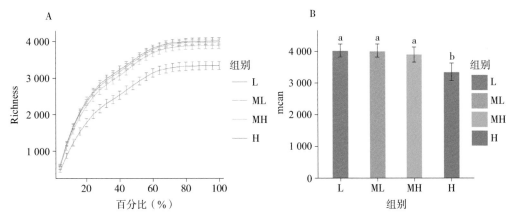

图6-5　瘤胃细菌稀释曲线（A）及丰富度柱状图（B）

注：不同字母代表组间有显著差异。下图同。

（2）瘤胃细菌多样性。基于 5 600 个 ASV 对牦牛瘤胃细菌进行多样性分析。Alpha 多样性用 ACE 指数和 Shannon 指数呈现。如图 6-6A、图 6-6B 所示，瘤胃细菌的 ACE 指数在 L 组、ML 组及 MH 组三组间变化较小，但在 H 组显著下降（$P<0.05$），Shannon 指数在各组间未呈现显著差异。Beta 多样性用限制性主坐标分析（CPCoA；基于 Bray-Curtis 距离）展示。如图 6-6C 所示，L 组和 ML 组在两轴均有交集，而 MH 组与 H 组在两轴上与 L 组和 ML 组均没有交集（$P=0.001$）。CPCoA 分析能解析样本 18.5% 的变异。

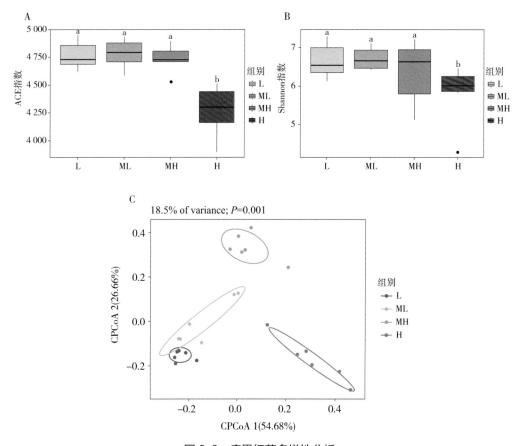

图 6-6　瘤胃细菌多样性分析

（A：ACE 指数；B：Shannon 指数；C：基于 Bary-Curtis 距离的 CPCoA 图）

（3）瘤胃细菌组成变化分析。为探究日粮蛋白水平对牦牛瘤胃细菌组成的影响，对 24 个样本进行物种注释，共注释到 22 个门、44 个纲、73 个目、102 个科和 183 个属。图 6-7A、图 6-6B 展示了门和属水平相对丰度较高的细菌。门水平上相对丰度最高的是拟杆菌门（Bacteroidetes）（49.73%）、厚壁菌门（Firmicutes）（41.02%）和变形菌门（Proteobacteria）（2.63%）。其中，拟杆菌门 MH 组的相对丰度显著低于 L 组和 ML 组，而与 H 组中没有显著差异；厚壁菌门和变形菌门在 MH 组的相对丰度高于其他组，但在组间没有显著差异。MH 组厚壁菌门 /

拟杆菌门（Firmicutes/Bacteroidetes）的比例高于其他组，并显著高于 L 组。相对丰度较小的门水平细菌包括螺旋菌门（Spirochaetes）（1.38%）、纤维杆菌门（Fibrobacteres）（0.96%）、软壁菌门（Tenericutes）（0.93%）和蓝藻（Cyanobacteria）（0.79%），其中螺旋菌门在 H 组的丰度显著高于 ML 组，蓝藻在 H 组的丰度显著低于 L 组。属水平上，普雷沃氏菌属 1（*Prevotella_1*）（16.09%）、理研菌科 RC9 肠道群（*Rikenellaceae_RC9_gut_group*）（8.95%）和克里斯滕森菌科 R-7 群（*Christensenellaceae_R-7_group*）（7.73%）是相对丰度较高的菌属。普雷沃氏菌属 1 在 L 组和 ML 组的相对丰度显著高于 MH 组和 H 组，理研菌科 RC9 肠道群在 H 组的相对丰度显著高于 ML 组，克里斯滕森菌科 R-7 群的相对丰度在 MH 组最高，但在组间未呈现显著差异。其他相对丰度较小的属包括普雷沃氏菌科 UCG-003 群（*Prevotellaceae_UCG-003*）（4.43%）、瘤胃球菌科 UCG-014 群（*Ruminococcaceae_UCG-014*）（2.82%）和瘤胃球菌科 UCG-010 群（*Ruminococcaceae_UCG-010*）（2.48%）。普雷沃氏菌科 UCG-003 群在 L 组和 ML 组的相对丰度显著高于 MH 组，H 组的瘤胃球菌科 UCG-010 相对丰度显著高于 L 组（图 6-7C）。

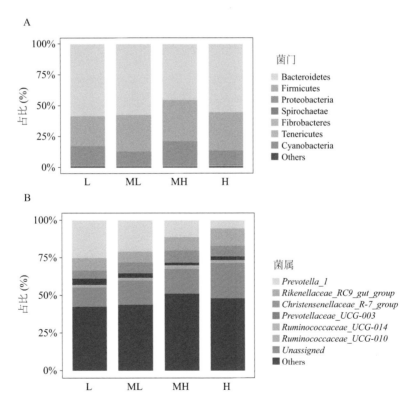

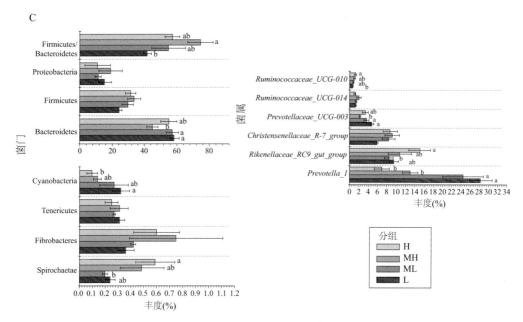

图6-7 瘤胃细菌组成及变化

（A-B：门水平及属水平细菌组成；C：细菌门和属水平组间差异状况）

（4）瘤胃细菌差异分析。为了探究牦牛瘤胃细菌群落的变化状况及趋势，对瘤胃细菌进行差异分析。研究发现，4组共有ASV共47个，L组和ML组共有ASV 27个，MH组和H组共有ASV 15个，5个ASV共存于L和MH组，1个ASV共存于ML和H组。各组ASV从大到小如下，H（51）>L（37）>MH（31）>ML（23）（图6-8A）。这些结果表明，高蛋白组牦牛瘤胃细菌与其他组相比波动较大。为探究各组间的关键微生物群，研究对不同蛋白质水平下的属水平细菌进行比较，图中不同颜色代表不同门水平。结果发现，高蛋白水平下更多的细菌群落发生变化，主要分布在拟杆菌门、厚壁菌门和变形菌门。从科水平来看，多数普雷沃氏菌科（Prevotellaceae）在低蛋白组发生了明显的富集。拟杆菌目BS11肠道菌群（Bacteroidales_BS11_gut_group）和部分理研菌科（Rikenellaceae）相对丰度随蛋白水平升高而上升。此外，拟杆菌目UCG-001群（Bacteroidales_UCG-001）和克里斯滕森菌科（Christensenellaceae）在低蛋白组呈现下降趋势（图6-8B-G）。

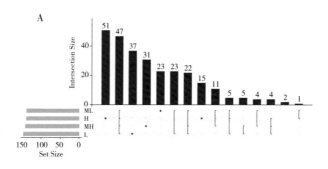

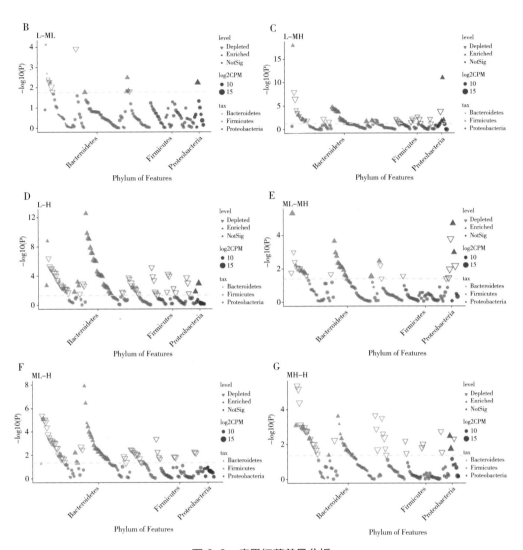

图 6-8 瘤胃细菌差异分析

注：UpSet 柱状图上数字为共有 / 独有 ASVs，一个点代表独有，多个点为共有；曼哈顿图中三角形表示微生物显著富集或降低，圆点表明无显著差异。下图同。

（5）瘤胃微生物与瘤胃发酵参数相关性分析。为了解瘤胃微生物与瘤胃发酵参数之间的关系，选取相对丰度前十的属水平细菌，与瘤胃发酵参数进行相关性分析。结果如图 6-9 所示，瘤胃氨态氮与普雷沃氏菌属 1、普雷沃氏菌科 _UCG-003、瘤胃球菌科 _UCG-014、普雷沃氏菌科 _UCG-001 和 *Ruminiclostridium_5* 呈负相关，与理研菌科 RC9 肠道菌群、克里斯滕森菌科 R-7 群及瘤胃球菌科菌群 [瘤胃球菌科 _UCG-014、瘤胃球菌科 NK4A214 群（*Ruminococcaceae_NK4A214_group*）] 呈正相关。瘤胃 pH 与普雷沃氏菌属 1 和 *Ruminiclostridium_5* 呈正相关，与其余菌群呈负相关。乙酸与普雷沃氏菌属 1、瘤胃球菌科 _UCG-014、瘤胃球菌科 NK4A214

群、普雷沃氏菌科 _UCG-001、*Ruminiclostridium_5* 呈正相关，与理研菌科 RC9 肠道菌群、瘤胃球菌科 _UCG-010 及 *Eubacterium_coprostanoligenes_group* 呈负相关。丙酸与理研菌科 RC9 肠道菌群、普雷沃氏菌科 _UCG-003、瘤胃球菌科 _UCG-010 及 *Eubacterium_coprostanoligenes_group* 呈负相关，与其他菌群呈正相关。丁酸与普雷沃氏菌属 1、瘤胃球菌科 _UCG-014、瘤胃球菌科 NK4A214 群和普雷沃氏菌科 _UCG-001 呈正相关，与理研菌科 RC9 肠道菌群、瘤胃球菌科 _UCG-010 及 *Eubacterium_coprostanoligenes_group* 呈负相关。戊酸、异丁酸和异戊酸与理研菌科 RC9 肠道菌群、普雷沃氏菌科 _UCG-003、瘤胃球菌科 _UCG-010 及 *Eubacterium_coprostanoligenes_group* 呈负相关，与其余菌群呈负相关。

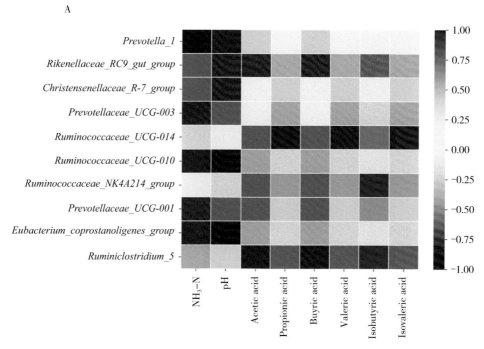

图 6-9　瘤胃微生物与瘤胃发酵参数相关性分析（瘤胃细菌）

注：图中纵坐标为微生物，横坐标为瘤胃发酵参数。颜色从蓝到红代表相互关系从正相关变为负相关。

9. 日粮蛋白水平对牦牛瘤胃液代谢物的影响

（1）瘤胃液代谢组数据质控。对不同蛋白水平的 24 个牦牛瘤胃液样品进行 GC-TOF/MS 代谢组学测定。由于代谢组具有易受外界因素干扰且变化迅速的特点，因此首先进行数据质量控制（Quality Control，QC）。基于峰面积计算 QC 样本间的 person 相关性系数，从图 6-10 中可以得出，QC 样本间的 R^2 值基本接近于 1，说明整个检测过程稳定性好，数据质量较高。

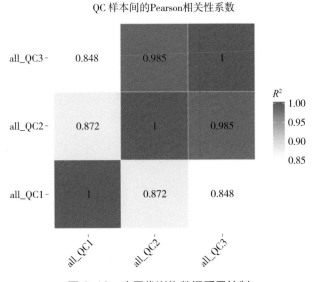

图 6-10　瘤胃代谢物数据质量控制

（2）瘤胃代谢产物多元统计分析。利用 SIMCA-P 软件中的正交偏最小二乘法 - 判别分析进行模型验证图的绘制和置换检验，建立代谢物表达量与样本之间的关系模型，其中置换检验主要展示组内及组间的差异，模型验证图则用于判定模型质量的好坏。通过 OPLS-DA 分析可知，在 L 与 ML、L 与 MH、L 与 H、ML 与 MH、ML 与 H 的相应 R^2Y 值分别为 0.999、0.987、0.849、0.999、0.996，MH vs. H 的模型不可用（$Q^2Y < 0.5$），因此，除 MH 和 H 外其他几组的 R^2Y 值均大于 0.80，表明模型具有效性（图 6-11）。置换检验结果表明（图 6-12），所有样本都在 95% 的 Hotelling T2 椭圆内，并显示了不同处理组之间有明显分离。这一结果说明，OPLS-DA 模型可用于识别各组之间的差异（MH 组和 H 组除外）。

（3）差异代谢物筛选。为了进行进一步的差异代谢物筛选，研究将统计分析（T-test）和第一主成分的 VIP 值（从 OPLS-DA 中获得）结合起来，共筛选出 44 个差异性代谢物（$P < 0.01$，VIP > 1）。差异代谢物根据化合物特性、超类、平均值、均值标准误和 P 值展示。结果显示，四组之间的差异代谢物主要分布于 6 个大类，包括有机酸及其衍生物（12 种代谢物）、脂类和类脂分子（6 种代谢物）、有机氧化合物（3 种化合物）、苯丙烷及聚酮类（7 种代谢物）、苯环型化合物（4 种代谢物）、有机杂环化合物（2 种代谢物）和其他（10 种代谢物）。统计分析表明，随着蛋白水平的提高，三种代谢物：百里酚、苦味酚、橙皮素（thymol、piceatannol、hesperitin）呈三次方增加（$q < 0.05$），双缩脲（biuret）明显减少，12 种代谢物：羟基脲、3- 羟基降缬氨酸、2- 酮丁酸、戊二酸、n,n- 二甲基精氨酸、4- 羟基丁酸、二氢香豆素、苯甲酸、4- 羟基苯甲酸、阿特拉津 -2- 羟基、1- 苏糖、n,n- 二甲基对苯二胺（hydroxyurea、3-hydroxynorvaline、2-ketobutyric acid、glutaric acid、n,n-dimethylarginine、4-hydroxybutyrate、dihydrocoumarin、benzoic acid、4-hydroxybenzoic acid、atrazine-2-hydroxy、l-threose、n,n-dimethyl-p-phenylenediamine）线性降低。6种代谢物：癸酸、3-苯基乳酸、氢肉桂酸、3-（4-羟基苯基）丙酸、L-正亮氨酸、烯丙丙酸 [capric acid、3-phenyllactic acid、hydrocinnamic、3-（4-hydroxyphenyl）propionic acid、norleucine、allylmalonic] 呈线性变化（$q<0.05$），三种代谢物：柠檬酸、马来酰亚胺、9-氟酮（citramalic acid、maleimide、9-fluorenone）呈二次方变化，4-氨基丁酸（4-aminobutyric acid）呈三次方变化（$q<0.05$）。

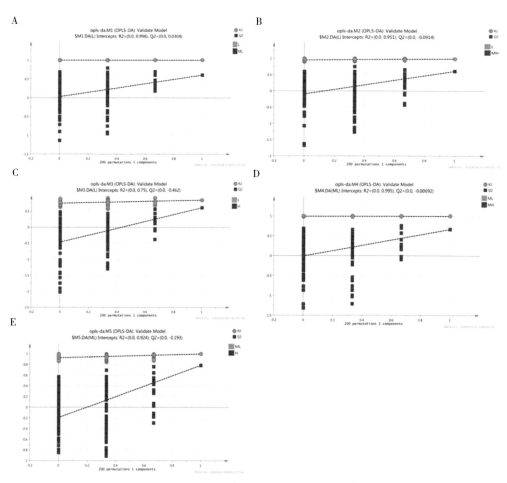

图6-11　OPLA-DA 模型验证（R^2：模型的可解释度；Q^2：模型的可预测性）

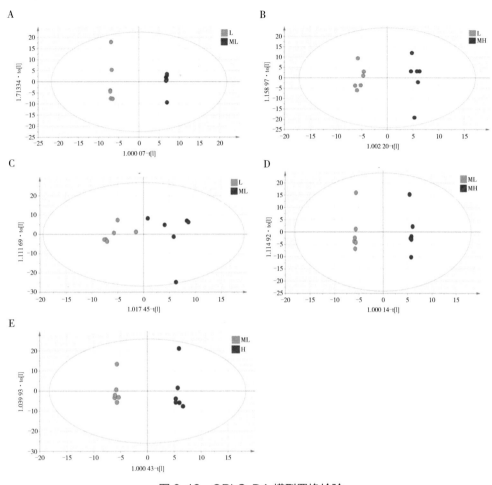

图 6-12　OPLS-DA 模型置换检验

（4）差异代谢物通路富集。为了解差异代谢物的代谢途径，将 44 个差异代谢物结合 KEGG 数据库进行代谢通路功能富集。结果显示，44 个差异代谢物共富集到 6 个差异代谢途径中，包括柠檬酸循环（TCA cycle）、乙醛和二羧酸盐代谢（glyoxylate and dicarboxylate metabolism）、丁酸盐代谢（butanoate metabolism）、酮体的合成和降解（synthesis and degradation of ketone bodies）、酪氨酸代谢（tyrosine metabolism）、丙氨酸、天冬氨酸和谷氨酸代谢（alanine、aspartate、glutamate metabolism）（$P < 0.05$）（图 6-13）。根据 KEGG 途径进一步鉴定，5 种代谢物：3-羟基丁酸、4- 氨基丁酸、异柠檬酸、L-DOPA 和去甲肾上腺素（3-hydroxybutyric acid、4-aminobutyric acid、isocitric acid、L-DOPA、noradrenaline）均参与在 6 个代谢途径中，是本研究中的关键代谢物。

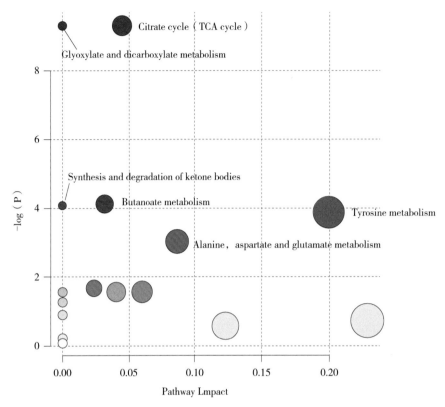

图 6-13　差异代谢物功能通路富集分析

（5）瘤胃微生物与代谢产物关联分析。为探究不同处理组牦牛瘤胃细菌与代谢物间的相关性，研究对 44 个差异代谢物及组间的差异微生物进行相关性分析。结果发现，17 个主要代谢物与 48 个 ASVs 之间存在紧密的联系。其中异柠檬酸（isocitric acid）与 25 个 ASVs（包括 14 个正相关和 11 个负相关）相关，且正相关多于负相关。进一步将 ASV 进行科水平的归类，发现异柠檬酸与大多数普雷沃氏菌科（Prevotellaceae）呈正相关，但与拟杆菌目 BS11 肠道菌群（*Bacteroidales_BS11_gut_group*）、拟杆菌目 S24-7 菌群（*Bacteroidales_S24-7_group*）、克里斯滕森菌科（Christensenellaceae）和毛螺菌科（Lachnospiraceae）呈负相关关系。3- 苯乳酸（3-Phenyllactic acid）和 4- 羟基苯甲酸与普雷沃氏菌科呈正相关。3- 苯乳酸与拟杆菌目 BS11 肠道菌群呈负相关。半乳糖酸（galactonic acid）与拟杆菌目 BS11 肠道菌群和克里斯滕森菌科呈正相关，普雷沃特氏菌科呈负相关（图 6-14）。其他代谢物之间的相关关系见图 6-14。

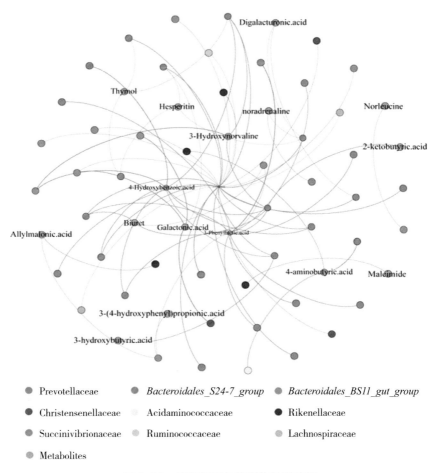

图6-14　瘤胃细菌与代谢物关联分析

使用气相色谱－质谱联用技术探讨了日粮蛋白水平的变化对瘤胃代谢产物产生的影响。并将瘤胃微生物和代谢物进行进一步的关联分析，从而了解二者之间的联系。结果表明，瘤胃代谢产物浓度受日粮蛋白水平的影响，有机酸代谢物、抗氧化相关代谢物和部分植物源代谢物在各组间存在差异。富集分析表明，显著变化主要集中在6个途径，包括柠檬酸循环（TCA循环）、乙醛酸和二羧酸代谢以及丁酸代谢。关联分析表明，不同瘤胃微生物群与代谢产物之间存在促进或抑制关系。

10. 结论

从牦牛的生理及生化两方面，探究了日粮蛋白水平对牦牛生长性能、表观消化率、血液生化指标及瘤胃发酵参数的影响。结果发现，12.48%和13.87%组可以显著提高牦牛的活体重和平均日增重，其中12.48%组平均日增重最大（770 g/d）。干物质表观消化率在13.87%组显著升高，粗蛋白质表观消化率在12.48%和13.87%组显著增加，但12.48%和13.87%组间未呈现显著差异。日粮蛋白水平的增加显著提高了牦牛血清尿素氮的浓度，而对其他指标未产生显著影响。日粮蛋白水平提高显著降低了瘤胃pH值，其中在11.25%和12.48%组，瘤胃pH值最适。瘤胃发酵参数结果表明，高蛋白水平组显著提高了瘤胃氨态氮浓度，但降低了丁酸和总挥发酸的浓度。

对牦牛瘤胃细菌（16S rRNA，V3-V4）进行高通量测序及生物信息学分析，探究不同蛋白水平对牦牛瘤胃微生物的影响。结果表明，不同蛋白质水平日粮改变了瘤胃细菌群落组成，高蛋白组显著降低了瘤胃微生物群落的多样性和丰富度（$P<0.05$）。瘤胃细菌门水平上，拟杆菌门、厚壁菌门和变形杆菌门的相对丰度最高。属水平上，普雷沃氏菌属 1、理研菌科 RC9 肠道菌群和克里斯滕森菌科 R-7 群的相对丰度最高。差异分析表明，普雷沃氏菌科在低蛋白组中富集，而拟杆菌目 BS11 肠道菌群、理研菌科及克里斯滕森菌科的相对丰度随日粮蛋白水平的升高显著上升。瘤胃微生物与瘤胃内环境参数间有密切的联系，瘤胃氨态氮与普雷沃氏菌属 1 和普雷沃氏菌科 UCG-003 等菌群呈负相关，与理研菌科 RC9 肠道菌群等菌群呈正相关。

以青藏高原生长期母牦牛为研究对象，系统地探讨了冷季不同蛋白水平日粮对牦牛生长发育的影响，并基于微生物组学，系统性探讨了瘤胃微生物区系的特征及变化，得出以下结论。提高日粮蛋白水平能够显著改善牦牛的生长性能，并提高干物质及粗蛋白的表观消化率。当蛋白水平达到 12.48% 时，牦牛的末体重及平均日增重显著提高，平均日增重为 770 g/d，粗蛋白质的表观消化率显著提高，瘤胃内环境酸度适宜微生物繁殖，发酵状况较好；牦牛瘤胃微生物会随发酵底物的营养物质含量进行相应的调节。12.48% 蛋白水平下细菌丰富度和多样性较高，且参与蛋白降解菌群的相对丰度增加，加快了微生物对蛋白质及其他营养物质降解速率，可为机体提供更多营养和能量。瘤胃球菌科 UCG-014 相对丰度随蛋白水平增加且与乙酸、丙酸和丁酸浓度呈正相关，表明该菌群可能有助于高蛋白组挥发酸的产生。不同蛋白水平日粮对瘤胃代谢产物浓度和代谢通路产生显著影响。基于多元统计分析，筛选出 44 个差异代谢物，其中有机酸代谢物、抗氧化相关代谢物和部分植物源代谢物在组间发生明显变化。差异代谢物的变化显著影响了 TCA 循环、乙醛酸和二羧酸代谢以及丁酸代谢等 6 个代谢途径，其中 TCA 循环（能量吸收）通路变化最为明显。

综上所述，12.48% 蛋白水平下瘤胃的 pH 值处于微生物繁殖最佳范围，加之发酵底物的增加，使瘤胃中有较高的细菌多样性和丰富度，有利于挥发酸的产生。日粮蛋白水平的增加促进了参与蛋白质分解菌群的繁殖，蛋白等营养物质分解速率加快，为机体提供更多营养物质和能量。瘤胃代谢物中与能量吸收相关的代谢通路发生显著变化。粗蛋白质消化率显著增加，并显著提高了牦牛的增重效果。本研究认为，12.50% 左右的日粮蛋白水平饲喂较优，有益于 2 岁左右（107 kg 左右）母牦牛生长性能的有效发挥。

二、藏羊的日粮高效利用技术

1. 藏羊的分布、数量、高原适应性及其价值

在青藏高原的草地畜牧业生产活动中，藏系绵羊占据了非常重要的地位，是青

藏高原数量最多的牲畜之一，也是青藏高原草地农牧业的主体构成部分。藏系绵羊原产于青藏高原，目前主要分布于青海、西藏、甘肃、四川等地海拔3000 m以上的高寒环境。由于藏系绵羊所分布的生态环境不同，加之人工选择的长期作用，形成了不同的生态类群和经济类群，包括高原型、欧拉型、山谷型、雅鲁藏布型、三江型和贵德黑裘皮羊等（向泽宇和王长庭，2011）。另外，作为分布于青藏高原的特有畜种，藏系绵羊对高原严酷的高寒自然环境具有非常强的生理适应性（Li et al.，2015；Zhou et al.，2015）。在青藏高原传统牧区的产业活动中，藏系绵羊承担了最主要的生产资料和生活资料，是当地牧民重要的经济来源，其产业发展和青藏高原天然草地植被相互适应、协同进化，共同塑造了当前青藏高原高寒草地景观结构特征和群落组成格局。

藏系绵羊作为青藏高原牧区重要的家畜，为当地农牧民提供了生活所必需的生产和生活资源。同时，青藏高原高海拔的地理环境特征，也造就了藏系绵羊特有的生理结构和特殊的高寒低氧适应机制，使其成为研究家养动物高原适应性的模式动物。为了适应青藏高原极端的生态环境，藏系绵羊在瘤胃功能方面也产生了适应性改变，并形成了一整套适于青藏高原的生理代谢机制和分子机制。Zhang等（2016）围绕藏系绵羊和低海拔普通绵羊瘤胃内的挥发性脂肪酸、微生物以及瘤胃转录组开展了一系列的营养生态学研究，结果发现相比较于低海拔普通绵羊，藏系绵羊瘤胃内可以生成较低含量的甲烷以及较高含量的挥发性脂肪酸（VFAs），转录组学和微生物组学结果进一步表明藏系绵羊瘤胃上皮中与VFA吸收相关的基因显著上调，且瘤胃微生物显著富集了产挥发性脂肪酸的代谢通路中。这些功能上的特征均有助于藏系绵羊更好地抵御青藏高原严酷的自然环境，提高饲草转化效率，有效地抵御外界的营养胁迫。

2. 藏羊的日粮高效利用的重要性

目前，青藏高原大部分地区的藏系绵羊管理模式仍然沿用着终年放牧的生产方式。这种传统的终年放牧模式受到青藏高原严酷高寒环境的严重制约，主要表现在高寒草地产量和营养品质质量的季节不平衡性（徐田伟等，2020），牧草的地上生物量、粗蛋白质、粗脂肪、中性洗涤纤维和酸性洗涤纤维等营养成分的含量随着季节变化都存在着较大幅度的波动（吴发莉等，2014；赵禹臣等，2012）。如图6-15所示，尤其是牧草粗蛋白质的含量，冬春季的时候仅有夏季的1/2左右。在这样的自然背景下，青藏高原长达数月的冷季期间，尤其是牧草的枯草期和霜冻期时，基于传统的放牧模式下，藏系绵羊的营养需求根本无法得到保障，由此带来的直接影响就是藏系绵羊营养与体重的季节不平衡性，随着天然草场牧草的返青—茂盛—枯黄，藏系绵羊的生长状况也呈现出夏饱—秋肥—冬瘦—春死的恶性循环，这种恶性循环严重制约了藏系绵羊的生长潜力及畜产品产出，使藏系绵羊产业的经济效益低下，不利于长期发展（李瑜鑫等，2009；薛白等，2005；张发慧，2009；Jing et al.，2018）。

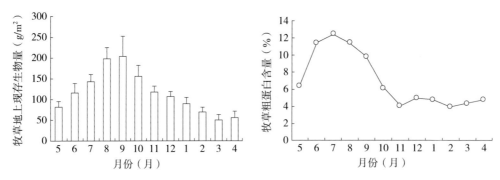

图6-15　高寒草场牧草地上现存量和粗蛋白含量月动态

另外，在藏系绵羊产业发展方面，基于传统的养殖模式下，藏系绵羊的管理方式较为粗放，导致了藏系绵羊生产过程中出栏率低、经济效益差等结果。而为了提高藏系绵羊的养殖收益，单纯提高天然草场的载畜量，却忽略了草场的可承受范围，使青藏高原高寒草地生态系统出现不断的退化，青藏高原草畜矛盾进一步突出。因此，如何有效解决畜牧业生产和草地生态环境保护之间的固有矛盾就成了目前亟待解决的问题（程长林等，2018；石生光，2008；Long et al.，2008）。

为了解决这个矛盾，需要转变藏系绵羊以往传统放牧的生产模式，开展藏系绵羊的高效养殖技术研究，从而优化畜牧业生产方式，减轻天然草场放牧压力，达成保护天然草场生态环境和增加农牧民养殖经济收益的双重目标（徐田伟等，2016；Zhao et al.，2018）。在青藏高原天然牧草的生长季节即5—9月，可以充分利用资源充足的光、温、水、热等自然条件优势。同时，牧草的产量和营养品质都处于较高水平，可以满足藏系绵羊等青藏高原放牧家畜的营养摄入需求，使家畜保持较为优良的健康体况和生长潜力，实现优质畜产品的产出。而在青藏高原的冬春季节，天然草场牧草的地上生物量和营养物质含量均处于较低水平，为了保障家畜的生理健康和生长性能，需要结合家畜的机体状态和营养需求，有针对性地开展家畜的营养均衡养殖技术研究，并充分利用青藏高原农牧区的饲草料资源和农副产品资源，对家畜的冷季舍饲日粮进行精准配置，开展放牧家畜"暖牧冷饲"两段式管理方式的实施和短期舍饲出栏技术的研发，显著提升放牧家畜的生长性能和饲草转化效率，同时实现有效缓解青藏高原天然草场放牧压力的目标（徐田伟等，2020）。

3. 藏羊的日粮高效利用的试验探究

以藏系绵羊为研究对象，系统研究日粮蛋白水平对其生长性能、血液生化指标、屠宰性能及肉品质的影响，进一步利用组学技术探究藏系绵羊瘤胃微生物的结构组成和变化趋势，以此来综合评价日粮蛋白质水平对藏系绵羊生长健康及产品质量的影响，并对其营养调控机制进行初步探究，进而对藏系绵羊养殖过程中的营养条件进行更精确的优化，在实际生产中提高藏系绵羊科学饲养的管理水平，为实现藏系绵羊营养均衡养殖、提高经济效益提供科学依据和技术支持。

本试验于2019年1—5月在青海省海北高原现代生态畜牧业科技试验示范园

（100°57′06″N，36°55′05″E）进行，示范园平均海拔 3 120 m。选取 18 只 12 月龄健康、平均体重为（31.71±0.72）kg 的藏系绵羊羯羊为试验动物，随机分为 3 个处理组，每组 6 个重复。根据 NRC（2007）和中国肉羊饲养标准（2004）配制 3 种代谢能（Metabolizable energy，ME）相近而蛋白质（Crude protein，CP）含量不同的日粮，其代谢能约为 10.1 MJ/kg，蛋白质含量分别为 10.06%（LP）、12.10%（MP）和 14.12%（HP），日粮组成及营养水平详见表 6-12。试验为期 120 d（预试期 15 d，正试期 105 d）。饲养试验开始前对藏系绵羊进行驱虫处理，对圈舍及饲喂器具进行清洁消毒。饲养过程中藏系绵羊每天饲喂两次（8 时和 17 时），单栏饲喂，饲喂量为活体重的 3.5%，期间自由饮水。

表 6-12　日粮组成及营养水平（干物质基础）

项目	组别		
	LP	MP	HP
原料（%）			
玉米	21.00	16.50	12.00
小麦	13.50	12.00	10.50
麦麸	7.00	7.50	8.00
豆籽粕	3.50	5.50	7.50
菜籽饼	2.50	6.00	9.50
氯化钠	0.50	0.50	0.50
磷酸氢钙	0.30	0.30	0.30
膨润土	0.50	0.50	0.50
碳酸钙	0.45	0.45	0.45
碳酸氢钠	0.25	0.25	0.25
预混料[①]	0.50	0.50	0.50
燕麦草	50.00	50.00	50.00
合计	100.00	100.00	100.00
营养水平			
粗蛋白质 CP（%）	10.06	12.10	14.12
代谢能 ME[②]（MJ/kg）	10.14	10.12	10.10
粗脂肪 EE（%）	2.72	2.85	2.98
中性洗涤纤维 NDF（%）	37.47	38.50	39.52
酸性洗涤纤维 ADF（%）	19.14	20.12	21.10
钙 Ca（%）	0.64	0.66	0.69
磷 P（%）	0.42	0.45	0.48

注：①预混料每千克日粮提供维生素 A 50 000 IU，维生素 D_3 12 500 IU，维生素 E 1 000 IU，Cu 250 mg，Fe 12 000 mg，Zn 1 000 mg，Mn 1 000 mg，Se 7.5 mg；②代谢能为计算值，其余营养水平均为实测值。

4. 日粮蛋白水平对藏系绵羊生长性能的影响

通过对饲养试验不同阶段藏系绵羊的活体重、日增重、日采食量和料重比的计算系统评估冷季日粮蛋白水平对藏系绵羊生长性能的影响。结果如表 6-13 所示，试验初期各组间藏系绵羊的初始体重无显著差异（$P>0.05$）；在饲养试验第一阶段结束即第 35 天时，MP 组藏系绵羊的平均日采食量显著高于 LP 组和 HP 组（$P<0.05$）；在饲养试验第二阶段结束即第 70 天时，MP 组藏系绵羊活体重显著高于 LP 组（$P<0.05$），且 MP 组平均日采食量显著高于 LP 组和 HP 组（$P<0.05$），但平均日增重三组之间无显著差异（$P>0.05$）；饲养试验第三阶段结束即正试期第 105 天时，MP 组和 HP 组藏系绵羊活体重、平均日增重和平均日采食量均显著高于 LP 组，且料重比显著低于 LP 组（$P<0.05$）。从饲养试验的整个周期（0～105 d）来看，MP 组和 HP 组藏系绵羊的活体重和平均日增重要显著高于 LP 组（$P<0.05$）；平均日采食量呈现 MP>HP>LP 的显著性趋势（$P<0.05$）；且 MP 组和 HP 组藏系绵羊的料重比要显著低于 LP 组（$P<0.05$），且以 MP 组最低。

表 6-13　日粮蛋白水平对藏系绵羊生长性能的影响

项目	组别			SEM	P 值
	LP	MP	HP		
1～35 d					
初始体重 IBW（kg）	31.6	32.1	31.3	0.17	0.123
终末体重 FBW（kg）	36.3	38.1	37.2	0.42	0.221
平均日增重 ADG（g/d）	133.8	169.8	167.9	13.26	0.488
平均日采食量 ADFI（g/d）	797[c]	926[a]	870[b]	0.01	0.000
料重比 F/G	5.99	5.55	5.24	0.33	0.669
36～70 d					
初始体重 IBW（kg）	36.3	38.1	37.2	0.42	0.221
终末体重 FBW（kg）	41.4[b]	45.3[a]	42.7[ab]	0.58	0.010
平均日增重 ADG（g/d）	144.8	204.5	155.5	13.12	0.139
平均日采食量 ADFI（g/d）	1 268[b]	1 465[a]	1 289[b]	0.03	0.001
料重比 F/G	8.74	7.28	8.30	0.27	0.063
71～105 d					
初始体重 IBW（kg）	41.4[b]	45.3[a]	42.7[ab]	0.58	0.010
终末体重 FBW（kg）	47.8[b]	55.7[a]	52.8[a]	1.00	0.001
平均日增重 ADG（g/d）	184.3[b]	297.1[a]	291.0[a]	17.39	0.004
平均日采食量 ADFI（g/d）	1 518[b]	1 880[a]	1 783[a]	0.04	0.000
料重比 F/G	8.39[a]	6.43[b]	6.19[b]	0.35	0.011

续表

项目	组别			SEM	P 值
	LP	MP	HP		
1～105 d					
初始体重 IBW（kg）	31.6	32.1	31.3	0.17	0.123
终末体重 FBW（kg）	47.8[b]	55.7[a]	52.8[a]	1.00	0.001
平均日增重 ADG（g/d）	154.3[b]	223.8[a]	204.8[a]	9.51	0.002
平均日采食量 ADFI（g/d）	1 195[c]	1 424[a]	1 314[b]	23.13	0.000
料重比 F/G	7.87[a]	6.33[b]	6.53[b]	0.27	0.033

注：同行无字母或肩标相同字母表示差异不显著（$P>0.05$），不同小写字母表示差异显著（$P<0.05$）。下表同。

5. 日粮蛋白水平对藏系绵羊血液生化指标的影响

探究日粮蛋白水平对藏系绵羊血清中生长激素 GH 浓度的影响，结果如表 6-14 所示。饲养试验初期各组藏系绵羊血清中生长激素 GH 浓度无显著性差异（$P>0.05$）；在饲养试验第 70 天和第 105 天时，饲粮蛋白水平均显著改变了藏系绵羊血清中生长激素 GH 的浓度，MP 组和 HP 组生长激素 GH 浓度显著高于 LP 组（$P<0.05$）。

表 6-14　日粮蛋白水平对藏系绵羊生长激素含量的影响

时间	组别			SEM	P 值
	LP	MP	HP		
0 d	25.79	26.96	26.89	0.375	0.379
35 d	31.13	32.86	32.55	0.532	0.389
70 d	32.69[b]	35.60[a]	35.00[a]	0.499	0.031
105 d	32.49[b]	36.13[a]	35.49[a]	2.047	0.001

另外，使用全自动生化分析仪对藏系绵羊血清中生化指标进行检测，结果如表 6-15 所示。不同蛋白质水平日粮对藏系绵羊血清中谷丙转氨酶、谷草转氨酶、谷丙转氨酶/谷草转氨酶、总蛋白、白蛋白、球蛋白、白蛋白/球蛋白、葡萄糖、总胆固醇、甘油三酯、低密度载脂蛋白的含量有一定影响，但差异不显著（$P>0.05$）；在饲养试验结束时，仅 MP 组藏系绵羊血清中高密度载脂蛋白的含量显著高于 LP 组（$P<0.05$）。

表6-15　日粮蛋白质水平对藏系绵羊血清代谢的影响

项目	时间	组别			SEM	P 值
		LP	MP	HP		
谷丙转氨酶 ALT（U/L）	0 d	15.08	15.08	15.36	0.869	0.989
	105 d	19.55	17.17	19.33	5.017	0.458
谷草转氨酶 AST（U/L）	0 d	78.33	79.25	77.18	1.755	0.898
	105 d	108.80	115.20	102.70	22.850	0.420
谷丙转氨酶 ALT/ 谷草转氨酶 AST	0 d	5.65	5.99	5.39	0.256	0.811
	105 d	6.00	8.03	5.51	0.619	0.207
总蛋白 TP（g/L）	0 d	67.60	68.12	68.29	0.636	0.905
	105 d	69.02	69.18	70.91	2.548	0.136
白蛋白 ALB（g/L）	0 d	34.88	35.65	34.40	0.420	0.489
	105 d	35.42	36.42	36.08	1.633	0.342
球蛋白 GLO（g/L）	0 d	32.47	31.13	29.45	1.133	0.571
	105 d	33.60	32.76	34.83	2.971	0.236
白蛋白 ALB/ 球蛋白 GLO	0 d	1.08	1.11	1.23	0.062	0.606
	105 d	1.07	1.13	1.03	0.021	0.207
葡萄糖 GLU（mmol/L）	0 d	4.39	4.75	4.70	0.110	0.340
	105 d	4.68	4.82	4.81	0.345	0.561
总胆固醇 TCh（mmol/L）	0 d	1.48	1.57	1.42	0.050	0.523
	105 d	1.46	1.67	1.66	0.289	0.140
甘油三酯 TG（mmol/L）	0 d	0.34	0.38	0.41	0.025	0.606
	105 d	0.29	0.32	0.30	0.084	0.664
高密度载脂蛋白 HDL-C（mmol/L）	0 d	0.86	0.89	0.73	0.034	0.101
	105 d	0.76[b]	0.95[a]	0.85[ab]	0.031	0.045
低密度载脂蛋白 LDL-C（mmol/L）	0 d	0.40	0.38	0.36	0.026	0.827
	105 d	0.38	0.49	0.50	0.029	0.201

6. 日粮蛋白水平对藏系绵羊屠宰性能的影响

饲养试验结束时，对藏系绵羊开展屠宰试验以探究日粮蛋白水平对屠宰性能的影响。结果如表6-16所示，MP组和HP组饲粮显著提高了藏系绵羊的宰前活重、胴体重、净肉重和骨重（$P<0.05$）。同时，屠宰率和净肉率也呈现MP组和HP组高于LP组的趋势，但差异不显著（$P>0.05$）。

表 6-16 日粮蛋白水平对藏系绵羊屠宰性能的影响

项目	组别			SEM	P 值
	LP	MP	HP		
宰前活重（kg）	47.8[b]	54.0[a]	53.5[a]	0.993	0.002
胴体重（kg）	22.20[b]	26.91[a]	26.19[a]	0.747	0.005
屠宰率（%）	46.48	49.82	48.97	0.732	0.156
净肉重（kg）	17.41[b]	21.05[a]	19.95[a]	0.568	0.009
净肉率（%）	36.46	38.96	37.31	0.588	0.224
骨重（kg）	4.79[b]	5.86[a]	6.24[a]	0.205	0.001
骨肉比	0.27[b]	0.28[b]	0.31[a]	0.006	0.001

7. 日粮蛋白水平对藏系绵羊肉品质的影响

（1）日粮蛋白水平对藏系绵羊背最长肌肌纤维形态特征的影响。屠宰试验时取藏系绵羊背最长肌样品进行肌肉组织石蜡切片的制作和苏木精-伊红染色，并于电子显微镜观察下测定肌纤维直径、周长、面积和密度等形态学参数。结果如图 6-16 所示，日粮蛋白水平显著改变了藏系绵羊背最长肌的肌纤维直径和密度，LP 组肌纤维直径显著低于 MP 组（$P<0.05$），密度显著高于 MP 组和 HP 组（$P<0.05$）。

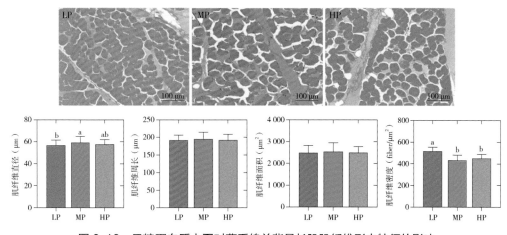

图 6-16 日粮蛋白质水平对藏系绵羊背最长肌肌纤维形态特征的影响

（2）日粮蛋白水平对藏系绵羊背最长肌营养物质含量的影响。探究日粮蛋白水平对藏系绵羊背最长肌中基本营养物质含量的影响。结果如表 6-17 所示，提高日粮蛋白水平可以显著提高藏系绵羊背最长肌中粗脂肪的含量，且呈现 MP 组显著高于 LP 组的趋势（$P<0.05$），而肌肉中干物质、粗蛋白质和粗灰分含量并没有受到日粮蛋白水平的显著影响（$P>0.05$）。

表 6-17　日粮蛋白水平对藏系绵羊背最长肌营养成分的影响

项目（%）	组别			SEM	P 值
	LP	MP	HP		
干物质 DM	24.09	26.39	24.86	0.465	0.113
粗蛋白质 CP	18.63	19.38	19.27	0.205	0.287
粗脂肪 EE	2.48[b]	3.43[a]	2.68[ab]	0.169	0.033
粗灰分 Ash	1.02	1.09	0.99	0.024	0.236

使用全自动氨基酸分析仪对藏系绵羊背最长肌中的 17 种氨基酸进行含量测定，氨基酸色谱图如图 6-17 所示。对测定结果进行统计分析，结果如表 6-18 所示，藏系绵羊背最长肌中仅脯氨酸的含量受到了日粮蛋白水平的显著影响，呈现 HP 组显著高于 LP 组和 MP 组的趋势（$P < 0.05$），而日粮蛋白水平并没有对其余 16 种氨基酸和总氨基酸含量产生显著性影响（$P > 0.05$）。

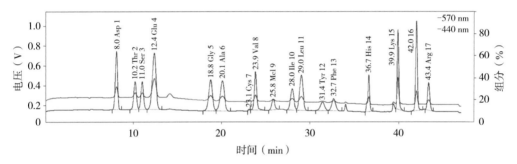

图 6-17　藏系绵羊背最长肌氨基酸色谱图

表 6-18　日粮蛋白水平对藏系绵羊背最长肌氨基酸含量的影响

项目（%）	组别			SEM	P 值
	LP	MP	HP		
苏氨酸	3.89	3.77	4.03	0.05	0.101
缬氨酸	4.26	4.13	4.19	0.04	0.495
蛋氨酸	2.15	2.21	2.22	0.04	0.821
异亮氨酸	4.13	4.02	4.15	0.05	0.582
亮氨酸	6.96	6.83	7.16	0.09	0.325
苯丙氨酸	3.51	3.46	4.03	0.14	0.208
组氨酸	4.20	3.88	3.84	0.09	0.197
赖氨酸	7.29	7.55	7.58	0.09	0.393
天门冬氨酸	7.80	7.64	8.00	0.09	0.284

续表

项目（%）	组别			SEM	P 值
	LP	MP	HP		
丝氨酸	3.29	3.18	3.44	0.05	0.050
谷氨酸	14.77	14.22	15.00	0.19	0.235
甘氨酸	3.51	3.44	3.62	0.05	0.255
丙氨酸	4.82	4.70	4.90	0.06	0.365
半胱氨酸	0.23	0.18	0.16	0.02	0.236
酪氨酸	3.04	2.91	3.40	0.12	0.249
精氨酸	5.14	4.92	5.32	0.08	0.159
脯氨酸	2.75 [bc]	2.73 [b]	2.98 [a]	0.04	0.004
必需氨基酸	36.38	35.85	37.20	0.31	0.218
非必需氨基酸	45.36	43.90	46.82	0.56	0.091
总氨基酸	78.99	77.02	81.04	0.82	0.134

8. 日粮蛋白水平对藏系绵羊瘤胃发酵参数的影响

瘤胃是反刍动物特有的营养消化器官，反刍动物所摄入的日粮在瘤胃内经过消化与发酵后产生大量的乙酸、丙酸和丁酸等短链脂肪酸（Short chain fatty acids，SCFA），这些短链脂肪酸通过瘤胃上皮进行转运吸收，进而为机体的生命活动提供能量保障（孙燕勇等，2018）。而反刍动物瘤胃上皮的组织形态发育与机体对日粮的营养吸收和代谢能力密切相关，且瘤胃上皮的组织形态会随着日粮营养水平的改变发生定期更新（王玺等，2013）。研究表明，日粮营养水平对反刍动物瘤胃上皮的形态发育起着至关重要的作用。随着高通量测序技术及生物信息学的发展，对于反刍动物瘤胃的研究不仅仅停留在发酵功能和形态学上，而是更多地聚焦在分子水平上，即瘤胃发育相关的调控因子和功能基因表达情况研究方面（刘婷等，2016）。

探究日粮蛋白水平对藏系绵羊瘤胃发酵参数的影响。结果如表 6-19 所示，日粮蛋白水平显著影响了瘤胃中氨态氮 NH_3-N 的浓度，呈现 LP 组显著低于 MP 组的趋势（$P<0.05$）。另外，随着日粮蛋白水平的增加，瘤胃内异丁酸和异戊酸的浓度也随之升高，LP 组显著低于 HP 组（$P<0.05$）。而日粮蛋白水平的改变并没有显著影响瘤胃内 pH 值及乙酸、丙酸、丁酸和戊酸等挥发性脂肪酸的浓度（$P>0.05$）。

表6-19　日粮蛋白质水平对藏系绵羊瘤胃发酵参数的影响

项目	组别			SEM	P 值
	LP	MP	HP		
pH 值	6.51	6.70	6.61	0.079	0.633
氨态氮（mg/dL）	8.97[b]	13.41[a]	12.35[ab]	0.805	0.043
乙酸（mmol/L）	44.09	44.25	43.58	0.570	0.901
丙酸（mmol/L）	11.65	13.84	13.81	0.886	0.558
丁酸（mmol/L）	8.05	8.88	9.85	0.633	0.554
异丁酸（mmol/L）	0.45[b]	0.59[ab]	0.69[a]	0.040	0.031
异戊酸（mmol/L）	0.46[b]	0.68[ab]	0.82[a]	0.062	0.034
戊酸（mmol/L）	0.82	0.85	0.88	0.035	0.777
总挥发性脂肪酸（mmol/L）	66.52	69.09	69.64	1.477	0.510

9. 日粮蛋白水平对藏系绵羊瘤胃组织形态的影响

如图6-18所示，对藏系绵羊瘤胃组织进行石蜡切片制作和苏木精－伊红染色，基于显微观察下对其瘤胃乳突高度、乳突宽度和肌层厚度进行测量和统计分析。结果如图6-19所示，不同蛋白质水平日粮饲喂后藏系绵羊的瘤胃乳突宽度发生了显著改变，其中HP组的瘤胃乳突宽度显著大于LP组和MP组（$P<0.05$），而日粮蛋白水平的改变并没有对瘤胃的乳突长度和肌层厚度产生显著性影响（$P>0.05$）。

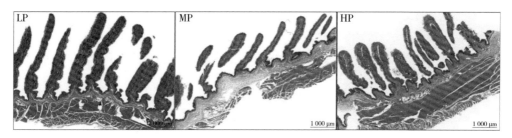

图6-18　藏系绵羊瘤胃组织形态观察

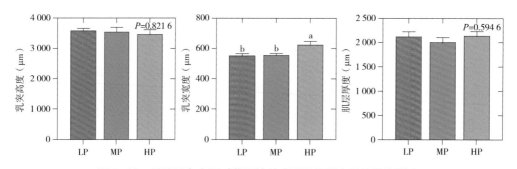

图6-19　日粮蛋白水平对藏系绵羊瘤胃组织形态学特性的影响

探究了日粮蛋白水平对藏系绵羊瘤胃发酵参数和组织形态特征的影响，结果发现，提高日粮蛋白水平有效增加了藏系绵羊瘤胃内 NH_3-N、异丁酸和异戊酸的浓度，且高蛋白组瘤胃乳突的宽度显著高于其余两组。

10. 日粮蛋白水平对藏系绵羊瘤胃细菌菌群结构和功能的影响

（1）16S rRNA V3-V4 测序数据量与质量。本试验共对 3 组 18 个瘤胃液样品进行了 16S rRNA V3-V4 区测序分析，测序后共获得了 2 144 910 条原始序列，平均每个样品 89 371 条原始序列，经筛选、质控，剔除低质量序列后共获得 2 046 323 条有效序列，平均每个样品 85 263 条有效序列。基于非聚类去噪法对 18 个样品的测序结果进行 ASV 聚类，共得到 3 921 个 ASV，每个样品测序所得数据量与质量详见表 6-20。

表 6-20　16S rRNA 测序数据质量统计表

样品名称	原始序列	有效序列	Q20	GC（%）
LP1	98 532	97 380	98.27	53.49
LP2	80 352	79 144	98.18	53.12
LP3	81 956	80 760	98.12	55.90
LP4	93 152	91 984	98.37	53.05
LP5	112 242	95 325	95.16	53.40
LP6	81 090	79 823	98.08	54.59
MP1	90 110	88 953	98.27	53.99
MP2	104 122	87 521	95.35	53.66
MP3	94 748	81 691	95.03	52.71
MP4	99 320	84 900	95.34	53.24
MP5	86 834	85 008	97.89	52.97
MP6	88 522	87 326	98.35	53.26
HP1	90 157	89 185	98.45	53.51
HP2	88 917	87 854	98.44	52.97
HP3	88 723	87 565	98.36	52.88
HP4	77 534	76 672	98.46	53.68
HP5	97 367	81 593	94.50	50.98
HP6	79 458	78 941	98.45	54.65

测序数据聚类后，通过绘制稀疏曲线（Rarefaction curve）来评判每个样本的当前测序深度是否足够反映该群落样本所包含的微生物多样性。在本试验的测序结果中，18 个样品的稀释曲线均趋于平坦（图 6-20），说明此时的数据量渐近合理，测序深度已经有足够的覆盖率，测序结果能够较好地描述微生物的结构组成，可以进行下一步分析。

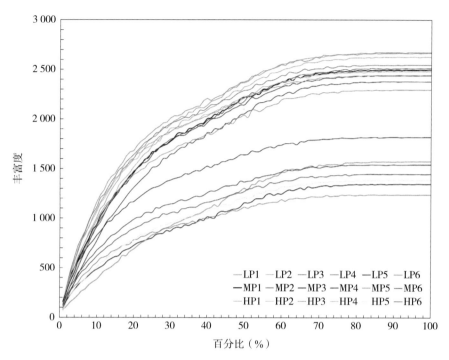

图 6-20　18 个样品的稀释曲线

（2）瘤胃细菌 Alpha 多样性。瘤胃细菌的多样性可以用菌群的丰富度和均匀度指数来解释，基于测序结果的 ASV 特征表对藏系绵羊瘤胃细菌的 Alpha 多样性进行比较分析。结果如图 6-21 所示，日粮蛋白水平并没有对藏系绵羊瘤胃细菌菌群的丰富度指数（Richness index）和 Shannon 指数造成显著性影响（$P>0.05$）。

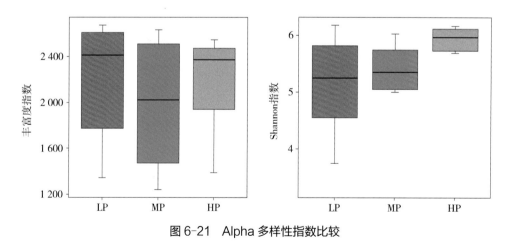

图 6-21　Alpha 多样性指数比较

（3）瘤胃细菌 Beta 多样性。为了探究日粮蛋白水平对藏系绵羊瘤胃细菌群落组成造成的差异程度，基于样本的 ASV 特征表，进行样本间的限制性主坐标分析

（Constrained PCoA，CPCoA）和可视化展示。结果如图 6-22 所示，以日粮蛋白水平为限制因子，18 个样本最大可以解析 15.1% 的组间变异度，且从 CPCoA 图可以看出不同组间样本可以明显区分开，且存在显著性差异（P=0.000 2）。

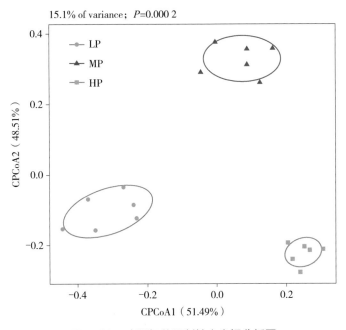

图 6-22　瘤胃细菌限制性主坐标分析图

（4）瘤胃细菌群落差异分析。为了探究日粮蛋白水平对藏系绵羊瘤胃细菌菌群组成的影响，对瘤胃细菌的物种组成及优势菌群的相对丰度进行比较分析。分别选择在门分类水平和属分类水平上相对丰度排名前 10 位的菌群，进行柱状图展示。

如图 6-23 所示，在门分类水平上，10 个相对丰度较高的细菌菌门分别为拟杆菌门（Bacteroidetes）（54.37%～59.58%）、厚壁菌门（Firmicutes）（21.68%～26.10%）、变形菌门（Proteobacteria）（8.81%～18.46%）、放线菌门（Actinobacteria）（0.27%～4.78%）、软壁菌门（Tenericutes）（0.23%～0.36%）、螺旋体门（Spirochaetes）（0.07%～0.15%）、Saccharibacteria（0.06%～0.10%）、Candidate_division_SR1（0.02%～0.35%）和纤维杆菌门（Fibrobacteres）（0.04%～0.48%）等。

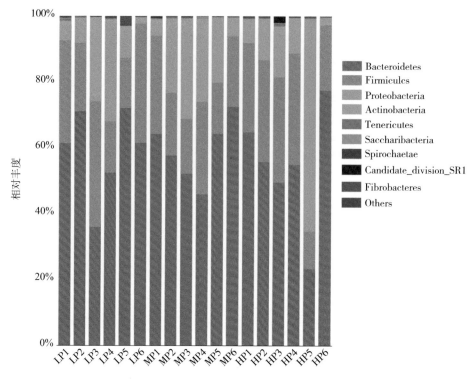

图 6-23　门水平瘤胃细菌菌群组成

如图 6-24 所示，在属分类水平上，10 个相对丰度较高的细菌菌属为普雷沃氏菌属 1（*Prevotella_1*）（21.10%~32.38%）、理研菌科 RC9 肠道群（*Rikenellaceae_RC9_gut_group*）（4.94%~7.52%）、普雷沃氏菌科 UCG-001（*Prevotellaceae_UCG-001*）（2.18%~2.47%）、普雷沃氏菌科 UCG-003（*Prevotellaceae_UCG-003*）（1.28%~2.61%）、克里斯滕森菌科 R-7 群（*Christensenellaceae_R-7_group*）（1.45%~2.45%）、瘤胃球菌科 NK4A214 群（*Ruminococcaceae_NK4A214_group*）（0.91%~1.71%）等。

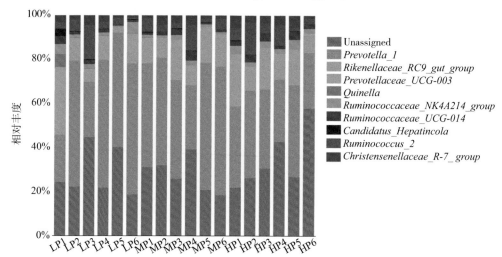

图 6-24　属水平瘤胃细菌菌群组成

（5）瘤胃细菌差异菌群的 LEfSe 分析。通过 LEfSe 对各个分类水平上相对丰度有显著差异的微生物进行比较分析。结果如图 6-25 所示，共鉴定到 24 个符合生物标记物的细菌菌群（LDA score＞3.0），其中 LP 组中有 15 个，包括拟杆菌目 BS11 肠道菌群（*Bacteroidales_BS11_gut_group*）、普雷沃氏菌属 7（*Prevotella_7*）、放线菌门（Actinobacteria）、红蟪菌纲（Coriobacteriia）、红蟪菌科（Coriobacteriaceae）等；MP 组中有 3 个，包括韦荣氏菌科（Veillonellaceae）、罗氏菌属（*Roseburia*）和韦荣球菌科 _UCG-001（*Veillonellaceae_UCG-001*）；HP 组中有 6 个，包括 Candidate_division_SR1、瘤胃球菌科 _UCG-014（*Ruminococcaceae_UCG-014*）、瘤胃球菌科 _UCG-001（*Ruminococcaceae_UCG-001*）等。

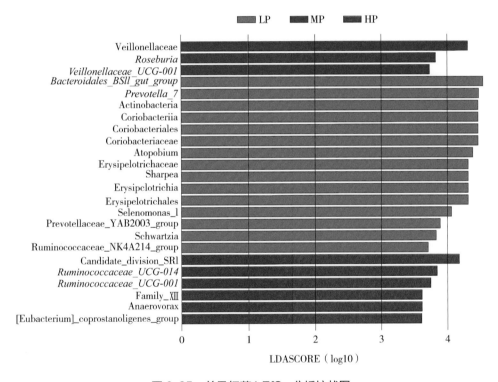

图 6-25 差异细菌 LEfSe 分析柱状图

（6）瘤胃细菌菌群功能预测分析。使用 PICRUSt 在线服务器（http：//huttenhower.sph.harvard.edu/galaxy）对藏系绵羊瘤胃中鉴定到的细菌菌群进行功能预测分析。结果如图 6-26 所示，在 KEGG Level 1 上共富集到 6 个功能组分，包括代谢 Metabolism（49.93%～50.02%）、遗传信息处理 Genetic Information Processing（21.46%～21.72%）、环境信息处理 Environmental Information Processing（9.72%～10.61%）、细胞进程 Cellular Processes（1.99%～2.13%）、人类疾病 Human Diseases（0.79%～0.81%）和有机系统 Organismal Systems（0.72%～0.73%）。

另外，在 KEGG Level 2 上对菌群的功能进行进一步富集分析，发现碳水化合物代谢 Carbohydrate Metabolism（10.21%～10.57%）、氨基酸代谢 Amino Acid Metabolism（10.44%～10.64%）、复制与修复 Replication and Repair（9.42%～9.52%）、膜转运 Membrane Transport（8.44%～9.35%）、翻译 Translation（6.85%～6.99%）和能量代谢 Energy Metabolism（6.65%～6.89%）是藏系绵羊瘤胃细菌菌群功能中最主要的组分。

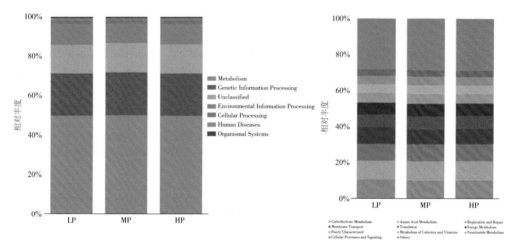

图 6-26 瘤胃细菌菌群功能预测分析

11. 日粮蛋白水平对藏系绵羊瘤胃代谢物的影响

（1）瘤胃液代谢组数据预处理概况。对不同蛋白质水平日粮处理的 18 个藏系绵羊瘤胃液样品进行 GC-MS 代谢组学测定，其代谢物色谱图如图 6-27，共鉴定出 411 个特征谱峰。将特征谱峰与 KEGG 等商业数据库进行代谢产物的比对和鉴定，3 组 18 个样品共有 189 个代谢物被鉴定和量化。

（2）OPLS-DA 及置换检验结果。利用 SIMCA 软件对标准化数据模型进行正交偏最小二乘法判别分析，最大化地凸显模型内部与预测主成分相关的差异，更好地区分不同处理组间差异，提高模型的有效性和解析能力。使用 OPLS-DA 分析对第一和第二主成分进行建模，模型的质量用四次交叉验证进行置换检验，并用交叉验证后得到的 R^2Y 值（代表 Y 变量的可解释度）和 Q^2 值（代表模型的预测性）对模型有效性进行评判。从图 6-28 中 OPLS-DA 分析结果可以看出，不同处理组样品两两间均可被明显区分开，根据置换检验的结果可以看出 R^2 和 Q^2 值均较高，LP vs. MP、LP vs. HP 和 MP vs. MP 相应 OPLS-DA 模型的 R^2Y 值分别为 0.993、0.996 和 0.996，说明模型稳定且有较强的预测性。

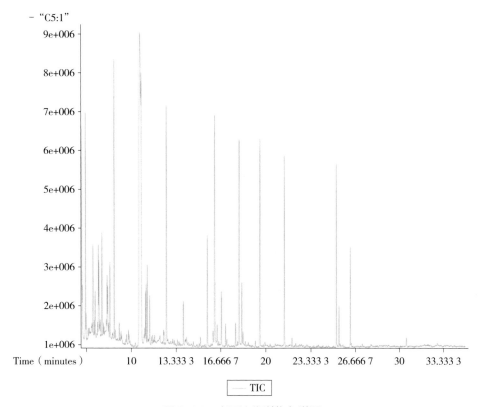

图 6-27　瘤胃液代谢物色谱图

（3）差异代谢物的筛选。为筛选由于饲粮蛋白质水平改变引起的瘤胃差异代谢物，本试验以 OPLS-DA 模型第一主成分的 VIP 值（VIP＞1）结合 t 检验的 P 值（$P<0.05$）作为判定标准和筛选阈值寻找两两处理组之间的差异代谢物。通过对三个不同蛋白质水平日粮处理组之间进行两两比较，共鉴定到 103 个差异代谢物。如图 6-29 所示，以聚类热图的形式进行可视化展示。

其中，在 HP 组和 LP 组间共筛选到 65 个差异代谢物（VIP＞1，$P<0.05$），均呈现 HP 组＞LP 组的趋势。这些差异代谢物主要包括 Beta- 丙氨酸（Beta-Alanine）、羟基丙二酸（Tartronic acid）、5- 羟基吲哚 -3- 乙酸（5-Hydroxyindole-3-acetic acid）、甘氨酸（Glycine）、O- 磷酸乙醇胺（O-Phosphorylethanolamine）、甘露糖（Mannose）、苯丙氨酸（Phenylalanine）、阿洛糖（Allose）、氢化肉桂酸（Hydrocinnamic acid）和 1- 茚醇（1-Indanol）等。

在 MP 组和 LP 组之间共筛选到 80 个差异代谢物（VIP＞1，$P<0.05$），均呈现 HP 组＞LP 组的趋势。这些差异代谢物主要包括吡咯 -2- 羧酸（Pyrrole-2-Carboxylic Acid）、1- 茚醇（1-Indanol）、吲哚 -3- 乙酸（indole-3-acetic acid）、3- 羟基棕榈酸（3-Hydroxypalmitic acid）、2,2- 二甲基琥珀酸（2,2-Dimethylsuccinic Acid）、Maleamate、3- 羟基正缬氨酸（3-Hydroxynorvaline）、羟胺（hydroxylamine）、4- 甲基邻苯二酚（4-Methylcatechol）和水杨酸（salicylic acid）等。

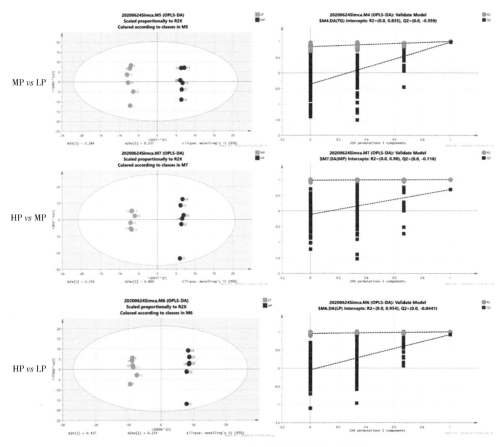

图 6-28　OPLS-DA 模型的置换检验及验证图

　　在 HP 组和 MP 组间共筛选到 14 个差异代谢物（VIP＞1，P＜0.05），均呈现 HP 组＞MP 组的趋势。这些差异代谢物主要包括甘露糖（Mannose）、阿洛糖（Allose）、5- 羟基吲哚 -3- 乙酸（5-Hydroxyindole-3-acetic acid）、羟基丙二酸（Tartronic acid）、苯乙胺（phenylethylamine）、1- 茚醇（1-Indanol）、麦芽糖（maltose）、麦白糖（Leucrose）、3- 羟基棕榈酸（3-Hydroxypalmitic acid）、丙酮酸（Pyruvic acid）、异肌醇（Allo-inositol）、氢化肉桂酸（Hydrocinnamic acid）、2- 甲基戊二酸（2-Methylglutaric Acid）和甲硫氨酸亚砜（methionine sulfoxide）。

　　（4）差异代谢物的功能富集。基于 VIP＞1 和 P＜0.05 为阈值条件筛选到的 103个差异代谢物，结合 KEGG 数据库进行代谢通路的功能富集分析。

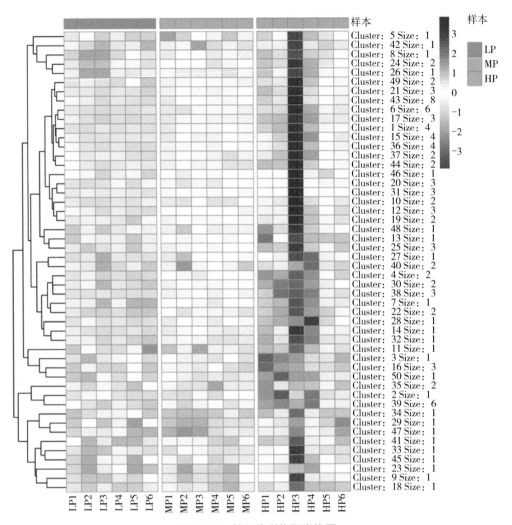

图 6-29　差异代谢物聚类热图

　　结果发现 103 个差异代谢物共鉴定到 47 个代谢通路，以 $P<0.05$ 为筛选条件进行关键代谢通路的筛选。如图 6-30 和表 6-21 所示，共筛选到 7 个关键代谢通路，包括胺酰 tRNA 生物合成（Aminoacyl-tRNA biosynthesis）（$P=0.001$）、丙氨酸，天冬氨酸和谷氨酸代谢（Alanine，aspartate and glutamate metabolism）（$P=0.003$）、乙醛酸和二羧酸代谢（Glyoxylate and dicarboxylate metabolism）（$P=0.023$）、磷酸戊糖途径（Pentose phosphate pathway）（$P=0.025$）、精氨酸生物合成（Arginine biosynthesis）（$P=0.033$）、氮代谢（Nitrogen metabolism）（$P=0.035$）及 D- 谷氨酰胺和 D- 谷氨酸代谢（D-Glutamine and D-glutamate metabolism）（$P=0.035$）。

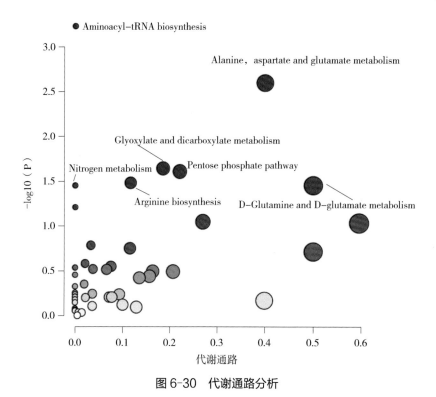

图 6-30　代谢通路分析

表 6-21　代谢通路分析

通路名称	Hit	覆盖率	P 值	FDR
Aminoacyl-tRNA biosynthesis	9	0.19	0.001	0.049
Alanine，aspartate and glutamate metabolism	6	0.21	0.003	0.106
Glyoxylate and dicarboxylate metabolism	5	0.16	0.023	0.423
Pentose phosphate pathway	4	0.18	0.025	0.423
Arginine biosynthesis	3	0.21	0.033	0.423
Nitrogen metabolism	2	0.33	0.035	0.423
D-Glutamine and D-glutamate metabolism	2	0.33	0.035	0.423

（5）瘤胃微生物与代谢产物关联分析。选择藏系绵羊瘤胃中属分类水平相对丰度前 10 位的细菌，结合 VIP＞1.5 和 $P＜0.05$ 筛选到的瘤胃差异代谢物进行两者之间的 Spearman 相关性分析。细菌的优势菌属与差异代谢物的相关关系如图 6-31所示。其中，代谢物甲基丙二酸（Methylmalonic acid）与克里斯滕森菌科 _R7 群（*Christensenellaceae_R7_group*）（$R=0.768$，$P＜0.01$）和瘤胃球菌科 _UCG-014（*Ruminococcaceae_UCG_014*）（$R=0.697$，$P＜0.01$）的相对丰度显著正相关；D- 甘油酸（D-Glyceric acid）与瘤胃球菌科 _NK4A214 群（*Ruminococcaceae_NK4A214_group*）（$R=0.648$，$P＜0.01$）和瘤胃球菌科 _UCG-014（*Ruminococcaceae_UCG_014*）

（R=0.642，P<0.01）的相对丰度显著正相关；缬氨酸（valine）与克里斯滕森菌科_R7群（*Christensenellaceae_R7_group*）（R=0.612，P<0.01）和瘤胃球菌科_UCG-014（*Ruminococcaceae_UCG_014*）（R=0.633，P<0.01）的相对丰度显著正相关；甘氨酸（Glycine）与理研菌科RC9肠道群（*Rikenellaceae_RC9_gut_group*）的相对丰度显著正相关（R=0.601，P<0.01）。

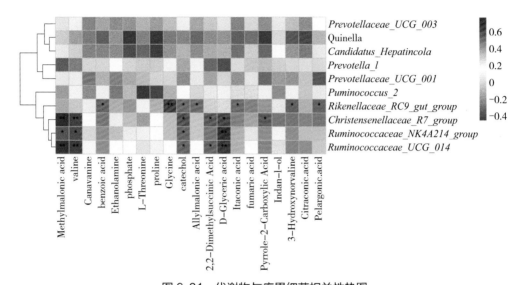

图6-31　代谢物与瘤胃细菌相关性热图

12. 结论

以青藏高原典型家畜藏系绵羊为研究对象，分别设计不同蛋白质水平的日粮对其开展饲养试验，从不同生物学层次出发，系统性地探究了日粮蛋白水平对藏系绵羊生长性能、血液生化指标、屠宰性能及肉品质的影响；日粮蛋白水平对藏系绵羊瘤胃功能的影响；日粮蛋白水平对藏系绵羊瘤胃微生物区系的影响；日粮蛋白水平对藏系绵羊瘤胃代谢产物的影响。

对不同蛋白质水平日粮饲喂后藏系绵羊的生长性能、血液生化指标、屠宰性能及肉品质进行比较分析，发现12.10%和14.12%的日粮蛋白水平可以显著提升藏系绵羊的活体重、平均日增重和平均日采食量，降低料重比值，显著提高血清中生长激素的含量。另外，提高日粮蛋白水平可以显著提高藏系绵羊的胴体重、净肉重和骨重，而对屠宰率、净肉率没有产生显著影响。高蛋白质日粮在一定程度上可以提高背最长肌的肌纤维直径和肌肉中粗脂肪的含量，而不会对肌肉中氨基酸的含量产生显著影响。

对不同蛋白质水平饲粮饲喂后藏系绵羊的瘤胃功能进行比较分析，发现高蛋白质水平日粮可以显著提高藏系绵羊瘤胃内 NH_3-N、异丁酸和异戊酸的浓度，且提高瘤胃上皮的乳突宽度。

对不同蛋白质水平日粮饲喂后藏系绵羊的瘤胃微生物区系进行分析，发现藏系绵羊瘤胃细菌的优势菌门为拟杆菌门、厚壁菌门和变形菌门等，优势菌属为普雷沃氏菌属 1、理研菌科 RC9 肠道群和普雷沃氏菌科 UCG-001 等，这些细菌的生物功能主要涉及碳水化合物代谢和氨基酸代谢等。

　　对不同蛋白质水平日粮饲喂后藏系绵羊的瘤胃代谢产物进行分析，在藏系绵羊瘤胃内共有 411 个特征谱峰被鉴定，基于 OPLS-DA 在不同处理组间筛选到了 103 个差异代谢物，随着日粮蛋白水平的升高，藏系绵羊瘤胃内氨基酸、碳水化合物和有机酸类等物质的浓度随之升高，这些差异代谢物主要涉及机体的碳水化合物和氨基酸代谢功能，且主要差异代谢物与瘤胃细菌的优势菌群存在一定程度的相互作用关系。

参考文献

程长林，任爱胜，王永春，等，2018. 基于协调度模型的青藏高原社区畜牧业生态、社会及经济耦合发展 [J]. 草业科学，35（3）：677-685.

方雷，2015. 饲养方式对夏季牦牛生长性能、屠宰性能、牛肉品质和瘤胃细菌多样性的影响 [D]. 北京：中国农业大学.

郭伟，2021. 放牧牦牛瘤胃微生物发育模式研究 [D]. 兰州：兰州大学.

韩璐璐，丛玉艳，2015. 日粮粗蛋白水平对反刍动物瘤胃发酵和微生物区系影响的研究进展 [J]. 现代畜牧兽医（1）：49-52.

李瑜鑫，王建洲，李龙，等，2009. 不同季节藏北高寒牧区放牧藏绵羊采食与消化率的研究 [J]. 家畜生态学报，30（5）：41-45.

刘洁，刁其玉，2010. 反刍动物饲料营养价值评定方法的比较 [C]//2010 年全国养羊生产与学术研究会论文集. 北京：中国畜牧兽医学会.

刘靖，张石蕊，2009. 蛋白质饲料资源的合理利用及开发对策 [J]. 中国畜牧兽医文摘（2）：52-54.

刘婷，李发弟，李冲，等，2016. 断奶时间对不同日龄湖羊羔羊瘤胃形态及表皮生长相关基因表达的影响 [J]. 动物营养学报，28（5）：1384-1393.

石生光，2008. 高寒草地畜牧业现状及对策 [J]. 中国草食动物，28（6）：46-49.

孙燕勇，徐明，高民，等，2018. 亚急性瘤胃酸中毒对反刍动物瘤胃上皮及内环境影响的研究进展 [J]. 动物营养学报，30（4）：1253-1261.

王玺，董国忠，邱敏，2013. 日粮因素对反刍动物瘤胃上皮生长发育和更新的影响及其调控 [J]. 中国畜牧杂志，49（13）：81-86.

吴发莉，王之盛，杨勤，等，2014. 甘南碌曲和合作地区冬夏季高寒天然牧草生产特性、营养成分和饲用价值分析 [J]. 草业学报，23（4）：31-38.

向泽宇，王长庭，2011. 青藏高原藏羊遗传资源的现状、存在问题及对策 [J]. 中国畜牧兽医文摘，27（2）：1-4.

徐亮，唐国永，杜德志，2019. 我国双低油菜多功能利用及青海省发展潜力分析 [J]. 青海大学学报，37（3）：41-48.

徐田伟，吉汉忠，刘宏金，等，2016. 牧归后补饲精料对冷季藏系绵羊生长性能的影响 [J]. 西北农业学报，25（8）：1132-1136.

徐田伟，赵新全，张晓玲，等，2020. 青藏高原高寒地区生态草牧业可持续发展：原理、技术与实践 [J]. 生态学报，40（18）：6324-6337.

薛白，赵新全，张耀生，2005. 青藏高原天然草场放牧家畜体重和体能量变化动态 [J]. 畜牧与兽医，37（1）：1-4.

杨得玉，郝力壮，刘书杰，等，2018. 青海省反刍动物常用粗饲料营养价值研究进展 [J]. 饲料工业，39（1）：20-23.

张发慧，2009. 藏系绵羊自然放牧条件下生长发育规律观察 [J]. 畜牧兽医杂志，28（5）：26-28.

赵禹臣，孟庆翔，参木有，等，2012. 西藏高寒草地冷暖季牧草的营养价值和养分提供量分析 [J]. 动物营养学报，24（12）：2515-2522.

钟金城，赵素君，陈智华，等，2006. 牦牛品种的遗传多样性及其分类研究 [J]. 中国农业科学（2）：389-397.

DU Z, TIAN W, TILLEY M, et al., 2022. Quantitative assessment of wheat quality using near - infrared spectroscopy：A comprehensive review[J]. Comprehensive Reviews in Food Science and Food Safety, 21（3）：2956–3009.

JING X P, PENG Q H, HU R, et al., 2018. Dietary supplements during the cold season increase rumen microbial abundance and improve rumen epithelium development in Tibetan sheep[J]. Journal of Animal Science, 96（1）：293-305.

LI J, ZHU W, LUO M, et al., 2015. Molecular cloning, expression and purification of lactoferrin from Tibetan sheep mammary gland using a yeast expression system[J]. Protein Expression and Purification, 109：35-39.

LONG R J, DING L M, SHANG Z H, et al., 2008. The yak grazing system on the Qinghai-Tibetan plateau and its status[J]. The Rangeland Journal, 30（2）：241-246.

XIN J, CHAI Z, ZHANG C, et al., 2019. Comparing the microbial community in four stomach of dairy cattle, yellow cattle and three yak herds in Qinghai-Tibetan Plateau[J]. Frontiers in Microbiology：DOL:10.3389/fmicb.2019.01547.

ZHANG Z, XU D, WANG L, et al., 2016. Convergent evolution of rumen microbiomes in high-altitude mammals[J]. Current Biology, 26（14）：1873-1879.

ZHAO X Q, ZHAO L, LI Q, et al., 2018. Using balance of seasonal herbage supply and demand to inform sustainable grassland management on the Qinghai-Tibetan Plateau[J]. Frontiers of Agricultural Science and Engineering, 5（1）：1-8.

ZHOU J W, GUO X S, DEGEN A A, et al., 2015. Urea kinetics and nitrogen balance and requirements for maintenance in Tibetan sheep when fed oat hay[J]. Small Ruminant Research, 129：60-68.

第七章　牦牛、藏羊智能化养殖管理

家畜体重测定在动物生产、农牧民收入和动物福利等方面发挥着重要作用，影响家畜的生长、怀孕、繁殖、泌乳及瘤胃填充等。因此，全自动、精确和非侵入性的称重方式是最理想的测定方法（Bercovich et al.，2013；Fordyce et al.，2013）。目前，牦牛世界存栏量为1 760万头，大约95%在中国（Liu et al.，2022）。藏羊是青藏高原优良品种之一，目前存栏量超过5 000万只（郭鹏辉，2020）。牦牛、藏羊养殖生产正处于高速发展时期，实现家畜智能化养殖精准饲喂的核心是及时掌握家畜体重变化情况。因此，智能化和无障碍称重设备的应用是当今行业发展的趋势。传统上，家畜体重的采集是先通过几个人将其束缚住，停止活动，然后再称重，或者把家畜赶上地磅，使用围栏围住，让其在地磅上停留一段时间，直到家畜安静下来。通过地秤对家畜进行称重，这种称重方式效率低下，任务量大，增加了人力物力，还会引起家畜应激反应，影响其健康和生长。称重完成后，还需要通过人将家畜的体重信息进行整理和分类。因此，提高机械设备的自动化和智能化水平，将有利于节约牧民的劳动成本，有助于提高牧民的生产收入（刘斯达，2017）。

第一节　称重设备

监测家畜体重信息变化情况是实现家畜精细化养殖的基础工作，也是得到肉料比的关键环节。另外，体重是衡量家畜健康发育的重要指标，是作为分栏以及出栏的标准；是选种、确定采食量、营养供给、初配年龄、用药剂量、测定生产性能的依据（杨萌等，2018；赵慧兵等，2021）。牦牛、藏羊的体重测定设备有带围栏的地磅秤、保定称重装置、"S"形过道门称重、"蝴蝶形"自动控制门等称重设备。直行排队整形通道一般用于保定称重设备，当一头家畜称重结束，下一头再进入称重设备，依次有序进行。这样有助于数据采集的独立性，避免其他家畜对数据采集产生干扰。但容易产生拥挤现象，造成动物受伤产生应激反应，不利于无障碍称重平台数据采集（董小宁，2017）。家畜通过半圆形弯道整形通道时行走效率高，弯道可增加排队头数，节省空间。然而家畜之间容易产生拥挤，不利于无障碍称重平台进行数据采集。"S"形排队整形通道，家畜通过性较强，不易产生拥挤，整齐度高，适合无障碍称重平台。体型较大的家畜通过速度较快时，震动性强，称重精度不高。

一、保定架式智能称重系统

带保定架的称重平台，对家畜排队整齐程度要求不高，当家畜进入称重设备后，前后门自动关闭，完成家畜的耳标识别、称重、激光视觉摄像机扫描 3D 形体数据。根据重量等级再打开相应的分群门。依次有序完成称重任务，时间约为 15 s，平均称重误差控制在 0.5 kg 左右。国科农牧公司研发称重设备采用保定称重和前挡门两种模式，这两种模式可以相互切换。称重精度高但效率较低，成年家畜经训练不会产生应激，幼年家畜重量轻、震动小，可以避免对数据采集时造成干扰，系统能够准确锁定体重数据，如图 7-1 所示。

图 7-1　保定式智能称重设备

"S"式设备是在过道上安装"S"形障碍门，采用"S"门控制称重平台上只允许一头家畜通过，家畜称重完毕，"S"门恢复原始位置，有助于减少拥挤，保证家畜依次有序进行称重分群。具体为：当家畜靠近"S"门时，耳标读卡器自动识别家畜编号，并上传至传感器。"蝴蝶门"称重平台是采用蝴蝶形的门控制称重平台上只允许一头家畜经过，避免家畜互相拥挤对数据采集造成影响，依次有序完成称重。

目前，国内市场基本采用通过地磅围栏或保定装置将家畜固定在称重设备上。出现的主要问题有效率低下，称重容易对家畜产生应激反应，称重系统、安装位置、效率等方面难以满足家畜育肥群体快速称重需求。

二、智能称重系统研究进展及存在问题

动态称重系统研究起步早，现已发展到较成熟的阶段。组成结构基本包括身份识别、位置识别与检测、体重测量、数据传输及分析等。家畜经过称重台，系统自动测得体重，牧场管理软件对称重数据进行存储与分析。此外，开发 3D 扫描家畜智能体况评分系统，获得立体图像，估算体重。该技术基于 3D 摄像头，当家畜从摄像头下面经过时，系统自动拍摄家畜活动照片，并筛选出最佳的静态照片。通过

数据处理算法将图像转化为精准的体况分数。不但简化了家畜评分的操作过程，还可消除主观估测造成的误差，方便、快捷、准确地获取家畜的体况分数。

由于国内智能化牧场管理系统起步较晚，大型养殖场大多都引进国外全自动称重装置。通过对比称重系统应用情况及目前研发的称重系统，发现存在以下问题。

一是成本高。进口称重系统价格普遍较高。对于国内大部分牧场企业尤其是中小型牧场来说设备成本较高，不适合大规模推广使用。设备的维护管理、软件升级及技术服务费用较高，大大增加了投资成本。同时，由于牧场无法得到及时的售后服务或者正确的技术指导，浪费了大量的时间、人力和物力，无形中增加了养殖企业的成本。

二是操作困难。农牧民文化水平较低，设备的维护专业性较强，生产者需要经过专业培训，且具有一定的文化水平及经验，才能正确使用智能称重系统。将体重数据与体况评定系统、饲料投喂、病疫检测等系统有效结合。目前大部分养殖场并不具备专业人员进行系统操作维护的条件，导致引进的设备无法正确使用，甚至废弃，也失去了体重动态监测的意义。

三是技术垄断。智能称重系统数据处理、系统架构和智能管理等内容均是加密封装形式，核心技术严格保密，使用者无法修改或者查看。智能称重系统一直处于垄断地位，极大制约了精细化养殖的发展，使得智能化水平受制于人。

四是未实现真正的动态称重。国内的动态称基本是通过各种方法将家畜固定在称重设备上称量，称量前需要工作人员对家畜进行多次反复的训练至熟悉称重设备和流程，没有彻底实现真正意义上的智能化和动态化。

三、智能称重系统展望及建议

国内牧场动态称重还处于初级阶段，能够与牧场管理系统配合使用的动态称重系统还没有成熟的产品，与国外存在较大差异，并且国内牧场在使用引进的国外产品中存在很多问题，严重制约了牧场的快速发展。因此，研发一种能够快速、准确自动检测牦牛、藏羊体重的国产称重系统用以配合智能精细化养殖，对于提高青藏高原畜牧生产现代化水平尤为重要。通过研究发现，动态称重的核心部分是数据的采集处理和如何指导养殖管理过程，可从数据处理、数据应用等方面开展动态称重的研究。

1.构建动态称重模型

构建准确的动态称重模型可以提高称重的实时性和准确性，研究家畜的活动行为、行走距离、传感器动态输出等数据与静态体重的相关性和数学关系，采用机器学习、数学建模等方法建立动态模型，实现家畜行走过程中即可迅速准确称重的目的。

2.建立精细化养殖专家智能系统

将不同阶段家畜体重与生长、发育、疾病、营养、健康等指标的关系，结合行业内专家与技术人员的知识经验，建立精细化养殖专家智能系统。通过不同阶段体重变化监测生长情况、专家系统及时调整饲喂方式，实现精细化养殖、提高养殖效率，使称重数据具有实际意义。

3. 应用新技术

目前称重方式基本上采用地磅称重，要求家畜称重必须四蹄全部处于地磅台面上必须保持水平，称重的可操作性不强，局限性较大。应当研究将其他新技术应用于动态称重，如扫描技术、图像处理技术、近红外技术、家畜脸部识别技术等获取体外观察数据、体重情况。集成无线传输、远程控制、自动检测、数据分析等技术。研发具有远程监测、控制功能的自动称重系统，通过脸部识别、大数据挖掘、物联网等手段实现牦牛、藏羊的精细化养殖、降低劳动力投入成本，从而提高经济效益。

第二节　牦牛高效繁殖技术

青海省牦牛数量位居世界第一，是牦牛主产区之一。长期以来牦牛饲养依靠天然放牧，自由采食，饲养管理水平较低且缺乏科学性。同时由于种畜串联滞后，导致严重的近亲交配，品种退化严重。如何提高牦牛的高效繁殖，是当今研究的热点问题之一，主要集中在围产期补饲、犊牛隔离断乳技术、牦牛诱导发情技术、发情鉴定技术等方面。

一、围产期补饲

围产期是指牦牛分娩前后一个月的时间，即产前30 d和产后30 d，合计60 d。围产期牦牛的营养状况和良好的饲养管理是牦牛和犊牛生长的基础，是整个牦牛能够良性循环的关键。牦牛围产期有针对性地进行补饲，加强饲养管理，不仅关系牦牛及犊牛的健康，甚至影响其以后的繁殖性能和再生能力，决定着牦牛的养殖效益。青藏高原自然环境严酷，特别是进入冬春季节，妊娠期母牦牛进入生殖最为关键的围产期，外界环境温度低，天然草原上的饲草严重不足，牦牛只放牧不补饲，对怀孕母牛和胎儿的生长发育极为不利（裴成芳，2021）。

裴成芳（2021）发现通过给白牦牛补饲精料显著提高平均体重，犊牛成活率为100%，犊牛的出生重提高3.33 kg。蒋世海等（2006）对48头怀孕母牦牛进行补饲试验，结果表明，补饲母牦牛产仔成活率平均达到95.83%，而未补饲母牦牛的产仔成活率平均值仅为62.5%。晁文菊等（2009）通过对母牦牛补饲燕麦青干草、舔砖及精料补充料，显著提高牦牛体重和犊牛出生重。说明围产期补饲能够提高母牛和犊牛的营养状况及生产性能。

二、犊牛隔离断乳技术

犊牛刚出生时，犊牛瘤胃、网胃、瓣胃和网胃结构和功能发育并不完整，消化功能较弱。犊牛出生7 d时开始采食干草、精料等，出现反刍行为，瘤胃微生物群落开始逐渐形成，瘤胃乳头逐渐发育，功能开始完善。传统放牧管理模式下，通过犊牛逐渐开始采食、母牛再生产、犊牛与牦牛逐渐分开的方式犊牛的断奶方式为自然断奶。犊牛哺乳时间增加则会造成母牛产后乏情，而早期断奶会提前结束母牛的哺乳期，有助于产后母牛发情周期的恢复，提高发情率和妊娠率。在放牧环境比较恶劣、牧草质量低下的情况下，早期断奶是一种节约牧草资源的有效放牧管理模式。目前，犊牛早期的断奶方式主要包括永久断奶法、短期断奶法和逐步断奶法。

魏佳等（2022）对 15 日龄犊牦牛进行早期断奶，逐渐过渡为饲喂代乳粉，提供开食料及天然牧草自由采食，犊牦牛固体饲料采食量达到 0.5 kg/d 时停喂代乳粉，90 日龄后停喂开食料转入天然牧场放牧饲养，试验结果表明断奶应激会表现出一定的负面效应，通过补饲代乳粉和开食料能够改善生长发育、营养代谢、机体免疫和抗氧化能力。周立业等（2009）最先在国内报道了牦牛早期断奶的科学研究，比较了 6 月龄断奶补饲精料、全哺乳、半哺乳的不同犊牦牛饲养方式，证实了犊牦牛适时早期断奶的可能性。柴沙驼等（2010）开始在早期断奶犊牦牛上应用液态代乳粉作为断奶过渡，并获得了适宜的代乳粉产品。刘培培等（2016）以开食料诱饲的方式将犊牦牛早期断奶提前至 3 月龄。Liu 等（2018）进一步对断奶方式进行了细化，对比研究了自然断奶、断奶＋母子分离、随母＋鼻板隔离断奶等不同断奶方式对 90 日龄犊牦牛的影响，结果显示断奶＋母子分离策略对犊牛更为有利。朱彦宾等（2019）研究发现，对犊牦牛进行 5 月龄"全哺乳＋早期诱饲＋早期断奶＋放牧＋补饲"的早期断奶，与传统随母放牧犊牛相比，犊牛未产生负面影响，母牦牛"一年一胎"率达到 68.6%。研究报道表明，改变犊牦牛传统饲养方式，实行犊牦牛早期断奶是可行的，但目前研究结果也不尽相同，科学适宜的断奶方法有待进一步深入研究与优化。

犊牦牛早期断奶后，应及时饲喂开食料。开食料也称犊牛代乳料，是根据犊牛的营养需要用精料配制，促进犊牛由以乳为主的营养料向完全采食植物性饲料过渡。它的形状为粉状或颗粒状，犊牛出生两周后采食。在低乳饲喂条件下，犊牛采食代乳量的数量逐渐增加，慢慢开始习惯精饲料和粗饲料。在母牛食槽上加设小牛用的采食护栏（既能模仿母牛采食，又防止母牛吃犊牛料），30 日龄犊牛的采食量可达 300 g 以上。

一是补饲精料，在犊牛 10～15 日龄时补饲精料，用少量精料涂抹在其鼻镜和嘴唇上，或撒少许于奶桶上任其舔食，促其犊牛形成采食精料的习惯，1 月龄时日采食犊牛料 250～300 g，2 月龄时 500～700 g。二是饲喂犊牛开食料，断奶前后专喂适应犊牛需要的混合精料，犊牛开食料的质量对于早期断奶的实施至关重要。犊牛 3 周龄时饲喂开食料比较适宜，饲喂过早或过晚都对犊牛生长发育和健康不利。三是饲喂干草，从 1 周龄开始，在牛栏的草架内添入优质干草（如豆科青干草等），训练犊牛自由采食，以促进瘤网胃发育，防止舔食异物。四是饲喂青绿多汁饲料，20 日龄时开始饲喂青绿多汁饲料，促进犊牛消化器官的发育。每天逐步增加饲喂量。青贮料可在 2 月龄开始饲喂，每天 100～150 g，3 月龄时 1.5～2.0 kg，4～6 月龄时 4～5 kg。犊牛的采食量可达 300 g 以上。在母牛舍内加设只能小牛自由出入的小牛栏，内置小牛用的精饲料和短铡细切的优质粗饲料（如紫花苜蓿、燕麦等），提高犊牛增重速度。经过 40 d 左右的分栏补饲，精饲料的日采食量可达到 0.7 kg 左右。

三、牦牛诱导发情技术

牦牛属于季节性发情动物，母牦牛发情季节为 6—11 月，7—9 月为发情旺盛时期，约有 70% 的个体在发情季节中只发情 1 次。多年来由于家畜数量的增加，加上高山草场的退化，牦牛的繁殖率下降明显，相当一部分牦牛产区为 3 年 2 产，部分地方为 2 年 1 产甚至更低。除去营养因素，青年母牦牛产犊推迟及当年产犊母牦牛在发情季节不发情是造成繁殖性能下降的重要原因。繁殖是牦牛生产中的关键环节，是增加牛群数量、提高牛群质量的必要前提。提高母牦牛繁殖性能是提高牦牛生产收益的有效途径，采取必要措施诱导母牦牛发情是提高牦牛繁殖力的重要途径。

牦牛同期发情技术是指在牦牛繁殖中，通过运用某种激素机制，以人为控制的形式，对雌性动物的发情周期进行有效的控制，保证雌性动物能在规定时间内实现集中发情，通过计划形式确保人工授精技术或者胚胎移植工作高效开展，确保养殖场的母牛能在同一个时间内实现集中发情（陈瑛琦等，2017）。对于繁殖母牛，通过借助调节不同的激素，能对发情周期进行有效的人工控制。由于受到环境等诸多方面影响，普遍表现为发情周期较长，繁殖率较低，生产周期较长，繁殖母牛发情不稳定，发情不规律，发情征兆不明显，在进行配种中难以进行及时识别和诊断。通过人工方式对繁殖母牛的机体激素如促性腺激素释放激素、促黄体素、促卵泡激素和孕激素进行有效人工调控，很好地控制养殖场繁殖母牛的发情周期，确保同期发情同期配种提高受胎率，促进人工授精技术在广大农牧地区的推广应用，转变传统自然交配的生产模式（吉春花等，2021）。

动物生殖系统的发育和功能维持受"下丘脑－垂体－性腺（HPG）"轴的调控。下丘脑、垂体、性腺在中枢神经的调控下形成一个封闭的自动反馈系统，三者相互协调、相互制约使动物的生殖内分泌系统维持在动态的平衡状态。母畜的发情行为由体内生殖激素的脉冲式分泌进行控制（曹素梅等，2017），下丘脑接受经中枢神经系统分析与整合的各种信息后，以间歇脉冲的方式作用于下丘脑，促使其分泌促性腺激素释放激素（GnRH），促性腺激素释放激素进一步作用于垂体分泌促性腺激素（GTH），即促卵泡激素（FSH）和黄体生成素（LH），进而促进卵巢的发育并分泌雌二醇。因此补充生殖激素可以在一定程度上改善母畜的发情。在下丘脑－垂体－性腺轴的各环节中，既有下丘脑对垂体、垂体对靶腺依次调节的关系，又有反馈调节功能。为提高产犊母牦牛的繁殖性能，在围产期加强其体能储备及体况恢复的同时，利用外源性生殖激素处理是行之有效的方法（马小宁等，2007）。目前用于牦牛诱导发情的药物主要是激素类制剂，包括促性腺激素释放激素（GnRH）及其类似物（LRH）、促性腺激素类（GTH）、前列腺素类（PGF2α）、孕马血清促性腺激素（PMSG）和三合激素（ITC）等。

正常情况下性腺分泌的性腺激素对垂体具有负反馈调节作用，阴道内放置牛用孕酮阴道栓（CIDR）后，外周血液中孕酮含量长期处于高水平状态，人为诱发黄体形成，抑制了卵泡发育，进而抑制垂体释放促性腺激素。氯前列烯醇（PG）能兴奋子宫，具有舒张宫颈肌肉和强烈的溶黄体作用，放置 CIDR 的第 7 天撤栓并注射 PGF2α，可加速功能性黄体的消退，血液中孕酮含量急剧下降，促使卵巢提前摆脱体内高水平孕激素的控制，引起垂体大量释放促性腺激素，促性腺激素促进卵巢上卵泡的发育和排卵，进而诱导发情周期出现，从而达到改善牦牛繁殖性能的目的（包鹏甲等，2017）。由于 PGF2α 处理母牦牛效果明显，价格低廉，使用方便，已在家畜诱导发情和同期发情中广泛应用。繁殖季节对母牦牛采用 PGF2α 制剂同期处理发现，处理 2 次和处理 1 次发情率和受胎率分别高 22.6% 和 35%，为 82.6% 和 90%（张居农等，2005），说明 PGF2α 对牦牛的同期发情效果显著。

四、发情鉴定技术

发情是指母牦牛发育到一定年龄性成熟后表现出来的一种周期性的性活动现象。发情周期是指发情持续时间，一般认为，一次发情开始到下次发情开始所持续的时间，一般为 19～23 d。根据母牦牛的精神状态和生殖器官，分为发情前期、发情期、发情后期和休情期。发情前期持续 1～3 d，无性欲表现、生殖器官开始充血。发情期持续 15～18 h，即母牛接受爬跨到回避爬跨的时间，表现为母牦牛兴奋、食欲下降、外阴部充血肿胀、子宫颈口松弛开张、阴道有黏液流出。发情后期持续时间 3～4 d，由性兴奋逐渐转为平静状态，排卵 24 h 后，大多数母牦牛从阴道内流出少量血。休情期持续 12～15 d，精神状态恢复正常。

母牦牛发情周期受到诸多因素的影响，体内的神经和激素控制卵巢功能活动，影响发情周期变化，此外也包括营养、环境、温度等因素。其中，营养是最重要的要素之一，营养不良、膘情较差、管理粗放均会使发情异常。生产中，为避免漏配，应及时观察和进行直肠检查等。

外部观察主要是通过观察母牦牛的精神状态和生殖器官，发情牦牛主要表现为兴奋不安，食欲减退，反刍时间减少或者停止，对周围环境比较敏感，哞叫、追赶其他牛只，嗅其他牛的外阴，爬跨或接受其他牛的爬跨，外生殖器充血、肿胀、流出黏液。可根据这些征兆判断是否为漏配的发情牛。直肠检查本着准确和快速的原则进行。首先将母牦牛进行安全保定，洗净手臂并涂抹润滑液。然后用手指抚摸肛门，用空气排粪法将直肠内粪便排干净，五指并拢，掌心向下。在骨盆腔底部可抚摸到软骨状棒状物为子宫颈。沿着子宫颈的方向移动，可触碰到子宫体和一纵的凹陷，即为角间沟。角间沟两旁左右子宫角分叉处，先将手移至右子宫角，沿子宫角大弯向前下方抚摸，可触碰到右卵巢，用食指和中指将卵巢固定，用拇指仔细触摸卵巢的大小、形状和质地以及卵泡发育情况，再用相似的步骤触诊左卵巢。直肠检查要从形状、质感上区别卵巢。空怀不发情牛的卵巢小，表面光滑。发情牛的卵巢由于卵泡发育体积增大，在卵泡发育的位置小心触摸，会隐约感觉到突出卵巢的、有波动感的小泡。刚排卵后的卵巢变松，排卵处略有凹陷，使卵巢不规则。有妊娠黄体的卵巢也略增大，黄体部分突出卵巢表面，质硬时顶端不光滑。一般排卵在发情结束前 2 h 至发情结束后 26 h，平均排卵时间在发情结束后 12 h。所以只需确认母牛是否真发情即可，也不耽误输精时期。

在高海拔地区人工授精工作开展中，常规授精技术需要对母牛进行发情鉴定，这对于养殖较为分散或者养殖群体较大的养殖场，需要投入巨大的人力成本和财力，不利于人工技术在广大基层地区的推广应用。通过积极推广应用同期发情技术，并将人工授精技术有效融入其中，省去母牛发情鉴定环节，减少因为隐性发情造成的漏配现象，切实提升养殖场繁殖母牛的利用效率，增加繁殖母牛的繁殖率（王小红等，2018）。在同期发情技术推广应用中，孕马血清促性腺激素是常用的一种诱导技术，是一种同期发情和超数排卵类药物，使用量和动物品种有着直接关系。不同体重模式、不同使用剂量模式下，对牦牛的排卵和发情产生的影响不大。但不同季节对牦牛的发情效果有较大影响。冬季进行同期发情处理好于春季，主要是由于牦牛繁殖具有严格的季节性。

第三节　藏系绵羊高效繁殖技术

影响母羊发情的因素一般包括光照、温度、营养和体况等，在自然放牧条件下，藏羊生长发育和繁殖所需营养均来自天然草场，体况也随牧草供给量和营养动态变化而发生变化，在长达 7~8 个月冷季和牧草枯黄期后，与秋末最高体重相比，掉膘体重损失可达 43.58%（赵忠等，2005）。6 月迎来牧草青草期和生长期，此时牧草营养和供给量均为一年中最盛期，藏羊体况得以迅速恢复并发情，完成配种后妊娠期和哺乳期最需要营养供给阶段，草场再次进入冷季和枯黄期，藏羊体况开始大幅下降，只能在下年度牧草返青、体况恢复后进入发情配种。因此藏羊发情与营养和体况具有极为重要的联系（马世科等，2019）。提高藏系绵羊的高效繁殖能力，必须加强母羊的饲养管理，主要包括组群、繁殖调控、母羊营养调控、羔羊补饲技术、羔羊快速出栏等。

一、组群

组群需在繁殖调控开始前 20~30 d 完成，选择 2~5 岁健康经产母羊。母羊群体 200 只左右。母羊 3~5 岁时繁殖力最强，公羊选择 2~4 岁，数量以繁殖母羊群规模 1∶20 确定为宜。

二、繁殖调控

繁殖调控时间开始点安排在藏羊自然放牧条件下发情旺季（7—9 月）效果最佳。母羊要单独组群放牧。配种前适当补饲可提高发情整齐度，如时间节点安排在非发情旺季，前期则需要长时间补饲，恢复母羊体质，进而增加生产成本。配种前可采用外源性激素进行 1 次发情处理，兼顾处理效果和药物成本，可选择肌注氯前列烯醇，提高发情和产羔整齐度，自然发情配种。一个繁殖周期为妊娠期 5 个月、哺乳期 2 个月、待配期 1 个月，合计 8 个月。母羊产羔后，虽能很快发情，但不能过早配种，在追求生产效率的同时，要兼顾母羊身体状况，产后需要 2 个月哺乳期和 1 个月待配期，保证母羊在高效生产中体质及生殖器官得到恢复。

三、母羊营养调控

高原放牧母羊在繁育关键期，正处于天然草场的枯草期，营养供需极不平衡。因此，绵羊生产技术应紧密结合当地自然和生态环境等因素，进行科学合理的饲养管理。母羊在配种后，立即降低营养供给水平，过多的能量摄取会使血液中胰岛素含量增加，使血液中的孕酮被清除，降低血液中孕酮水平，导致发情期受胎率下降；母羊妊娠中期胎儿与母体是相互联系而又制约的，母体由于胎儿的存在，垂体前叶分泌生长激素提高母体对蛋白质的合成。所以，此阶段营养物质要求适量，过高过低都不利于母羊的正常生产，保证母羊具有一定膘情，促使乳腺的发育，为泌乳期分泌更多乳汁打下良好基础，营养过剩或营养不足都会影响乳腺细胞和乳导管的发育；妊娠后期，胎儿增加的重量占初生重的 2/3 以上。所以，应对母羊提高营养，注重怀孕后期母羊的补饲，怀孕后期的母羊营养不良且不给予补饲，将引起母羊体重下降，并严重降低初生羔羊的体重和羔羊成活率，甚至造成母羊严重失重；在泌乳期母羊营养需求大，除自身需要外，还要为泌乳羔羊提供乳汁，特别是随着羔羊哺乳期的延长，母羊分泌的乳汁的量与质都在下降，从而造成母羊失重加剧，甚至死亡。

哺乳母羊的饲养可细分为 3 个阶段（围产期、泌乳高峰期和断奶期）。围产期分为分娩准备期（产前 15 d）和泌乳后（产后 15 d），保证母羊顺利分娩和预防乳腺炎及无乳综合征的发生。对产前膘情差、乳房膨胀不明显的母羊加强饲养与管理；产后 5 d 内不要急于放牧，最好进行全舍饲饲养；哺乳前期以哺乳为主，泌乳高峰期（2 月龄），此阶段主要是抓母羊的饲养管理，提高母乳的数量和质量作为培养工作的基本措施，增加精料和优质干草的补饲，挖掘母羊泌乳力，分泌优质高产的乳汁，保证羔羊吃到充足的乳汁而健康成长。另外，要控制母羊泌乳期体重损失过多，在泌乳期每日供给母羊足够清洁饮水。羔羊出生后，1 h 应吃足初乳，出生后 10 日龄左右就应开始补饲，训练采食精粗饲料的能力，增加营养以满足其生长发育对营养的需求。断奶之前，加强羔羊补饲力度，最大限度地减轻生产母羊的负担，为顺利断奶过渡做准备。然后，对泌乳羔羊做好补饲工作，对泌乳羔羊适时补饲既有利于羔羊的生长，又可以相应地增加母羊体重，补饲方法与泌乳母羊补饲同时进行。

四、羔羊补饲技术

羔羊早期断奶，实施直线强度育肥。从绵羊生长发育规律分析，羔羊生长发育速度快，饲料利用率高。目前羔羊断奶时间为 4 月龄，此阶段母羊正处于天然草场的枯草期，营养供给严重不足。为了使母羊从草原上获取更多的营养物质，对绵羊的放牧管理实行早出晚收，母羊供给给羔羊的乳汁，随母羊觅食行走路程远被消耗，不能满足羔羊正常的生长发育。另外，由于增加了母羊自身的负担，导致羔羊发育受阻，繁殖成活率下降，羔羊生长发育较慢或发育受阻，断奶重小，有的甚至成为"僵羊"，长时间体格小，不长个，在严重影响羔羊生产潜力发挥的同时，也容易造成母羊掉膘致死。对羔羊实施早期适时断奶，进行全舍饲强度育肥，这不仅有利于羊的生产，而且有利于天然草场的保护。

五、羔羊快速出栏

断奶后羔羊生长发育快，利用天然草场结合补饲饲养，具有成本低、效益高的特点。出栏期内羔羊选择在冬季草场质量最好的草场放牧，草场安排在离羊棚较近地点，前 30 d 开始停止放牧。补饲精料采用羔羊专用精补料，补饲量根据各发育阶段体重确定，随体重增长，逐渐增加精料补饲量，减少放牧时间，放牧补饲时间以 120 d 为宜。

第四节　生物技术在牦牛、藏羊上的应用

生物技术是人类最古老的工程技术之一，是当前产业革命和知识经济中高新技术之一。利用现代生物技术的研究手段，在家畜繁育领域中尤其在奶牛、羊、猪等动物上相继出现了一系列重大成果。但在牦牛和藏羊繁育与生产中的应用相对较晚。随着科学技术的不断发展，生物技术将不断完善，必将在家畜繁育中发挥越来越重要的作用。因此，应用生物技术探讨提高生产性能和培育新品种具有十分重要的理论和实际意义。

一、繁殖调控技术

用人工方法收集公牛的精液，经过特定处理后，注入发情母畜生殖道的特定部位，这种方法称为人工授精。为了提高家畜生产效率，加快畜群选育的遗传进展，20 世纪 70 年代中期开始了牦牛人工授精技术的研究（郑丕留等，1980），主要是采用直肠把握法。在牦牛杂交改良、犏牛生产中，人工授精技术发挥了重要的作用。新品种大通牦牛的成功培育，精液冷冻保存和人工授精技术起到了革命性的作

用（阎萍等，2006）。人工授精目前存在的主要问题是需进一步加强冷冻精液保存与利用技术的研究。在生产效率越来越受到重视的今天，人工授精技术对现代产业的高效可持续发展将具有非常重要的现实意义。在家畜新品种（品系）培育中，繁殖调控技术的不断发展将给人工授精技术带来新的启示和新进展。随着人工授精技术的不断改进和提高，人工授精技术仍将在我国家畜产业持续健康发展中做出更大的贡献。

同期发情实质是诱导母畜群体在同一时期发情排卵的方法，在生产中的主要意义是便于组织生产和管理，提高发情率和繁殖率。另外，同期发情技术有利于人工授精技术的进步推广，同时也是胚胎移植技术的重要环节。目前，用于同期发情的药物主要有激素和中药制剂两大类（马天福，1983），激素主要包括 GnRH 及其类似物（蔡立，1980；字向东等，2002）、前列腺素（PGF2α）或类似物（权凯等，2004）、促性腺激素类（Yun，2000）。处理方法有单激素处理、激素组合处理、中药制剂处理等，其中激素组合处理方法有三合激素法（刘志尧等，1985）、前列腺素（PGF2α）+促性腺激素法（曹成章等，1993）、GnRH 类似物 + 促性腺激素法等（王应安等，2003）。给药途径有肌内注射、阴道栓埋植（阿秀兰等，2010）和灌服法。处理次数有一次处理和二次处理，其中二次处理发情率高于一次处理（权凯等，2004）。由于同期发情受家畜生殖生理状况、激素种类、激素剂量、处理方法以及营养水平等因素的影响，目前报道的牦牛同期发情率差异很大，从 0 到 100% 不等。同期发情受自然繁殖规律的制约性强。因此，在今后研究与应用中，应严格遵从家畜繁殖特性与自然繁殖规律，这样才能使同期发情技术广泛应用于生产实际。

超数排卵简称为超排，是提高母牛繁殖效率的繁殖调控技术之一，通常用于母牛的胚胎移植中。阎萍等（2003）探索了牦牛超数排卵 FSH 剂量、方法、胚胎冲取及冷冻等技术，3 头牦牛共获得 17 枚胚胎，填补了牦牛超数排卵研究的空白。权凯等（2007）报道，用 8.8 mg FSH（中国科学院动物研究所研制）对 3 头半血野牦牛进行超数排卵，头均获得 4 枚有效胚胎；用 15 mg FSH 对 3 头半血野牦牛进行超数排卵，头均获得 0.7 枚有效胚胎；但 FSH 8.4 mg 组、PVP 包埋 FSH 8.5 mg 组均没有得到胚胎。李全等（2008）报道国产激素 9 mg FSH+9 mg PG+ 1 000 U CG 组合与 9 mg FSH+9 mg PG 组合对繁殖季节中的牦牛进行超排处理，都可以引起反应，但个体间超排反应差异较大。牦牛对超排药物的敏感程度受环境、季节和营养状况影响较大，超数排卵效果不稳定，超排有效胚胎数较黄牛、奶牛少。另外，抓捕保定对牦牛的刺激和药物用量对超排效果的影响尚需进一步研究和完善。

二、胚胎生物技术

胚胎移植的含义是将良种母畜的早期胚胎取出或者是由体外受精及其他方式获得的胚胎，移植到生理状态相同的母畜体内，使之继续发育成为新个体。提供胚胎的母畜称为供体，接受胚胎的母畜称为受体。胚胎移植实际上是生产胚胎的供体母畜和养育后代的受体母畜分工合作，共同繁殖后代。所以也有人通俗地叫借腹怀胎。牦牛胚胎移植研究相对于奶牛、黄牛较晚。1991 年陈静波等对牦牛胚胎移植首次进行了尝试研究，将 10 枚中国荷斯坦奶牛胚胎分别移植到 10 头牦牛受体内，结果只有 1 头妊娠，但最终死亡（陈静波等，1995）。2004 年，开展了天祝白牦牛胚胎移植试验，经过药物调理、同期发情、超数排卵等技术处理，平均胚胎回收率 55.6%，共收集 18 枚可用胚胎，将 12 枚胚胎移植到 10 头同期发情的受体牦牛，最终妊娠 50%，分娩率 40%（余四九等，2007）。随后，姬秋梅等（2007）开展了西藏当雄牦牛胚胎移植试验，处理 10 头供体牛，共获得 7 枚胚胎，PGF2α+FSH 连续递减法得到 5 枚可用胚胎，Cu-Mate+FSH 法没有冲到胚胎，5 枚胚胎移植给 5 头受体后妊娠并出生 4 头犊牛，胚胎移植在西藏获得成功。牦牛胚胎移植虽然取得成功，但胚胎来源比较困难，同时在超数排卵和移植技术水平方面还有待于进一步改进和完善。随着胚胎移植技术的不断完善和提高，胚胎移植技术将成为家畜快速扩繁和其他高新技术应用的有效技术手段，具有广阔的应用前景和重要的现实意义。

　　体外受精是指精子和卵子在体外人工控制的环境中完成受精过程的技术。由于它与胚胎移植技术密不可分，又简称为 IVF-ET。在生物学中，把体外受精胚胎移植到母体后获得的动物称试管动物。奶牛、水牛、黄牛等的体外受精已获得成功，并得到了试管动物，而牦牛体外受精的研究还处于试验研究阶段。Luo 等（1994）从 4 头母牦牛 8 个卵巢共收集 25 个卵母细胞，经体外成熟和体外受精培养后，卵母细胞的受精率及卵裂率分别为 60% 和 40%，发育正常的桑葚胚 2 个，移植后未妊娠。随后，金鹰等（1999）研究了黑白花冷冻精液牦牛卵母细胞的种间体外受精研究；何俊峰等（2005）研究了受精液和受精时间对牦牛卵泡卵母细胞体外受精的影响；阎萍等（2006）研究了不同激素配比、性周期阶段对白牦牛卵母细胞体外成熟的影响。但普遍存在的问题是受精卵的卵裂率和囊胚体外发育率结果不稳定，因而体外受精的总成功率偏低。目前对牦牛卵母细胞体外成熟、体外受精和受精卵的体外发育培养的系列研究仍然在继续。

三、基因组育种

　　基因组育种是在基因组分析的基础上，通过 DNA 标记技术来对畜禽数量性状座位进行直接选择，或通过标记辅助导入有利基因，通过标记辅助淘汰清除不利基因，以达到更有效地改良畜禽的目的。目前，对牦牛基因组的研究主要集中在遗传多态性的研究上，包括血液蛋白多态性、染色体多态性、DNA 多态性等，这些研究的结果可反映牦牛品种遗传多样性丰富程度和确定品种遗传独特性程度，了解牦牛各品种间及其与野生近缘种间的亲缘关系，进而分析牦牛的起源和遗传分化情况，区分牦牛品种或类型；也可为定向培育新品种、新品系，合理开发利用其遗传资源，生产更多更优质的畜产品提供重要的理论依据（赵素君等，2005）。基因组育种目前处于基础研究阶段，还未应用于生产实际。如将常规育种技术与分子遗传标记、数量性状基因座位、标记辅助选择等技术有机结合起来，基因组育种技术必将在牦牛繁育中创造出具有新的特殊功能的品种或个体。

转基因育种是通过基因转移技术将外源基因导入某种动物的基因组上，育成转基因畜禽新品种（系），从而达到改良重要生产性状（如生长率、遗传抗性等）或非常规性育种性状（如生产人类药用蛋白、工业用酶等）的目标。通常把这种方式诱导遗传改变的动物称作转基因动物。樊宝良等（2001）根据奶牛 G- 乳清蛋白基因序列设计引物，用 PCR 方法扩增并克隆了牦牛 q- 乳清蛋白基因的全序列，该基因 5' 调控区可能更适于进行组织特异性表达的转基因动物的制作研究。2006 年，李彦欣等将牦牛耳成纤维细胞、颗粒细胞和输卵管细胞，分别作为供核细胞移入去核普通牛卵母细胞中，牦牛与普通牛重构胚经体外培养后均获得了早期囊胚（囊胚率为 35%）。将 108 枚异种克隆牦牛胚胎移植给 20 头荷斯坦牛和 18 头黄牛，其中有 23 头受体牛发情期延迟，60 d 后直肠检查确认 2 头受体（黄牛）妊娠，但在移植后 120 d 内妊娠终止（Li et al., 2006）。该研究虽然没有产下牦牛与普通牛异种体细胞核移植的后代，但结果足以证明在两个物种间可以成功开展异种体细胞核移植。转基因育种不仅可以加速牦牛的育种进程，而且可以作为生物反应器直接生产目的蛋白。但由于转基因效率不稳定、外源基因表达不确定性因素多等限制，转基因技术还未能在牦牛繁育中广泛应用。今后应当加强基础方面的研究，明确牦牛转基因研究的技术方向和目标，尽早开发应用。

第五节 牦牛、藏羊高效精准补饲技术

一、常见补饲精料营养价值

反刍动物的养殖模式可分为放牧饲养、舍饲饲养以及放牧 + 补饲 3 种饲养方式。适当补饲对于反刍动物生产、繁殖具有一定的促进作用。在暖季牧草产量丰富、牧草营养价值明显能满足反刍动物的生产需求时，暖季放牧饲养是较为经济、合理的养殖模式。在暖季牧草营养价值明显不能满足反刍动物的生产需求时可适当补饲，能有效缩短饲养周期。在温度低、牧草缺乏以及牧草营养价值较低的冷季，反刍家畜的补饲饲养很有必要。冷季补饲在减少生产损失的同时，能有效地增加生产效益，对于翌年生产的恢复具有重大意义。

反刍动物饲料营养价值的评定包括饲料营养成分和利用率的评价两部分，是实现家畜高效生产的基础。近年来，为了便于牛羊养殖企业和农牧民科学合理配制牛羊育肥料或补饲饲料，通过比较青藏高原反刍动物常用精饲料原料的营养价值，能够充分利用当地精饲料原料发展高原畜牧业（杨得玉等，2016）。青稞是我国青藏高原地区对多棱裸粒大麦的统称，也叫元麦、淮麦、米大麦、裸大麦，是大麦的一种特殊类型，因其内外颖壳分离、籽粒裸露，故称裸大麦（樊秉芸等，2011）。青稞生育期短，耐寒性强，是在青藏高原种植历史悠久、分布范围最广的

粮食作物。目前青稞种植面积约有 3.33 万 hm^2，总产量为 7.5 万 t，单产为 2 250～4 500 kg/hm^2（马寿福等，2006）。青稞中干物质含量、干物质降解率分别为92.48%、93.31%。小麦是我国重要的粮食作物，种植面积大，产量高。小麦分为春小麦和冬小麦，由于青藏高原气候环境，主要以种植春小麦为主。小麦的粗蛋白质和氨基酸含量高于玉米，但蛋白质品质不佳。小麦中的可溶性非淀粉多糖含量较多，可达到小麦干重的 6% 以上，其主要成分是阿拉伯木聚糖。春小麦在青海省播种面积为（ 1.0×10^5～1.33×10^5 ） hm^2，占播种面积的第二位（权文利等，2013）。麸皮是小麦制粉的主要副产物，我国每年约有 2 000 万 t 小麦麸皮资源，85% 以上用于饲料、传统酿造业（林琳等，2010）。麸皮中含有较丰富的碳水化合物、蛋白质、淀粉酶系、维生素和矿物质等（刁波，2013）。玉米被称为"高产作物之王"，籽实营养价值高，并且含能量值高是主要的能量饲料。玉米中淀粉含量较高（刁波，2013），可溶性非淀粉多糖含量较低，是优良的能量饲料原料。青海省玉米适宜播种区在民和、循化、乐都、化隆等地，产量较低（Weurding et al.，2001）。玉米能量含量高，在家畜饲养时亦能起到事半功倍的效果，因此玉米也是青海省优质的精饲料来源。豌豆是一年生草本作物，可作为粮食，也可作为饲料使用。豌豆适应性较强，具有耐寒、耐旱的特点。豌豆富含淀粉，豌豆的蛋白质含量较高，其中赖氨酸含量很高（车永和，2000）。蚕豆是一年生的草本作物，是重要的粮食作物。蚕豆营养价值丰富，含有一些重要矿物质，其中 P 和 Mg 两种微量元素含量较高，蛋白质及维生素含量也较高，是较好的蛋白质营养来源（石永峰，1994）。青海省是我国春蚕豆主产区之一，蚕豆是青海省重要的直接出口作物，是农民增收的优势作物，播种面积为 2.57×10^4 hm^2，产量约为 6.9×10^4 t（方唯微等，1994）。豆粕是大豆提炼出油之后的副产物，营养齐全，富含碳水化合物、蛋白质、脂肪、矿物质、维生素以及氨基酸，是家畜生产中良好的饲料来源。菜籽饼粕是油菜籽加工的副产物，营养价值受加工工艺的影响很大。一般而言，菜籽饼粕中含有丰富的蛋白质及氨基酸，并且价格低廉，其中蛋白质含量在 33%～40%，矿物质含量在 7%～8%，碳水化合物含量在 20% 以上，纤维含量在 10% 左右（青海省统计局，2006）。青海省是白菜型小油菜的发源地，是北方春油菜的主产区之一，2003 年油菜种植面积达到 20 万 hm^2（朱晓春等，2013）。青海省油菜种植资源丰富，油菜品种生育期短、抗逆性强，并且出油率高，无污染，品质高。随着油菜产量的增加，其副产物菜籽饼粕的量也增加。

补饲精饲料能在一定程度上提高反刍家畜的生产效率。但在不确定精饲料营养成分的情况下，盲目添加精饲料不一定能增加反刍家畜日增重，还可能造成饲料资源的浪费。表 7-1 列出了青海省反刍动物 7 种常用精饲料的常规营养成分及体外产气法测得的发酵指标，方便研究人员以及生产者参考。

表 7-1 青海省反刍动物常用精饲料营养成分

名称	DM（%）	CP（%）	NDF（%）	ADF（%）	Ash（%）	Ca（%）	P（%）	代谢能（MJ/kg）
青稞	92.48	7.89	70.62	3.51				
小麦		8.88	29.28	4.39		0.03	0.26	14.60
麸皮		9.71	38.42	31.18		0.22	0.16	10.71
玉米		8.16	26.52	4.74		0.23	0.17	14.90
熟豌豆		18.10	44.90	11.96	4.52			
生豌豆		17.71	53.63	12.55	2.62			
豌豆		21.89	41.47	13.87				10.13
豆粕	96.56	40.39	9.74	5.87		0.35	0.18	

注：数据参考自毛小锋等，2003；柴沙驼等，2010；郝力壮等，2008。

饲料营养价值评定是合理高效利用饲料资源的关键所在，是为家畜配制平衡营养日粮的基础。青海省当地的常用精饲料主要是青稞、小麦、麸皮、玉米、豌豆、蚕豆、豆粕及菜籽饼粕，其中豌豆、蚕豆、豆粕及菜籽饼粕为蛋白质饲料，这些饲料中存在单宁、硫代葡萄糖苷、多酚类物质等抗营养因子，应通过物理、化学、微生物的方法进行脱毒处理，降解抗营养因子，促进反刍动物的消化吸收，提高饲料利用率，从而改善饲料营养。

二、常见补饲粗饲料营养价值

粗饲料对于反刍动物健康和生长具有重要的作用，主要表现在以下方面：粗饲料是反刍动物重要的能量来源之一，粗饲料中的粗纤维在瘤胃微生物的作用下，可以产生挥发性脂肪酸，挥发性脂肪酸可以为反刍动物提供能量，参与各种代谢活动；粗饲料可以提高乳脂率，高质量的粗饲料在瘤胃中发酵产生大量乙酸，参与乳脂合成，提高乳脂率；保持瘤胃机能，粗饲料可以刺激反刍和肠胃蠕动，保持瘤胃机能正常，促进消化；刺激唾液分泌，粗饲料可以刺激唾液的大量分泌中和瘤胃 pH 值，保持瘤胃内环境稳定；预防酸中毒，反刍动物采食大量精料，精料在瘤胃中快速发酵，使反刍停止，采食粗饲料可以刺激反刍、分泌唾液，预防瘤胃酸中毒。冬春季节给家畜补饲粗饲料，提高了家畜的生产性能，减轻了草场压力。反刍家畜主要由牧区的放牧家畜（牦牛、藏羊）、农区及农牧交错区和城郊的舍饲半舍饲反刍家畜（奶牛、绵羊）组成，其粗饲料为天然牧草、人工牧草和农作物秸秆。牧区放牧家畜全年营养供给极不均衡，在冷季需要补饲大量的粗饲料，而在农区和农牧交错区散养的反刍家畜，饲喂较为粗放，仅是简单地将秸秆和部分谷物饲喂给家畜，未能考虑其营养组成的合理搭配。常规的能值测定耗时、耗力且成本较高。

崔占鸿等（2011）测定了青海省农牧交错区的农作物秸秆（小麦秸秆、豌豆秸秆、蚕豆秸秆、油菜秸秆及马铃薯秸秆）、优质补饲饲草（青贮玉米秸、苜蓿青干草、燕麦青干草）和天然草地型（线叶嵩草、高山柳＋黑褐苔草、金露梅—珠芽蓼及藏嵩草）冷季牧草等牦牛 12 种常用粗饲料的常规营养成分，结果表明，5 种农作物秸秆除豌豆秸秆和蚕豆秸秆的粗蛋白质含量分别为 8.5%、9.75%，其余秸秆粗蛋白质含量均低于 8%，有机物质消化率在 40%～65%，代谢能在 4.0～9.0MJ/kg；4 种天然草地型冷季牧草的粗蛋白质均低于 8%，有机物质消化率在 48%～70%，代谢能在 6.0～10.0 MJ/kg；3 种优质补饲饲草苜蓿青干草、燕麦青干草和青贮玉米秸的粗蛋白质含量分别为 11.36%、8.79%、5.25%，有机物质消化率在 42%～70%，代谢能在 5.0～11.0 MJ/kg。

郝力壮等（2012）通过经验模型得出青海省常用的 10 种粗饲料的总可消化养分（TDN）和泌乳净能（NEL），试验采用常规营养养分分析法对青海省 10 种粗饲料进行了评定，结合 UC Dayis 估测模型估测其 TDN 和 NEL。试验表明，小麦秸秆、豌豆秸秆、蚕豆秸秆、油菜秸秆、马铃薯秸秆、青贮玉米秸、燕麦青干草、苜蓿干草、垂穗披碱草、老芒麦的 CP、ADF、NDF 和 OM 分别为 2.67%、8.50%、9.75%、1.96%、6.40%、5.25%、8.79%、11.36%、7.77%、5.27%；52.09%、39.56%、55.08%、65.42%、61.54%、31.18%、52.07%、30.47%、32.25%、30.60%；75.74%、48.60%、63.04%、75.00%、66.41%、55.02%、69.39%、38.24%、53.42%、59.40% 和 94.98%、95.03%、94.84%、92.94%、89.70%、94.36%、87.71%、98.39%、92.33%、93.50%。以所测得的 CP、ADF、NDF 和 OM 为基础，通过 UC Davis 估测模型估测小麦秸秆、豌豆秸秆、蚕豆秸秆、油菜秸秆、马铃薯秸秆、青贮玉米秸、燕麦青干草、苜蓿干草、垂穗披碱草、老芒麦的 TDN 和 NEL 分别为 48.74%、65.60%、56.45%、46.88%、48.53%、61.36%、36.04%、68.01%、59.58%、55.58% 和 3.91 MJ/kg、5.62 MJ/kg、4.69 MJ/kg、3.75 MJ/kg、3.97 MJ/kg、5.27 MJ/kg、2.73 MJ/kg、6.07 MJ/kg、5.14 MJ/kg、4.67 MJ/kg。豌豆秸秆、青贮玉米秸、苜蓿干草和垂穗披碱草的能值较高，其中尤以苜蓿干草最高，而其他粗饲料能值较低，且垂穗披碱草为最低。结果表明，模型估测法可简单、快速地得到粗饲料的能值且成本较低，所得结果为粗饲料的合理利用提供参考。综上，家畜补饲粗饲料时，应充分考虑粗饲料的营养成分、加工方法、适口性等。

三、矿物质、维生素等营养价值

提供微量矿物质（TM）以满足肉牛的需求对于骨骼发育、免疫反应和最大生长性能至关重要（Underwood et al.，1999）。通常补充的 TM 包含铁（Fe）、铜（Cu）、锰（Mn）、锌（Zn）、钴（Gu）、碘（I）和硒（Se），而这些 TM 的缺乏将对牛的各种生物功能和生长产生负面影响（Nasem，2015）。此外，矿物质缺乏是高原放牧家畜中最普遍的问题。因为牦牛生活在极端恶劣、寒冷、缺氧、高太阳辐射和牧草生长季节短的环境中（Sasaki，1994；Wiener et al.，2011）。除了天然牧场外，一般不补充其他添加剂，特别是冬季（Zhou et al.，2017），导致牦牛生长状况不理想，经济效益低。因此，通过矿物质以及维生素等调控方式，提高牦牛的生长性能和经济效益，对牦牛补充矿物质资源具有重要意义。

薛白等（2010）对牦牛补饲矿物质缓释尿素发现，牦牛瘤胃微生物对降解氮的利用程度和微生物蛋白的数量明显增加。研究表明，铜是瘤胃结构蛋白、酶等必需的矿物元素，瘤胃微生物需要铜来发挥功能（Genther et al.，2015），另外铜也会影响瘤胃挥发性脂肪酸的变化（Durand et al.，1980）。武霞霞（2012）、张清月（2018）等研究结果显示，硒不会影响反刍动物 pH 值、氨态氮等瘤胃发酵指标。当然也有不同的研究结果（Naziroglu et al.，1997；Liu et al.，2008），原因可能是动物品种、矿物质添加形式、剂量、持续时间不同造成。王燕燕等（2013）研究表明，合适的硒补充可以降低羊肉滴水损失，但对其屠宰率、眼肌面积等屠宰指标没有影响。侯鹏霞等（2021）研究日粮添加氨基酸锌对育肥羊屠宰性能、肉品质及血液和组织中微量元素含量的影响，结果表明添加氨基酸锌提高了试验组宰前活重，但各组间肌肉干物质、粗蛋白质和脂肪含量差异均不显著。倪国超等（2020）发现，微量元素营养性添加剂对育肥后期肉羊宰前活重、胴体重、屠宰率均无影响，但可以降低脂肪在肾周和尾部的沉积，同时有改善肉色和降低滴水损失的趋势。结合多项研究，可以说明牦牛及藏系绵羊补饲矿物质元素能提高动物胴体质量和有效改善畜产品品质。

众多研究人员关于牦牛矿物质的研究一般都是在研究高原放牧生产系统土—草—畜矿物质关系时有所涉及，仅是阐明牦牛在某种饲养状态下某些矿物质缺乏（辛国省，2010；韩小东，2017；郝力壮，2019），通过补饲后，牦牛生产性能得到良好的提升（郝力壮，2019；晁文菊，2009；周义秀等，2020）。20 世纪 80 年代末，有学者描述了高寒草地放牧家畜的舔土现象，指出高原放牧家畜矿物质缺乏是普遍问题（中国牦牛学，1989）。在国际上所有饲养系统中，矿物质需要量参数的确定和适度补充是实现家畜生产性能和健康水平的有效途径，不足和过量都将造成不良结果（肉牛营养需要，2018）。2013—2016 年，李亚茹（2016）、薛艳锋（2016）和李万栋（2016）开展了生长期牦牛主要矿物质需要量研究系列工作，确定了在牦牛日粮中一些矿物元素的适宜添加量及添加形式。李亚茹（2016）建立了 2 岁牦牛钙排泄量与钙食入量以及磷排泄量与磷食入量的关系（n=30），即 Y=0.293 8X+119.49（R^2=0.931 2）和 Y=0.247X+6.602 2（R^2=0.938 5），Y 为每千克体重钙或磷排泄量 [mg/（kg·d）]，X 为每千克体重钙或磷食入量 [mg/（kg·d）]。薛艳锋（2016）和李万栋（2016）除了确定主要矿物元素铜、锰、碘、铁、锌、硒在日粮中的适宜添加量外，还确定了适宜添加形式为蛋氨酸铜、蛋氨酸锰、碘酸钙、羟基蛋氨酸铁、羟基蛋氨酸锌、酵母硒。周义秀等（2020）系统研究了高寒草甸草场12 个月天然牧草和放牧母牦牛乳中矿物元素含量，并分析了二者的关系，在此基础上进行冷季放牧母牦牛补饲，并对冷季牦牛产奶量及乳中矿物元素与补饲量进行了回归分析，获得了产奶量和乳中矿物元素含量与补饲量之间的系列回归方程，为冷季放牧母牦牛合理补饲矿物质提供了依据。结合国内外的研究成果，总结了牦牛矿物质需要量及耐受浓度参考值（表 7-2），可为当前牦牛高效饲养提供参考。牦牛矿物质营养领域尚有大量空白亟须补充完善，随着研究数据的不断积累，将逐渐更新和修订以下参考值。

表 7-2　牦牛矿物质耐受量及耐受程度参考值

项目	生长期	育肥牛	母牛		最大耐受浓度
			妊娠阶段	哺乳前期	
钠（%）	0.06~0.08	0.06~0.08	0.06~0.08	0.10	—
钾（%）	0.6	0.6	0.6	0.7	2
镁（%）	0.10	0.10	0.12	0.20	0.4
铁（mg/kg）	20~40	50	50	50	500
钴（mg/kg）	0.10	0.15	0.15	0.15	25
铜（mg/kg）	10~20	10	10	10	40
锰（mg/kg）	40~60	20	40	40	1 000
锌（mg/kg）	20~40	30	30	30	500
钼（mg/kg）	—	—	—	—	5
硒（mg/kg）	0.2~0.4	0.1	0.1	0.1	5

注：数据参考自周义秀，2020；薛艳锋，2016；李万栋，2016；NRC，1980；NRC，1996；NRC，2000；NRC，2005；NRC，2016。

外源添加维生素在改善反刍动物健康、提高产奶量、改善乳品质、提高机体免疫功能以及改善繁殖功能等方面都能起到积极作用。随着集约化养殖的快速发展和人们对动物生产性能、畜产品品质的要求越来越高，动物的生活环境中应激因子越来越多，反刍动物生长、生产所需的营养也应随之增加。维生素作为参与碳水化合物、脂类、蛋白质以及核酸等代谢的辅助因子，其需求量随着机体代谢活动的增强而增加。

目前，诸多研究表明饲粮中添加单一或混合维生素对改善反刍动物健康、提高生产性能具有积极作用。Wang 等（2014）用高精料日粮诱导奶牛瘤胃酸中毒后添加 180 mg/kg 的硫胺素可以降低乳酸产生菌的相对丰度，提高瘤胃 pH 值，缓解瘤胃酸中毒。Du 等（2019）在妊娠奶牛日粮中添加 118 mg/d 的叶酸，产奶量增加了 1.88 kg/d，乳脂和乳蛋白产量分别增加了 0.07 kg/d、0.10 kg/d。Hausmann 等（2018）研究指出，在围产期奶牛日粮中添加 40 mg/d 生物素，乳脂产量提高了 0.21 kg/d，产后酮病的发病率降低了 22%。此外，B 族维生素对反刍动物的免疫功能和繁殖性能也有积极影响。日粮中添加烟酸可以降低热应激牦牛的炎症反应，降低血清白细胞数、白细胞介素 -1β 和肿瘤坏死因子 -α 含量（王雪莹等，2020）。Juchem 等（2012）研究发现，给荷斯坦奶牛饲喂添加包被复合 B 族维生素（由生物素、叶酸、泛酸、吡哆醇和钴胺素组成，4 g/ 头，饲喂 200 d）的日粮使得第 1 次人工授精的受精率比对照组提高了 4.8%。

综上所述，维生素对反刍动物健康、生产性能、繁殖性能、免疫功能的发挥具有重要作用。目前，关于青藏高原家畜补饲维生素研究较少，因此，今后应加强对各种维生素在不同环境、饲粮条件下的瘤胃合成、降解和吸收研究，确定反刍动物日粮中适宜的维生素添加量，充分保障家畜健康，发挥生产潜力。

四、常见补饲技术

近年来，因草场自然条件变劣、病虫鼠害严重以及超载过牧等原因造成了草场严重退化。冬春季节温度极低，饲草严重短缺，牛羊死亡率急剧升高、体重降低较多，造成羊生产力低，牧民损失惨重。冬春季缺草是制约放牧牛羊产业的关键。开展补饲技术是行之有效的手段，是实现高原畜牧业可持续发展的关键。而当地牧民仅有极少部分只在冬季缺草时对老弱牛羊进行补饲草料，更不会在夏季进行补饲。应当依靠科技实现补饲，提高牛羊生产力（张晓晖等，2020）。

牛羊对草地的消耗较快，长期牛羊养殖必然存在草场的保护和修复。若草场发生退化和遭到破坏，可在不违背各级草原生态保护政策、不破坏原生植被的前提下，补种同类植物，或者建植多年生牧草。同时制定合理的载畜量，减轻草场压力，做好鼠虫害防治和毒杂草防除等工作，最终达到保护和修复草场的目的。草场才能持续生产和提供足够的饲草给牲畜，解决草场退化、饲草供应不足的问题。

近年来，针对饲草严重短缺的情况，高原牧区各级政府部门在科研院所的支持和技术支撑下，也积极引进优质饲草，开展人工草地建植、卧圈种草等。人工草地的产草量为天然高寒草地的 10 倍以上。根据气候、土地等自然条件，在降水丰富、地势平坦的区域，选择多年生禾本科牧草单播 / 混播，如免耕种植老芒麦 / 披碱草单播与混播；也可利用牲畜放牧时节，每年 5 月左右，将空置的牲畜卧圈种植一年生燕麦、黑麦草等；若有海拔低于 3 500 m 且降水丰富区域，可建立豆科 - 禾本科混播高产优质人工草地。例如以间行种植藏草 + 老芒麦 / 披碱草 / 红豆草 / 紫花苜蓿 / 红三叶、黑麦草 + 鸭茅 + 三叶草等；利用塑料大棚进行优质饲草种植，如合理安排种植、刈割，燕麦每年可刈割 2～3 次。利用人工种植的优质饲草作为青草，或加工制作成青干草或者青贮饲料，都可作为冬季的补饲草料。人工草地种植业，可快速增加高原牧业饲草供给，明显缓解天然草地放牧压力，在不减少牧户现有牲畜数量的条件下，实现畜牧业从粗放型放牧到放养结合的科学化养殖模式的转变，提高畜牧业养殖效率，实现牧民增产增收和生态安全的双赢。

维护牧区的天然、绿色与效率，又要补饲草料，特别是解决冬季饲草严重匮乏问题，必须考虑饲草料加工与贮藏，主要包括干草和青贮饲料的调制、加工及贮藏。干草是经过自然晒干或人工干燥调制成的能长期保存的饲草。野草、栽培饲草、农作物秸秆等都可制作干草，其调制方法简单，成本较低，便于长期大量贮藏。割草可人工和机器收割，注意刈割时间，可根据营养价值和生物期决定。晒制采用自然干燥法，将收割的饲草就地平铺，待水分下降至50%时，堆成小堆或者直接放到棚顶，经2～3 d自然干燥，使其含水量降低至20%左右。注意遮阳、避雨、防潮、通风，防止霉变。然后将干草堆砌在室内草料棚或者室外露天堆垛储藏。室内堆放修建草料棚，干草和棚顶应保持30 cm距离，露天堆放应选高而平的干燥处，垛底高出地面30～50 cm，堆垛时尽量压紧，覆盖顶部，以防止淋雨、漏雨。干草储藏时注意分区和防火。

青贮是通过乳酸发酵保存鲜料的最有效方法。方式有窖式、堆垛和裹包青贮。收割应选在晴天，禾本科牧草抽穗期刈割，豆科孕蕾期或始花期刈割。可晾晒至水分含量60%～70%，将禾本科牧草、豆科牧草及秸秆等原料切成2～3 cm。青贮都要选择排水性好的地点，采用塑料薄膜，对粉碎或揉丝后的原料进行装填压实，严密封顶，防止漏气漏水。裹包青贮是原料经收割、揉丝后，用专用裹包打捆机将草料压成圆柱形或方形草块，打捆后迅速裹包。优势是不受产量、场地和天气限制，适用于小规模、分批次生产，可远距离运输。饲料营养成分损失少，贮藏时间长，取用不易发生二次发酵。冷季、暖季补饲精料，不但能提高牛羊的生产性能，对于屠宰性能也有益处。已有试验证明补饲能量饲料结合蛋白饲料效果最好，补饲不同来源精料均可显著提高牛羊平均日增重。一般建议补充精料用量按牛羊体重的1%～3%，尽量配制营养全面的精料混合料，可采用饲料原料玉米、菜粕、豆粕、麸皮按一定比例混合均匀，也可用当地易得的青稞等替代一部分原料。有条件的还要加入小苏打、食盐或预混料以补充微量元素、矿物质等。若平常只单独补饲玉米或者原料混合料，可补饲功能多样的营养舔砖。开始补饲精料时在饲喂前应进行诱饲，形成条件反射后，逐渐适应补饲精料后，形成固定饲喂习惯。冬季纯圈养时，建议每天补饲精料2～3次即可，放牧季节可在牛羊晚上归圈后补饲1次即可。在高原牧区根据饲养区域实际情况因地制宜，引进适应性好、生产性能高的牛羊品种，运用适宜的、科学的放牧和补饲技术，结合地区自然气候特点，才能养好牛羊提高经济效益。

五、补饲饲养管理

冬春季节，天然草地供给不足，导致牦牛及藏系绵羊体内贮存营养的损失，包括蛋白质、矿物质等，进而使牦牛抵抗自然灾害的能力降低。在家畜掉膘过程中时，造成家畜功能性组织器官损伤、生理机能弱化或者是丧失。由于青藏高原特殊地理环境，牧草中的营养价值大幅降低，导致牦牛的掉膘程度大且时间较长。若是在枯草期牦牛营养不良，使牦牛在暖季的身体恢复时间延长，进而导致其发情期延迟或者不发育的情况。这种情况会间接性的影响牦牛的繁殖效率。因此，在实践中需要做好冬春季节牦牛及藏系绵羊的补饲饲养工作，确保家畜的健康，使家畜能更好地生长、发育、繁殖、产奶（后永贵等，2019）。在实践当中，为有效开展牦牛的补饲饲养工作，需要注意以下几个方面。

1. 补饲时间

在补饲阶段，首先应该注意补饲时间，在枯草期来临的阶段便开始开展补饲工作。具体的时间应根据当地的气候特点、草场情况、家畜的身体情况以及枯草期来临的时间等。通常进入枯草期时可适当开始补饲措施，根据枯草的程度逐渐增加补饲的数量，进而全面保证家畜的营养摄入量，补饲的时间通常为4个月左右。

2. 补饲方法

定时定量的开展针对牦牛的补饲工作，并且在补饲的数量方面也应该根据草料的储备量、牦牛的营养储备量以及其生理情况确定补饲饲喂量。同时还需根据牦牛大小、强弱、体重等指标重新分组，对其进行单独饲喂、提前补饲。针对公畜应该适当增强其补饲量，并且在草料分配上面保证质量，加大精料的比例；针对母畜，重点放在其妊娠后期或者是哺乳前期。针对补饲量较少的家畜，在放牧回来时进行补饲，当补饲量较多时，应在早上出牧前以及晚上归牧时进行，进而有效实现家畜的科学补饲，全面保证家畜体内的营养含量。

3. 注意事项

在补饲过程中，应该充分注意以下几方面的事项：充分保证饲料的清洁、新鲜，同时选择能量较高的饲料，饲料搭配合理，精料过多或者是单一都可能造成补饲过程出现问题，造成牦牛的食欲下降；在补饲阶段，精料是由玉米、豆饼、盐以及矿物质添加剂等配合而成，每天的补饲量以家畜体重的0.5%~1%为最佳；调制好的饲料应该及时饲喂，不能放置时间过久，以免变质，每次喂完需要立即清扫，保证饲槽的卫生。

参考文献

《中国牦牛学》编写委员会，1989. 中国牦牛学 [M]. 成都：四川科学技术出版社.

阿秀兰，张新慧，达瓦洛桑，等，2010. 采用 CUE-MATE 和羊乐 +D-PG 法诱导当雄牦牛同期发情的效果观察 [J]. 黑龙江动物繁殖，18（3）：11-12.

包鹏甲，郭宪，裴杰，等，2017. 牦牛诱导发情技术研究进展 [C]// 第十二届中国牛业发展大会论文集. 北京：中国畜牧业协会.

蔡立，1980. 用"促排卵素2号"（LRH-A）提早牦牛产后发情受胎的效果 [J]. 中国畜牧杂志（6）：18-30.

曹成章，赵炳尧，1993. 牦牛同期发情初步实验结果 [J]. 中国牦牛（1）：41-43.

曹素梅，万雪萍，严美姣，等，2017. miRNAs 介导下丘脑－垂体－性腺轴调控动物生殖的研究进展 [J]. 中国畜牧杂志（1）：1-6.

柴沙驼，郝力壮，崔占鸿，等，2010. 体外产气法评定青海省豌豆的营养价值 [J]. 家畜生态学报，31（3）：46-49.

柴沙驼，李亮，崔占鸿，等，2010. 代乳料对犊牦牛生产、生理指标的影响及其可行性评价［J］. 黑龙江畜牧兽医（上半月），11（1）：63-64.

晁文菊，2009. 补饲对围产期牦牛生产性能及其犊牦牛生长发育的影响 [D]. 西宁：青海大学.

晁文菊，刘书杰，吴克选，2009. 围产期补饲对牦牛生产性能及犊牦牛生长发育的影响 [J]. 黑龙江畜牧兽医（5）：111-112.

车永和，2000.青海省带田玉米引种与高产制种技术研究 [D].杨凌：西北农林科技大学.

陈静波，郭志勤，梁洪云，等，1995.普通牛胚胎移植牦牛受体的初步试验 [J].草食家畜（1）：22.

陈瑛琦，迟海，法坤，等，2017.同期发情技术在牛繁殖中的运用 [J].中国畜牧兽医文摘，33
　（12）：69.

崔占鸿，2012.用体外产气法评价双低菜籽饼与藏嵩草的组合效应 [J].家畜生态学报，33（3）：
　68-72.

崔占鸿，刘书杰，柴沙驼，等，2011.青海省农牧交错区牦牛 12 种常用粗饲料营养参数的测定 [J].
　中国饲料（15）：41-44.

刁波，2013.体外产气法评价牦牛冷季补饲草料与玉树地区天然牧草的组合效应 [D].西宁：青海
　大学.

董小宁，2017.基于 STM32 的奶牛动态称重系统研究 [D].泰安：山东农业大学.

樊宝良，赵志辉，李宁，等，2001.牦牛 - 乳清蛋白基因的克隆与序列分析 [J].动物学报，47
　（6）：691-698.

樊秉芸，2011.刍议青稞营养价值及综合利用前景 [J].农村经济与科技，22（6）：35-36.

方唯微，马永焕，丘相国，等，1994.蚕豆蛋白质的营养价值及其综合利用的研究 [J].南昌大学学
　报（工程技术版），16（2）：11-13.

郭鹏辉，2020.高寒牧区藏绵羊消化代谢与肠道甲烷排放特征 [D].兰州：兰州大学.

韩小东，郝力壮，刘书杰，2017.高寒草地天然牧草 Ca、P 含量及其分布规律 [J].饲料工业，38
　（21）：62-64.

郝力壮，2019.牦牛暖季补饲对改善肉品质的作用及机理研究 [D].兰州：兰州大学.

郝力壮，柴沙驼，崔占鸿，等，2008.应用体外产气法评定青海省菜籽饼营养价值的研究 [J].中国
　畜牧兽医，35（11）：20-23.

郝力壮，崔占鸿，王万邦，等，2012.青海十种常用粗饲料的能值估测 [C]// 中国畜牧兽医学会动
　物营养学分会第十一次全国动物营养学术研讨会论文集.北京：中国畜牧兽医学会动物营养学
　分会.

何俊峰，崔燕，2005.受精液和受精时间对牦牛卵泡卵母细胞体外受精的影响 [J].中国兽医科技，
　35（11）：900-903.

侯鹏霞，李毓华，王建东，等，2021.饲粮添加氨基酸锌对育肥羊屠宰性能、肉品质及血液和组织
　中微量元素含量的影响 [J].动物营养学报，33（1）：563-571.

后永贵，2019.甘南牦牛枯草期补饲饲养模式 [J].畜牧兽医科学（电子版）（13）：23-24.

姬秋梅，达娃央拉，马晓宁，等，2007.西藏当雄牦牛超数排卵及胚胎移植试验 [J].中国畜牧兽
　医，34（9）：133-135.

吉春花，李国良，2021.同期发情技术在牦牛繁殖中的应用 [J].畜牧兽医科学（1）：28-29.

蒋世海，谢荣清，叶莉，2006.怀孕母牦牛的饲养管理试验 [J].中国畜禽种业（1）：36-37.

金鹰，廖和模，谭丽玲，1999.牦牛、黄牛体外受精比较和分割胚的移植 [J].华南师范大学学报
　（自然科学版）（1）：92-96.

李全，刘书杰.柴沙驼，等，2008.青藏高原牦牛超数排卵试验 [J].黑龙江畜牧兽医（1）：11-13.

李万栋，2016.铁、锌、硒对牦牛瘤胃发酵、生长性能及血液生化指标的影响 [D].西宁：青海大
　学.

李亚茹，2016.生长期牦牛钙磷需要量的研究 [D].西宁：青海大学.

林琳，2010.小麦麸皮的营养成分及其开发利用 [J].农业科技与装备（3）：41-42.

刘培培，张娇娇，刘书杰，等，2016.早期断奶对青海湖地区放牧牦牛和犊牛血液生理指标的影响

[J]. 中国畜牧杂志，52（19）：79-84.

刘斯达，2017. 精细饲养系统中羊只称重分群系统的研制 [D]. 哈尔滨：东北农业大学.

刘志尧，帅尉文，赵光前，等，1985. 应用三合激素诱导牦牛同期发情试验初报 [J]. 中国牦牛（2）：24-27.

马世科，2019. 藏羊两年三胎繁殖调控关键技术 [J]. 青海畜牧兽医杂志，49（2）：59-60.

马寿福，刁治民，吴保锋，2006. 青海青稞生产及发展前景 [J]. 安徽农业科学，34（12）：2661-2662，2687.

马天福，1983. 母牦牛药物催情试验初报 [J]. 中国牦牛（2）：16-18.

马晓宁，丁文波，桓龚杰，2007. 外源激素刺激西藏藏北牦牛同期发情试验 [J]. 中国草食动物，27（6）：29-31.

毛小锋，2003. 青海省优质油菜种子基地建设发展思路及工作设想 [J]. 青海农技推广（2）：49-51.

美国国家科学院－工程院－医学科学院，2018. 肉牛营养需要 [M]. 孟庆翔，周振明，吴浩，译. 北京：科学出版社.

倪国超，张亚伟，向阳葵，等，2020. 微量元素功能性营养添加剂对育肥后期肉羊生长性能和肉品质的影响 [J]. 饲料研究，43（6）：123-125.

裴成芳，2021. 围产期补饲对天祝白牦牛生产性能影响的试验研究 [J]. 畜牧兽医杂志，40（6）：60-63.

青海省统计局，2006. 青海统计年鉴 [M]. 北京：中国统计出版社.

权凯，张兆旺，2004. 氯前列烯醇诱导牦牛同期发情效果的研究 [J]. 黄牛杂志，30（2）：7-9.

权凯，张兆旺，2007. 半血野牦牛超数排卵研究 [J]. 经济动物学报，11（1）：42-45.

权文利，陈志国，连利叶，等，2013. 不同株高品种混播对青海春小麦产量的影响 [J]. 西北农业学报，22（8）：15-20.

石永峰，1994. 豌豆的营养价值及其加工技术 [J]. 粮食与饲料工业（4）：21-23.

王小红，苏爱梅，严林俊，2018. 同期发情技术下规模化羊场羔羊培育技术要点 [J]. 上海畜牧兽医通讯（1）：50-52.

王雪莹，王之盛，薛白，等，2020. 烟酸对热应激牦牛生长性能、营养物质表观消化率和血液指标的影响 [J]. 动物营养学报，32（5）：2228-2240.

王燕燕，吴森，陈福财，等，2013. 补硒对肉羊血硒水平、产肉性能和肉品质的影响 [J]. 家畜生态学报，34（6）：21-25.

王应安，张寿，尚海忠，等，2003. 诱导牦牛同期发情试验 [J]. 青海大学学报（自然科学版），21（4）：1-4.

魏佳，柏琴，罗晓林，等，2022. 不同断奶模式对犊牦牛生长发育、血清生化指标及抗氧化能力的影响 [J]. 中国畜牧兽医，49（9）：3400-3410.

武霞霞，2012. 硒源及硒水平对奶牛体外瘤胃发酵及营养物质降解的影响 [D]. 呼和浩特：内蒙古农业大学.

辛国省，2010. 青藏高原东北缘土草畜系统矿物质元素动态研究 [D]. 兰州：兰州大学.

薛艳锋，2016. 铜、锰、碘对牦牛瘤胃发酵、血液指标及生长性能的影响 [D]. 西宁：青海大学.

阎萍，郭宪，许保增，等，2006. 白牦牛卵母细胞体外成熟的研究 [J]. 中国草食动物，26（4）：7-9.

阎萍，梁春年，姚军，等，2003. 高寒放牧条件下牦牛超排试验 [J]. 中国草食动物，23（3）：9-10.

阎萍，陆仲磷，何晓林，2006. 大通牦牛新品种简介 [J]. 中国畜禽种业，2（5）：49-51.

杨得玉，郝力壮，刘书杰，等，2016. 青海省反刍动物常用精饲料营养价值研究进展 [J]. 黑龙江畜牧兽医（21）：127-128，132.

杨萌，王少华，关鸣，等，2018. 规模肉牛场活体称重的重要意义简述 [C]// 第十三届（2018）中国牛业发展大会论文集 . 北京：中国畜牧业协会 .

余四九，巨向红，王立斌，等，2007. 天祝白牦牛胚胎移植实验研究 [J]. 中国科学（C 辑），37（2）：185-189.

张居农，张春礼，吴建华，2005. 牦牛发情调控的研究进展 [J]. 黑龙江动物繁殖，13（2）：15-16.

张清月，武霞霞，赵艳丽，等，2018. 有机硒与无机硒对奶牛体外瘤胃发酵特性的影响 [J]. 饲料与畜牧（11）：48-55.

张晓晖，侍守佩，周爱民，等，2010. 川西北高原牧区牛羊的放牧 + 补饲技术探讨 [J]. 四川农业科技（10）：62-64.

赵慧兵，王德重，孙明明，等，2021. 浅谈肉牛智能化称重存在的问题与发展趋势 [J]. 新疆农机化（5）：35-37.

赵素君，钟金城，2005. 分子育种及其在牦牛育种中的应用 [J]. 四川草原（2）：31-34.

赵忠，王宝全，王安禄，2005. 藏系绵羊体重动态监测研究 [J]. 中国草食动物（1）：14-16.

郑丕留，梁克用，董伟，等，1980. 中国家畜繁殖及人工授精的进展概述 [J]. 中国农业科学（2）：90-96.

周立业，龙瑞军，蒲秀英，等，2009. 不同饲养方式对牦犊牛生长性能的影响 [J]. 中国草食动物，29（2）：32-34.

周义秀，郝力壮，刘书杰，2020. 三江源区高寒草场不同物候期牧草对放牧牦牛产奶量及乳中矿物质元素含量的影响 [J]. 动物营养学报，32（8）：3742-3749.

周义秀，郝力壮，刘书杰，2020. 三江源区高寒草场泌乳牦牛冷季补饲精料对其产奶量及乳中矿物质元素含量的影响 [J]. 动物营养学报，32（9）：4194-4204.

朱晓春，曹玉娟，赵洋，2012. 菜籽粕的营养、脱毒及其在养鸡生产中的研究和应用 [J]. 饲料与畜牧（6）：21-25.

朱彦宾，巴桑旺堆，旦久罗布，等，2019. 早期断奶对犊牛生产性能和母牦牛繁殖性能的影响 [J]. 基因组学与应用生物学，38（1）：89-92.

字向东，陆勇，马力，等，2002. LRH-A3 对全奶母牦牛的诱导发情效果和作用机理初探 [J]. 中国畜牧杂志，38（1）：14-15.

BERCOVICH A，EDAN Y，ALCHANATIS V，et al.，2013. Development of an automatic cow body condition scoring using body shape signature and fourier descriptors[J]. Journal of Dairy Science，96：8047-8059.

DU H S，WANG C，WU Z Z，et al.，2019. Effects of rumen-protected folic acid and rumen-protected sodium selenite supplementation on lactation performance，nutrient digestion，ruminal fermentation and blood metabolites in dairy cows[J]. Journal of the Science of Food and Agriculture，99（13）：5826-5833.

DURAND M，KAWASHIMA R，1980. Influence of minerals in rumen microbial digestion[M]. Berlin：Springer Netherlands.

FORDYCE G，ANDERSON A，MCCOSKER K，et al.，2013. Liveweight prediction from hip height，condition score，fetal age and breed in tropical female cattle[J]. Animal Production Science，53（4）：275.

GENTHER，O N，HANSEN，S L，2015. The effect of trace mineral source and concentration on ruminal digestion and mineral solubility.[J]. Journal of Dairy Science，98（1）：566-573.

HAUSMANN J，DEINER C，PATRA A K，et al.，2018. Effects of a combination of plant bioactive lipid compounds and biotin compared with monensin on body condition，energy metabolism and milk performance in transition dairy cows [J]. PloS One, 13（3）: e0193685.

JUCHEM S O, ROBINSON P H, EVANS E, 2012. A fat-based rumen protection technology post-ruminally delivers a B vitamin complex to impact performance of multiparous Holstein cows [J]. Animal Feed Science and Technology, 174（1-2）: 68-78.

LI Y X, DAI Y P, DU W H, et al., 2006. In vitro development of yak（Bos grunniens）embryos generated by interspecies nuclear transfer[J]. Animal Reproduction Science, 10: 16.

LIU H, WU D, DEGEN A A, et al., 2022. Differences between yaks and Qaidam cattle in digestibilities of nutrients and ruminal concentration of volatile fatty acids are not dependent on feed level[J]. Fermentation, 8（8）: 405.

LIU P, LIU S, DEGEN A, et al., 2018. Effect of weaning strategy on performance, behaviour and blood parameters of yak calves（Poephagus grunniens）[J].The Rangeland Journal, 40（3）: 263-270.

LIU, Q, WANG, C, HUANG, Y X, et al., 2018. Effects of Sel-Plex on rumen fermentation and purine derivatives of urine in Simmental steers[J]. Chinese journal of Animal Nutrition, 16（2）: 133-138.

LUO X L, 1994. Research on in vitro maturation and development of oocyte in slaughtered yak[C]. Proceeding of the First International Congress on Yak.

NAZIROGLU M, AKSAKAL M, CAY M, et al., 1997. Effects of vitamin E and selenium on some rumen parameters in lambs[J]. Acta Veterinaria Hungarica, 45（4）: 447-456.

NRC., 1980. Mineral tolerance of domestic animals [S]. Washington, D. C.: National Academy of Sciences.

NRC., 1996. Nutrient requirements of beef cattle [S]. Washington, D.C.: National Academy Press.

NRC., 2000. Nutrient requirements of beef cattle [S]. Washington, D.C.: National Academy Press.

NRC., 2005. Mineral tolerance of domestic animals [S]. Washington, D.C.: National Academy Press.

NRC., 2016. Nutrient requirements of beef cattle [S]. Washington, D.C.: National Academy Press.

SASAKI M, 1994. Yak: Hardy multi-purpose animal of Asiahighland [C]//Proceedings of 1st international congress Yak. Lanzhou: China.

UNDERWOD, E J, SUTTLE, N F, 1999. Book review: The mineral nutrition of livestock（3rd edn）[J]. African Journal of Range and Forage Science, 16（1）: 1-48.

WANG H R, PAN X H, WANG C, et al., 2014. Effects of different dietary concentrate to forage ratio and thia-mine supplementation on the rumen fermentation and ruminal bacterial community in dairy cows[J]. Animal Production Science, 55（2）: 189-193.

WEURDING R E, VELDMAN A W, VEEN, A G, et al., 2011. In vitro starch digestion correlates well with rate and extent of starch digesting in broiler chickens[J]. Journal of Nutrition, 131（9）: 2336-2342.

WIENER G, HAN J, LONG R J, 2011. The yak[M]. Bangkok: FAO Regional Office for Asia and the Pacific.

YUN Z, 2000, Experiment on estrus synchronization for artificial insemination with frozen semen in yak[C]//Proceedings of the third international congress on yak. Addis Ababa, Ethiopia: International Livestock Research Institue.

ZHOU J W, ZHONG C L, LIU H, et al., 2017. Comparison of nitrogen utilization and urea kinetics between yaks（Bos grunniens）and indigenous cattle（Bos taurus）[J]. Journal of Animal Science, 95: 4600-4612.

第八章 贵南县智慧生态畜牧业信息化 服务管理平台建设

  智慧生态畜牧业是在生态畜牧业标准化生产基础上，集成应用新兴的互联网、云计算和物联网技术，依托部署在畜牧业生产现场的各种传感节点（包括温湿度、氨气、风速等生产环境、放牧草地、饲草料种植加工、家畜饲养繁育、疫病防治、畜产品生产加工和销售等畜牧业生产全链条信息）和无线通信网络，实现畜牧业生产各环节、要素的智能感知、智能分析、智能预警、智能决策、专家在线指导，为畜牧业生产提供精准化养殖、可视化管理、智能化决策，是对标准化畜牧业生产的进一步提升，是畜牧业生产的高级阶段。

  信息化服务管理平台依托并服务于畜牧业标准化生产，是实现生态畜牧业智慧化生产的指挥管理中枢系统。管理平台通过对畜牧业相关信息进行采集、汇总、分析、预测、预警，为畜牧工作者开展畜牧业生产提供技术指导，为相关行业部门开展科学决策提供数据支撑。其设计思路一般是以服务生产单元（包括农牧户、企业，提高生产管理水平）、服务基层（主要是基层畜牧兽医管理部门，提高工作效率）、服务畜牧主管部门（主要包括畜牧行业行政单位，支撑科学决策）为目标，结合区域畜牧业生产、动物疫病防治、畜产品加工和销售，以及全产业链质量安全监管工作实际，按照"统一规划、分层构建、逐步实施"的顶层设计思路，以畜牧业全流程标准化生产为出发点，以畜牧兽医管理信息资源综合利用为核心，以智能化信息技术为手段，通过区域企业、合作社、牧户信息互联互享，实现畜牧业精准化生产、可视化管理、智能化决策。

  根据青藏高原畜牧业发展现状和特点，基于海南州贵南县草地生态畜牧业发展现状和未来发展预期，设计建设了贵南县智慧生态畜牧业信息化服务管理平台。贵南县智慧生态畜牧业信息化服务管理平台采用 B/S 结构（Browser/Server 浏览器 / 服务器模式），将智慧畜牧业信息化服务管理平台的数据储存、分析等核心模块统一集成到服务器上，由专业化信息化部门统一进行管理维护，广大用户的终端设备（手机或电脑）上只需要安装一个浏览器，即可通过 web Server 同后台服务器进行数据交互，大大简化了最终用户端电脑载荷，减轻了系统维护与升级的成本和工作量，降低了用户的总体成本。其最大的优点在于广大用户可以在任何可以上网的终端设备进行操作而不需配备、安装专门化的设备和软件，且系统具有更大的扩展性和延展性。

  该管理平台主要由前台用户系统和后台管理系统组成，浏览器端也就是前台端，由技术服务、综合服务、供应需求、合作社、互动资讯、电子商城和其他 7 个模块组成，主要服务于农牧民、合作社、生产企业等普通用户；服务器端也就是后台管理系统，由草情信息、养殖监测、环境监测、信息发布、技术培训、技术数据、基础信息、综合分析、追溯系统和数据中心 14 个模块构成，主要是通过相关数据的汇总、统计及分析，服务于县级相关管理部门开展产业发展决策。同时，向上为省级智慧畜牧业平台汇交数据并承接上级推送的全省畜牧业行业动态信息，向下在相关的技术节点通过短信的方式主动推送给农牧民和企业用户，起到桥梁中介作用。

现就该平台的主要架构功能、实施成效、存在问题及未来发展建议作简要介绍。

第一节　智慧生态畜牧业信息化服务管理平台设计理念

智慧生态畜牧业信息化服务管理平台的设计应该根据当地畜牧业发展目标，结合当地畜牧业发展现状，要具备一定前瞻性和可操作性，以更好地服务于畜牧业发展。

一、智慧生态畜牧业信息化服务管理平台建设的功能目标

首先，智慧生态畜牧业信息化服务管理平台要服务于生态畜牧业生产提质增效。生态畜牧业信息化服务管理平台立足于农牧户、合作社、企业等畜牧业基本生产单元，以畜牧业信息化技术推广应用为重点，在全产业链信息化技术及工具应用培训基础上，通过生态畜牧业生产相关天然草地草情、饲草料种植加工、家畜养殖、屠宰加工、生产销售等基础数据的收集、汇交、分析，适时开展科技信息、市场、预警信息的及时推送，以指导农牧民等基本生产单元科学精准开展畜牧业生产，最终达到促进畜牧业的高质量发展、提高畜牧产业整体生产效益的目标。

其次，智慧生态畜牧业信息化服务管理平台要服务于生态畜牧业行业监管智能管理。在县域范围内所有乡镇、村社、合作社、企业、牧户等生产单元所涉及的草场、饲草料、放牧家畜、养殖环境、疫病等动态监测指标的信息化、数字化基础上，将采集的基础数据和相关业务系统对接，经过云计算处理、大数据分析，实现从养殖→防疫→检疫→屠宰→流通→消费等畜牧业生产各个环节的数字化管理、畜产品质量安全的全流程追溯、重大动物疫情的电子化调度指挥，推进线上线下监管监测一体化，及时准确发布政策法规、行业动态、农牧科技、市场行情、农资监管、质量安全等信息，全面提升行业智慧化管理水平。

再次，智慧生态畜牧业信息化服务管理平台要服务于生态畜牧产业电子商务发展。在畜牧业生产环节信息化基础上，采用新的商业模式和业态，创办或借助畜产品电子商务平台，着力发展"互联网＋畜产品"营销，商品信息中增加质量安全追溯信息的链接，提高产品质量信息透明度，提升消费者安全感、认同感。同时，创

新发展订单畜牧业，使消费者能够借助服务平台实时掌握家畜养殖环境、饲喂条件、健康状况、产品加工工艺，保障消费者的知情权、增加消费者获得感。

最后，智慧生态畜牧业信息化服务管理平台要服务于行业和行政管理部门进行生态畜牧业科学决策。在实时、准确掌握生态畜牧业全产业链生产信息基础上，通过大数据的分析解读，结合全省、全国乃至全球草情、畜情、疫情、行情、气象等畜牧生产相关动态信息，行业主管部门和行政部门可适时发现生产中存在的问题、商机，科学合理、及时精确制定草地生态奖补、招商引资方向、科研项目布局、产业发展规划等措施和决策，实现草地生态改善、畜牧业高质量发展、农牧民持续增收，创造高品质生活。

二、智慧生态畜牧业信息化服务管理平台建设的基础条件

从产业发展的角度来讲，智慧畜牧业是畜牧业生产的高级阶段，是集新兴的互联网、移动互联网、云计算和物联网技术为一体，依托部署在畜牧业生产现场的各种传感节点（养殖环境温湿度、氨气、二氧化碳浓度、通风量等）和无线通信网络，实现畜牧业生产环境的智能感知、智能预警、智能决策、智能分析、专家在线指导，为畜牧业生产提供精准化养殖、可视化管理、智能化决策。因此，信息化服务管理平台是负责整个畜牧生产的分析管理和指挥调度中枢系统，其是建立在畜牧业标准化、集约化基础之上，依托各种传感节点采集信息，以物联网为信息传输桥梁通道，以各种智能化装备为基础，以大数据云分析应用为核心，实现畜牧业的精准化生产。

1.智慧生态畜牧业信息化服务管理平台建设要依托于标准化、集约化的畜牧业生产

集约化是指采用先进的科学技术和先进的管理方式，提高生产力各个要素的素质，改善生产力的组织，不断开发新的生产能力以发展工业生产的方式。集约化的"集"就是指集中，集合人力、物力、财力、管理等生产要素，进行统一配置；集约化的"约"是指在集中、统一配置生产要素的过程中，以节俭、约束、高效为价值取向，从而降低成本、高效管理，进而使生产者集中核心力量，获得可持续竞争的优势。畜牧业的集约化生产是与传统粗放式经营相对而言的。也就是说，集约化的生产发展不像粗放式的经营那样依靠家畜养殖数量的扩大和参与人数量的增加，而是主要依靠提高畜牧业生产的技术水平和生产效率，提高单个家畜的生产性能或生产效率；不是单纯依靠产品数量增多，而是着重提高产品质量，更加注意生态环境保护，生产具有营养价值高、安全有保障且环境友好的乳肉等畜牧业产品。

畜牧业标准化是指畜牧业的生产经营活动要以市场为导向，通过健全规范的生产公益流程和质量衡量标准，从而实现畜牧业生产安全和质量达到市场要求，获得安全、优质和较高消费信任度的畜产品，并使该产品具有强劲的市场竞争力，最终达到满足消费者美好生活需要和农牧民增收的双赢目标。

畜禽标准化生产，就是在场址布局、栏舍建设、生产设施配备、良种选择、投入品使用、卫生防疫、粪污处理等方面严格执行法律法规和相关标准的规定，并

按程序组织生产的过程。实现畜禽生产达到"六化"，即畜禽良种化、养殖设施化、生产规范化、防疫制度化、粪污处理无害化和监管常态化。具体来讲就是要因地制宜，选用高产优质高效畜禽良种，品种来源清楚、检疫合格，实现畜禽品种良种化；养殖场选址布局应科学合理，符合防疫要求，畜禽圈舍、饲养与环境控制设备等生产设施设备满足标准化生产的需要，实现养殖设施化；落实畜禽养殖场和小区备案制度，制定并实施科学规范的畜禽饲养管理规程，配制和使用安全高效饲料，严格遵守饲料、饲料添加剂和兽药使用有关规定，实现生产规范化；完善防疫设施，健全防疫制度，加强动物防疫条件审查，有效防止重大动物疫病发生，实现防疫制度化；畜禽粪污处理方法得当，设施齐全且运转正常，达到相关排放标准，实现粪污处理无害化或资源化利用；依照《中华人民共和国畜牧法》《饲料和饲料添加剂管理条例》《兽药管理条例》等法律法规，对饲料、饲料添加剂和兽药等投入品使用、畜禽养殖档案建立和畜禽标识使用实施有效监管，从源头上保障畜产品质量安全，实现监管常态化。

2. 智慧生态畜牧业信息化服务管理平台要借助于"物联网 +"生态畜牧业体系

信息化服务管理平台是生态畜牧生产的神经中枢，以物联网串联起来的各种信息传感器和智能化装备是其基本数据来源和数据命令的执行终端，这也是智慧生态畜牧业的"智慧"担当。没有适时、海量的数据来源，信息化服务管理平台就如同无源之水、无本之木，失去生机和活力；而无熟练掌握现代化畜牧生产技术的人和现代化的智能设备，信息化服务管理平台也将如无水之鱼，失去用武之地。

物联网是指通过各种信息传感器、射频识别技术、全球定位系统、红外感应器、激光扫描器等装置和技术，实时采集任何需要监控、连接、互动的物体或过程，采集光、热、水、电、声、力学、化学、生物、位置等各种需要的信息，通过各类可用的网络接入信息网络平台，实现物与物、物与人的广泛链接，实现对物品和过程的智能化感知、识别和管理。物联网是一个基于互联网、传统电信网等的信息承载体，它让所有能够被独立寻址的普通物理对象形成互联互通的网络。

智慧生态畜牧业其本质也应是基于"互联网 +"的生态畜牧业，将互联网新技术（信息通信技术、云计算、大数据、物联网等）运用到传统畜牧业中，包括饲料生产，动物饲养，畜产品屠宰、加工、存储、运输、销售、质量安全监控与监督全产业链的各个环节，从而提升畜牧业的生产效率、产品质量、养殖效益、管理效能，实现真正意义上的"智慧畜牧业"。简言之，"互联网 +"畜牧业就是将互联网新技术融入畜牧业产前、产中、产后各个环节，并最终实现畜牧产业的"智慧化"。

物联网是利用局域网或互联网等通信技术把传感器、控制器、机器、人员和物等通过新的方式连接在一起，形成人与物、物与物相连的智能化网络，实现信息化、远程管理控制。物联网可以真正实现自动化畜牧生产，助力畜牧业转型升级。

加大畜牧业自动化技术与物联网的融合及推广应用，以智能装备为基础、物联网为主导、信息流为载体，全面提升行业从业者及管理者的信息化生产经营管理能力，推进畜牧业生产信息化，培育高寒草地智慧生态畜牧业发展典型，打造智慧养殖生产新范式，贵南县信息化服务管理平台的建设，将为三江源区乃至整个青藏高原地区草地畜牧业发展方向提供样板。

第二节　贵南县信息化服务管理平台系统组成

贵南县信息化服务管理平台是基于青海省海南州贵南县畜牧业生产现状，充分利用现有现代化装备和信息技术，建立的一套适用于农牧结合区并具有一定前瞻性的草地生态畜牧业信息化服务管理平台。平台主要包括家畜养殖监测子系统、畜产品加工追溯子系统、乳产品加工追溯子系统、电商子系统接口、畜产品质量安全追溯数据中心以及信息综合服务平台等系统。

一、家畜养殖监测子系统

家畜养殖监测子系统具备基本的信息输入功能，主要包括牧户信息、养殖环境信息、家畜个体信息、饲草料信息、家畜健康状况、疫苗接种信息、疾病诊治和用药信息等。其中牧户信息主要包括：牧户户主姓名、身份证号、家庭住址、家庭人口数、养殖家畜种类、数量、所在合作社、拥有草场面积、分布位置、耕地面积、种植作物种类等相关信息。养殖环境信息主要包括：家畜放牧利用的天然草地的面积、分布地黄河口、牧草生长情况、水、土壤、大气相关监测信息等。家畜个体信息主要包括：家畜的物种、品种、编号（一般为耳标号）、性别、年龄（出生日期）、父母编号、初生重、断奶重与随后称重及体尺指标信息。饲草料信息主要包括所饲喂的饲草料的种类、来源、主要组成成分等信息。本系统所有信息通过家畜编号和所属牧户户主身份证号相互关联。

贵南县信息化服务管理平台接入了智能称重硬件系统，称重系统硬件设备通过自动读取电子耳标信息获取牛羊的身份信息，将智能称重设备获得的牛羊等家畜的体重及称重日期等相关信息传输到智慧畜牧业信息化服务管理平台，由信息服务管理平台的数据分析模块进行生长状况的分析，并根据生产管理需要，进行后续的分群管理。该子系统又集成有家畜生长状态分析模块和智能分群模块等。

家畜生长状态分析模块通过对实时体重信息进行分析，将获取的实时体重信息与构建的生产性能预测模型获得的同月体重范围进行比较，绘制家畜体重动态特征图表，用于辅助分析家畜健康状况和饲养管理水平，并将异常值对应的家畜信息推送给牧户，由牧户或专业技术人员结合家畜现场检测情况对家畜饲养管理和健康状况进行判断，进而采取相应调整日粮组成、饲喂量或疾病诊疗等措施。

智能分群模块根据牧户或企业管理人员的养殖管理计划和相应的分群方案，在智能称重系统进行日常称重时，由称重硬件设备根据分群方案进行自动分群操作，并将分群信息上传至云平台进行储存备份。

二、畜产品屠宰加工追溯子系统

畜产品屠宰加工追溯子系统主要对畜产品供应链中的加工环节进行监管。在标准化屠宰加工场的屠宰加工线上嵌入 RFID 读写系统，记录屠宰加工各个环节的质量信息。RFID 在屠宰加工环节的使用，能够实现畜产品产地和流向的"点对点"监管，使屠宰加工追溯信息更为标准透明，使畜牧生产全流程信息溯源更为完整。该子系统的具体功能包括：入场管理、宰前管理、屠宰管理、常规检疫、分割加工、产品包装、基础信息、人员管理及参数管理，其中宰前管理、入场管理与家畜养殖监测子系统相衔接，能够反映出家畜养殖情况、牧户基本情况、草场情况等，这些数据与畜产品产量、质量的整合，能够生成生产、加工详细信息。再将这些信息与后端物流和销售信息相衔接，即可实现畜产品的全流程信息溯源。

三、乳产品追溯子系统

乳制品追溯子系统能够实现乳产品的追溯查询，包含原乳产地、牛只信息、采集时间、乳品质、加工过程、包装环节等。通过连接牧户、家畜、奶站、生产加工与包装、仓储与运输、检验与监督等环节，可实现"从牧场到奶瓶"的所有生产流通环节相关信息全覆盖，通过数据库的建立与数字化信息的统一管理，让消费者可以了解乳产品收储、加工全流程的卫生管理情况，实现乳产品品质全流程质量监管和产品可追溯，确保产品品质安全。该子系统主要包含奶源收购信息录入、乳品质检测结果信息录入、进场化验监管、生产流程管理、包装和出库信息管理、电商和销售接口管理等。

四、智慧畜牧业数据中心

数据中心用于集中存储家畜个体从出生到餐桌所涉及的养殖环境、饲养管理、疫病防治、屠宰加工、检验检疫、物流销售等全产业链相关数据信息，主要包括草场、养殖、屠宰、加工、包装、仓储、物流、销售等。由于贵南县数据平台直接与省级智慧畜牧业综合服务平台数据互通互联，故可以有效解决"信息孤岛"的问题，避免了节点间数据不同步等问题，实现了数据统一存储，并可以通过数据冗余备份的方式实现数据和服务的高可靠性。数据中心又分为：数据传输存储模块、数据分析处理模块、远程控制模块、统计分析模块和信息综合服务模块。

1. 数据传输存储模块
完成数据的接收和发送以及数据的存储操作。

2. 数据分析处理模块
包括个体分析、草情数据服务、产品追溯和后台管理等。

（1）个体分析。提供家畜个体体重和相关动态数据的分析结果，如绘制体重动态曲线图等。

（2）草情数据服务。基于地面监测数据校正的遥感监测数据，通过与牧户养殖家畜个体数据和生长数据的结合，开展草情分析，预测估算牧草产量、载畜压力，提供草畜的配置与调度指导建议，为实现草畜营养均衡生产提供数据支撑。

（3）产品追溯。以畜产品、乳产品加工为中心节点，向上接入养殖环境等信息，向下融入物流、电商和销售信息，从而实现从家畜出生到餐桌的全流程信息可追溯，提高产品生产加工透明度，确保产品质量安全，提升消费者信任感和安全感，支撑品牌打造。

（4）后台管理。实现信息综合服务和相关数据维护等操作。

3. 远程控制模块

包括接收指令、远程调控等。

4. 统计分析模块

根据相关数据生成分析报告，如根据体重、性别和月龄绘制畜群结构组成图、家畜生长动态分析报告，综合草情畜情数据为草畜平衡提供参考。

5. 信息综合服务模块

用于用户认证、信息展示、管理和维护、安全认证。

（1）用户认证。为信息化综合服务平台提供授权验证，保障服务平台信息的安全。

（2）信息展示。可以根据智慧畜牧业平台管理的需要，对大量数据以可视化的方式从不同的维度和角度予以分析和呈现，辅助管理者获取区域畜牧业全局信息以及每个牧场、每只牛羊的精细化个体信息，以辅助管理者进行决策。

（3）管理和维护。可进行用户新增、删除、信息修正和用户权限管理功能等管理。

（4）安全认证。应用系统登录验证及门户的 Web Service 等模块提供一系列安全策略，对登录服务平台的用户实现应用系统访问时的透明身份认证，并利用 WEB Service 对用户登录、离开应用系统进行日志记录。针对系统用户更改密码，利用 Web Service 同步更新门户数据库中用户的密码，以保持密码的一致性。

第三节 县级服务管理平台的结构和功能

智慧生态畜牧业县级服务管理平台，以县级、乡村 / 企业 / 合作社级、牧户级为信息分析单元，实现"草—畜—人"的综合信息分析和集成化管理，利用短信等方式，实现相关技术信息的主动推送，帮助并指导农牧民开展畜牧业生产，并为县级主管部门开展相关决策提供参考依据。

智慧畜牧业信息化服务管理平台主要包括前台页面模块、后台管理模块、基础信息数据库和第三方应用接口 4 个大模块。实现了平台三级管理功能模块的研发，三级管理功能包括县级、乡村 / 合作社级、牧户级，不同级别对应不同的权限及功能。

一、前台页面模块

前台页面模块包括技术服务、综合服务、供应需求、合作社、互动资讯、商城和其他 7 个子模块，可实现相关信息的展示、查询、获取等功能（图 8-1）。

图 8-1　县级平台首页界面

1. 技术服务子模块

技术服务模块主要针对贵南县域生态畜牧业生产现状，提供养殖技术和种植技术两大类服务，提供关键技术名称、技术流程、关键技术环节和时间节点，并对每个关键环节和时间节点进行详细说明，并配套相关技术的汉、藏双语指导手册和讲解视频，以指导农牧民开展生态农牧业生产，提升农牧民生态畜牧业相关种植、养殖、加工技术水平。

2. 综合服务子模块

综合服务子模块主要包括视频服务、饲草品种、家畜品种三大板块。其中视频服务分为养殖技术、种植技术、加工技术、政策法规等指导、讲解服务；饲草品种主要介绍了青海现阶段种植的燕麦、垂穗披碱草、草地早熟禾、短芒披碱草、老芒麦等 40 多种饲草的生物学特性、生长特性、适宜种植区域、饲用价值、营养成分；家畜品种主要介绍了青海高原牦牛、大通牦牛、环湖牦牛、雪多牦牛、青海高原型藏羊、欧拉羊、贵德黑裘皮羊等青海省放牧家畜的品种特征，并对其生产性能、屠宰性能、营养成分、乳品质进行重点介绍。

3. 供应需求子模块

供应需求子模块主要用于发布生态畜牧业相关供需信息。农牧民和相关企业可在平台上发布牧草种子、化肥、饲草料、家畜、机械等供应和需求信息。供需信息可细化为供应或需求数量、价格、联系人、联系电话、类别等，方便畜牧业生产资料交易，帮助农牧民开展畜牧生产，实现增收。

4. 合作社子模块

合作社子模块主要介绍县域合作社的实际运营情况，并可协助合作社理事长等管理人员实现对所在合作社的后台信息化管理。合作社后台管理包括合作社介绍、草情信息、养殖监测、环境监测、信息发布等内容。

5. 互动资讯子模块

互动资讯子模块以论坛的形式进行农牧民、技术人员、基层管理人员的交流互动，包括但不限于技术咨询、专家解答、其他类技术上的问题。农牧民可以在互动资讯平台进行交流、共享生产体会、心得、供需信息，解决自己在实际生产中遇到的各种问题，同时也可在平台上通过论坛帮助指导他人解决在畜牧业生产工作中遇到的问题。

6. 商城子模块

商城即电子商城，电子商城主要用于开展农畜产品的电商营销，商品信息中嵌入溯源信息链接，可链接至畜产品质量安全追溯平台，打通智慧生态畜牧业信息化服务管理平台与可追溯电子商务平台的连接，后台可对电子商务平台的相关数据进行统计分析。如对在线认养数据、B2B 商城数据、有机食品数据、青海特产数据、绿色食品数据等进行统计分析，为企业或农牧户进行电商营销提供支撑。

7. 其他子模块

其他子模块主要提供各种便民信息和服务。可方便用户快速链接常用网站，如政务公开、社保查询、预警信息、天气查询、邮编查询、快递查询、列车查询、在线翻译、影视娱乐、手机充值、医院挂号、固话宽带、信用卡还款、机票预订、酒店预订、违章查询、空气质量查询、法律咨询、号码百事通、青海新闻网、中国畜牧网、中国养殖网、中国水产网、青海人才网、大美青海、青海在线、科技服务、智慧畜牧业等。

二、后台管理模块

贵南县智慧生态畜牧业县级服务管理平台后台管理模块包括草情信息、养殖监测、信息发布、质量追溯、放牧与补饲、高效养殖、饲草种植与加工、健康养殖、技术培训、技术数据、基础信息、综合分析、追溯子系统及数据中心 14 个子模块或子系统。所有子模块的功能主要用于掌握全县草情、畜情、牧户等基本信息，并通过综合分析形成报表或统计图，进一步指导本县的畜牧生产和相关技术服务，同时也可以更新相关基础信息。

1. 草情信息子模块

草情信息子模块主要提供县域水平经过地面监测数据校正的天然草地草情信息。一方面，可通过选择合作社名称，查看每个月份的气象信息、牧草适应性、土地利用率、产草量指数等信息。另一方面，通过鼠标点击定位所关注的坐标点，可查询利用确权信息和各类综合算法生成的区域产草量、牧草适宜性、畜牧业详情、土地利用等信息，计算出区域当前的载畜量，为指导草场实现草畜平衡提供参考，以达到生态环境保护和草场综合利用双赢的目的。

2. 养殖监测子模块

养殖监测子模块主要包括家畜个体信息及实时和既往的体重信息，具有家畜生长状态分析和智能分群等功能。牲畜生长状态分析可实现耳标号、合作社、体重、称重时间的查询，形成基于体重的家畜生长曲线图，给农牧民生产提供指导；家畜身体特征分析是通过柱状图标识牲畜个体的体重变化；智能分群分析是借助智能称重系统，根据养殖管理需要对每个群组的家畜按照体重、性别或其他养殖管理者设置的参数进行自动分群。

3. 信息发布子模块

信息发布子模块具有供应信息发布、需求信息发布、供需留言管理、供应信息审核、需求信息审核、互动资讯等功能。供应和需求信息审核功能包含对标题、类别、数量、价格、联系人、联系方式、发布时间、描述信息等内容的审核；供需留言管理可实现对留言用户、供需信息、留言内容的审核管理；互动资讯是对论坛上的相关问题内容、状态进行统一管理。

4. 质量追溯子模块

质量追溯是实现对家畜生产相关过程的追溯管理，包含家畜肉产品质量追溯、乳产品质量追溯、乳制品加工（酸奶）质量追溯等。其中配料、预热、均质、杀菌、冷却、接种、发酵、后热等技术环节，配有汉藏双语说明与汉藏技术讲解视频，每个技术环节均可采用短信推送的方式主动发送到牧户或合作社理事长或其他负责人手机中。

5. 放牧与补饲子模块

放牧与补饲子模块包括藏羊补饲技术、牦牛补饲技术两部分，以流程图的形式体现。以返青期休牧补饲技术为例，休牧开始 60 d 后进行补饲准备，经过 10 d 适应期，再进行 50 d 的常规补饲。包含配套技术的汉藏双语说明、汉藏双语技术视频，每个技术环节均可采用短信推送的方式主动发送到牧户或合作社理事长手机中，达到技术指导、服务于民的作用。

6. 高效养殖子模块

高效养殖子模块主要包括牦牛、藏羊高效养殖相关技术。包括种公畜高效养殖技术、繁殖母畜高效养殖技术、羔羊犊牛高效养殖技术、后备母畜高效养殖技术、后备公畜高效养殖技术、配种期种公畜高效养殖技术、繁殖母畜高效养殖技术、牦牛现代养殖、藏羊健康养殖等技术。包含配套技术的汉藏双语文字说明、汉藏双语技术视频，每个技术环节均可采用短信推送的方式主动发送到牧户或合作社理事长或养殖人员手机中，帮助农牧民及合作社进行高效养殖。

7. 饲草种植与加工子模块

饲草种植与加工子模块主要包括一年生和多年生饲草种植技术、饲草料加工技术。饲草种植技术主要有燕麦单播、燕麦箭筈豌豆混播、披碱草单播、小黑麦单播、小黑麦与箭筈豌豆混播、有机燕麦种植技术、早熟禾建植技术、中华羊茅种植技术等；饲草料加工技术有饲草料精准配置、牧草青贮、青干草调制、草块和草颗粒加工等技术。包含配套技术的汉藏双语说明、汉藏双语技术视频，每个技术环节均可采用短信推送的方式主动发送到牧户或合作社理事长手机中，帮助农牧民及合作社进行饲草种植和收储加工。

8. 健康养殖子模块

健康养殖子模块包含藏羊健康养殖技术、牦牛健康养殖技术。以时间轴的形式展示健康养殖技术，包括前期准备、架子牛羊选购、疫病防治、适应期、育肥中期、育肥后期等。包含配套技术的汉藏双语说明、汉藏双语技术视频，每个技术环节均可采用短信推送的方式主动发送到牧户或合作社理事长手机中，帮助农牧民及合作社进行牦牛和藏羊的健康养殖。

9. 技术培训子模块

技术培训子模块是以视频的形式进行相关技术的培训，包括技术培训、综合服务等。农牧民通过观看相关视频不仅可以学习养殖技术，还可以熟悉相关的技术流程，从而帮助农牧民解决生产过程中遇到的技术问题。

10. 技术数据子模块

技术数据模块主要包括养殖、种植、加工、补饲等畜牧业生产技术的相关数据。包含配套技术的汉藏双语文字说明、汉藏双语技术视频。在平台上可把相关技术数据以短信的方式主动推送给合作社管理人员和牧民，达到主动服务的目的。

11. 基础信息子模块

基础信息子模块包括合作社信息、牧户档案、牲畜档案、饲草品种信息。合作社信息包括隶属胡乡镇、村社，合作社类型、合作社名称、海拔高度、理事长姓名、理事长电话、社员信息等；牧户档案包括所在乡镇村、姓名、性别、家庭人口、身份证、电话、所属合作社、草场面积、耕地面积等；家畜档案包含所属牧户、耳标号、畜种、品种、出生日期、生产类型、阶段性体重和体尺等。

12. 综合分析子模块

综合分析子模块包括家畜养殖数量统计分析、养殖综合分析、屠宰数量历年分析、畜牧业产值分析、草畜平衡分析、智慧畜牧业综合分析等。

家畜养殖数量统计分析可选择乡（镇）、村（社）、合作社、牧户、畜种等方面的数据进行统计分析，统计结果通过柱状图进行展示。

畜牧业产值统计分析可选择乡（镇）、村（社）、合作社、年份等数据进行统计分析，并通过柱状图进行显示。

草畜平衡分析可进行气象数、产草量、载畜量在县域、乡镇合作社水平的同比和环比数据。

智慧生态畜牧业综合分析可实现土地类型、人口构成、地区经济、主要畜产品产量、农作物生产情况、养殖规模情况、畜牧业基础设施建设等数据分析。

13. 追溯子系统

追溯子系统包含养殖管理、宰前管理、屠宰管理、加工包装、基础信息、人员信息、参数管理、追溯查询。其中宰前管理包括入场管理、隔离管理；屠宰管理包括屠宰批次、屠宰档案、排酸管理；加工包装包括加工管理、包装管理；基础信息包括屠宰工艺、产品品类、包装类别、仓库信息、采购商类别、产品有机认证；人员管理包括职位权限、用户管理。追溯子系统可实现家畜追溯信息的查询功能。

14. 数据中心

数据中心用以存储县级平台收录的信息，这些信息不仅可以存储在县级平台数据中心，同时可以直接上传到省级云平台，实现数据异地备份。另外，综合分析数据可直接由本地数据中心获取或由省级去平台下载到本地；电商分析接入电子商务平台的销售数据，相关的接口配置可随时进行同步，数据可随时存储至本地。同时，数据中心具备对各类信息的审核管理功能，完善数据采集、录入、审核工作体系（图8-2）。

图 8-2　贵南县智慧生态畜牧业信息化服务管理平台后台管理

智慧生态畜牧业信息化服务管理平台与省级云平台的对接数据流包括以下几方面。

（1）由省级云平台中草情数据库提供草地退化、草地确权、草地资源、草地质量、牧草长势、草地产草量与载畜压力指数、草畜平衡与季节牧场配置方案、地面监测数据等。

（2）由省级去平台中基础地理数据库提供边界，交通道路与水系，居民点与放牧草地，土壤、植被与草地类型，草地资源等数据。

（3）由省级云平台中环境质量数据库提供县域的大气、水、土壤等数据。

（4）由家畜个休养殖监测子系统提供牛羊个体自然生理数据、体重及健康状况数据、牛羊在一段时间内的增重曲线图、分栏方案等相关信息。

（5）由畜产品屠宰加工追溯子系统提供牲畜宰前管理数据、入场管理数据、屠宰管理数据、加工包装数据、分割管理数据、基础信息和分体方案、人员管理数据、参数管理和库存警告管理数据、电商和销售数据，以及屠宰牛羊的种类、品种、性别、颜色、月龄、重量、单价、加工日期、物流等相关信息。

（6）由奶产品追溯子系统提供奶源收购信息录入数据，奶源检测结果信息录入数据，进场化验监管数据，生产流程管理数据，包装、出库信息管理数据，电商和销售数据。

（7）由数据中心提供统计分析数据图和报告，包括根据体重、性别和月龄等信息绘制畜群结构分析图、家畜生长趋势分析报告等。

三、基础信息数据库

主要用于存储县域水平向下至牧户水平的草情、畜情和肉乳产品生产、畜牧业产值等数据信息，用于县域内乡镇、村社、牧户不同级别的数据统计分析，并可实现乡镇与乡镇、村与村之间畜牧业数据的横向比对。数据与省级平台对接，向上汇交县域内生态畜牧业基础信息数据，接收并存储省级平台汇总推送的省州相关畜牧业统计信息。

基础信息数据库涵盖了草情、畜情、养殖、屠宰、奶产品、畜牧业产值等信息，并横向对比县与县、乡与乡、村与村的数据，进行统计分析。

四、第三方应用接口

接入养殖追溯、屠宰追溯、乳产品追溯、称重系统、电商销量、草情信息等数据。县级平台通过第三方应用接口，实现前台与后台数据的交互对应关系，并可实现与上级平台数据接口的同步对接，实现数据适时交换互通。

第四节　县级服务管理平台的技术应用

贵南县智慧畜牧业服务管理平台可实现相关信息的在线查询和种养殖技术的主动推送。县级管理人员和合作社牧户可以在平台设置的不同权限范围内，根据自身的实际需求，有针对性地查询相关信息，用于辅助决策和指导实际生产。

一、草情信息智能分析及监测技术

通过卫星遥感图，利用颜色区别可以查看当前县域的整体草情生长状况，并可以根据年份/月份来显示当前时间点的草情状况，同时可以选择县域的合作社、草业公司等，查看该合作社、草业公司的草情情况，也可经过点击该坐标点，即可查询当前坐标点经纬度、当前点历史月份产草量的统计、土地利用状况、气象数据、牧场种植适应性、产草量指数等；而草情分析模块可以统计选择区域的天然草场和人工草场的占比比例和面积统计，并可根据实际情况，新增、管理该县的草场信息，另外还可以新增、管理饲草动态等相关信息，并展现出历年饲草动态产量的对比图。通过草情信息分析及监测模块，实现县级平台上当前县的草情状况监测、统计及分析。

二、牲畜生长过程智能分析及动态推送技术

牲畜生长过程智能分析包含牲畜生长状态分析、牲畜身体特征分析、智能分群分析等模块。通过时间轴的形式展示牲畜动态生长状况，本模块是接入智能称重硬件系统的基础数据，并由基础数据不同重量的统计，实现智能分群分析，通过分析得出的数据，为进一步的原因分析提供依据。

动态推送饲草种植技术、饲草加工技术、牦牛藏羊健康养殖技术等，并可以选择不同的合作社、牧民在每个技术节点进行主动推动，县级平台的相关技术主动推动功能将实现平台服务于合作社、牧民的功能，帮助牧民及时获取相关的专业知识，从而提高生产效率。

三、屠宰加工追溯技术

通过全面调研和实验，结合有机畜牧业追溯体系建设的需求，选择适合高原畜牧业追溯体系的最佳射频识别标签（RFID）技术方案，并同时通过创新性的设计和技术手段，解决实际使用过程中涉及的相关问题，研发出可靠、高效的高原有机畜牧业追溯体系标签技术。具体主要包括：①电子标签 inlay 的设计，使其可以在 60 mm × 15 mm 的面积范围内达到 1～3 m 的读卡距离；②电子标签的结构设计，使其可以正常嵌入牛羊的耳朵中，且掉标率低；③电子标签的读取性能设计，使其可以不被牲畜的生物体吸收掉很多的电磁信号，从而实现较远的读取距离，可适应各种异常网络环境的数据自动上传。

通过 RFID 识别读取模块研发、天线组网技术、低功耗模块化阅读器设计技术、移动智能可编程技术、基于 Wi-Fi 或 3G/4G 的移动通信技术，结合有机畜产品追溯体系各环节的应用要求，数据缓存、网络自动发现、数据自动上传 3 个环节研发集 RFID 自动识别、数据接收与移动处理、数据无线可靠传输于一体的"感知"畜牧个体信息的终端信息采集子系统，与数据管理平台结合实现 Intranet（场内）或 Internet（远程）无线传输、调阅和分析数据的功能，实现客户端、服务器端分布式信息资源的共享与数据的管理。

第五节　智慧畜牧业数据中心云平台建设

一、建设目标

数据中心和云平台建设主要包括：完成平台相关系统数据的存储，重点是智慧

畜牧业信息化管理县级平台系统，搭建大数据云计算平台的硬件环境，为智慧畜牧业相关数据分析提供强大的计算能力，完成节点服务器之间数据高速交换，完成计算节点机架服务器的计算和登录，完成服务器节点可视化切换。

1. 多层次服务化

云计算采用了多层次服务化的设计方法来达到松耦合、自组织、自维护、易共享等目标。

（1）基础设施层。将一个或多个云计算中心的计算、存储及网络资源虚拟化之后，向用户提供计算能力、存储能力以及网络通信能力。基础设施层既可以作为单独的云计算中心构建，同时，也可以作为之上的平台服务层和应用服务层的基础。

（2）平台服务层。主要面向应用服务提供商和开发人员，这种形式为应用提供软件开发接口、库与软件运行时环境，允许用户部署并为其管理符合约定的云端应用，并在后台提供透明的资源弹性管理、访问控制、数据存储等支撑服务。

（3）应用服务层。应用服务层是云计算面向最终用户的服务形式，是对软件资源分发以及使用模式的网络化、服务化，即最终用户通过网络就可以访问应用提供的功能与服务。从用户的角度来看，应用服务层支持了用户的即需即用与随需应变，程序与数据都由后端统一管理节省了设备与软件授权上的开支，并为用户带来更好的体验。

2. 平台服务层基本特征

在服务化基础上，云计算通过在平台服务层提供共性技术支持，实现对应用的个性化集约化以及专业化等功能的支持。一般情况下，云计算平台服务层具有以下基本特征。

（1）资源汇聚、池化使用。云计算本质上是一种集中式系统，云端汇聚了大量的计算和存储资源，其最主要的用途就是海量数据存储和分析。云端的资源被池化并以多租户模式服务于多个云用户。不同的物理资源和虚拟资源可以根据云用户的需求动态分配和再分配。

（2）按需自助。云计算用户可以单方面按需申请云端的资源，例如计算资源、存储资源或网络资源，而无需和服务提供商进行复杂的交互。

（3）快速弹性。云端的处理能力可以根据用户需求而弹性地提供和释放。在有些情况下，这个过程可以自动完成。对于云计算用户来说，可以将云端的处理能力看成近似无限的，可以在任何时间以任何数量提供。

（4）通用模式。提供通用的分布式计算模式，支持众多类型的应用，尤其是数据处理、数据分析应用。云计算的用户在获得资源后必须使用相应的分布式计算模式才能有效地利用资源。

二、整体规划

智慧畜牧业云平台即一个全功能的公有云平台主要具备基础设施即服务（IaaS）、平台即服务（PaaS）、软件即服务（SaaS）等多层次的功能。智慧畜牧业数据中心借鉴国内外先进的云平台建设经验，以及企业私有云、混合云建设经验，从实际出发，按照业务需求优先的原则构架整个平台。在技术路线选择上，推行开源化、水平可扩展的架构，做到弹性伸缩，主流通用平台，不锁定于特定厂商。

贵南县智慧畜牧业数据中心的建设层次如下。

（1）资源池层。借助虚拟化技术，将数据中心既有的服务器资源、存储资源、网络资源进行资源整合。实现服务器高性能计算虚拟化，网络功能虚拟化，并将服务器本地磁盘打通为分布式存储资源池。

（2）基础设施服务层。通过部署成熟的 IaaS 系统，为上层用户提供多租户、自服务的功能。注册用户能通过 Web 界面申请虚拟机实例、存储空间、外网 IP、负载均衡等。IaaS 系统能够实现计量计费。将一个或多个云计算中心的计算、存储及网络资源虚拟化之后，向用户提供计算能力、存储能力以及网络通信能力。基础设施层既可以作为单独的云计算中心构建，同时，也可以作为之上的平台服务层和应用服务层的基础。

（3）业务应用层。在 IaaS 平台的弹性能力基础上，通过相关应用集成，为最终用户提供业务服务。优先建设的服务包括云存储网盘服务（支持范围包括 web 和手机客户端）、DevOps 实验环境、大数据实验环境服务等。应用服务层是云计算面向最终用户的服务形式，是对软件资源分发以及使用模式的网络化、服务化，即最终用户通过网络就可以访问应用提供的功能与服务。从用户的角度来看，应用服务层支持了用户的即需即用与随需应变，程序与数据都由后端统一管理，节省了设备与软件授权上的开支，并为用户带来更好的体验。

（4）平台服务层。主要面向应用服务提供商和开发人员，这种形式为应用提供软件开发接口、库与软件运行时环境，允许用户部署并为其管理符合约定的云端应用，并在后台提供透明的资源弹性管理、访问控制、数据存储等支撑服务。在云平台的管理运维层面，通过多层次管理工具的集成使用，实现自动化的管理监控、性能分析、故障预警，利用自动化运维手段降低平台整体人力成本，避免单点故障，达到主流公有云水平的服务质量。

三、建设内容

智慧生态畜牧业数据中心是保证智慧畜牧业信息化管理县级平台系统的运行，包含刀片式服务器及盘柜等设备，主要功能是提供高性能计算能力，完成各个节点服务器之间数据高速交换。同时，为下一步搭建大数据云计算平台提供硬件环境，为智慧畜牧业相关数据分析提供计算和存储功能。

建设的云平台，主要以 ×86 基础服务器设施为依托，将所有 CPU 资源、内存资源、硬盘资源、网络资源充分利用、统一整合调配，提供虚拟计算资源、存储资源的平台。主要建设内容如下。

1. 网盘应用

提供免费的网盘云存储服务，为存储资源投入进行计量统计。

2. 云资源平台

为信息类需求提供免费的计算资源服务（以虚拟机方式提供）。

3. 云存储平台

对云资源平台以及网盘平台提供分布式的数据存储功能，保证高性能、高稳定性，实现硬件资源充分利用。

第六节　畜产品质量追溯系统

一、畜产品质量追溯数据平台

畜产品质量追溯数据平台，采用 B/S 架构、多层结构建立。基于物联网技术，以 RFID 标识为唯一编码，作为放牧家畜的身份证，使用 UHF 超高频远距离可读取的电子耳标。通过佩戴电子耳标，记录牲畜性别、品种、毛色、体重、牧户、健康状况、防疫等信息，将信息录入畜产品追溯数据平台和数据库，将各个环节的信息进行逐级信息关联，实现食品质量安全有据可依，有责可追，真正达到质量追溯的目的，提高消费者对产品、品牌的信赖。畜产品质量追溯数据采集的流程和与之相匹配的信息模型如图 8-3 所示。

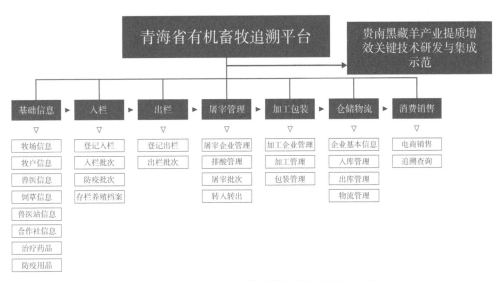

图 8-3　畜产品质量追溯系统整体架构设计方案

通过电子耳标、手持机、草场监控等硬件设备，于数据库采集家畜在养殖环节的信息；通过 RFID、无线传输技术进行信息传输和统计，经过屠宰环节生成二维码包装，将屠宰信息录入数据库；在销售流通环节的物流信息也录入数据库中，产品经各个卖场流通到消费者手中。消费者可通过手机扫描可追溯二维码标签，从数据库中获取养殖、屠宰、销售各个环节的信息，实现产品溯源。依照商品"一物一码"的标准，建立家畜质量追溯数据平台，采集家畜乳肉的相关追溯信息，集于并展示在家畜质量追溯数据平台之上，实现"质量可监控，过程可追溯，政府可监管"，同时消费者也可通过短信、电话、POS 机、网上查询、智能手机扫描商品二维码等查询方式，准确了解乳肉产品从养殖、屠宰加工、销售等全流程的信息，选择放心产品（图 8-4）。

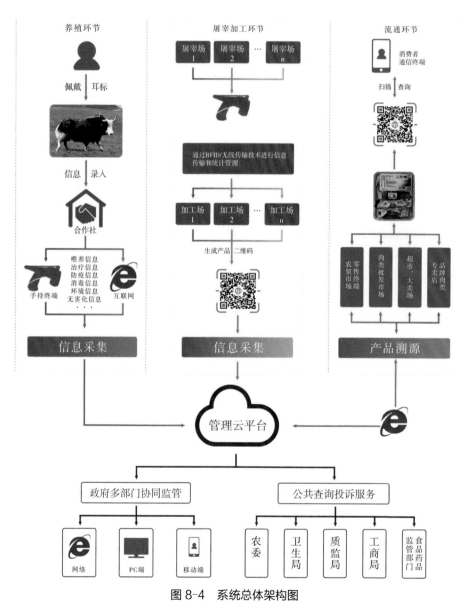

图 8-4　系统总体架构图

二、家畜质量追溯平台——养殖系统

基本信息：合作社信息、牧场信息、牧户信息、兽医站信息、兽医信息、饲草信息、防疫药品信息、治疗药品信息。

养殖管理：入栏批次、防疫批次、存栏养殖档案。

出栏管理：出栏批次、计划外出栏。

监管追溯：追溯查询。

统计分析：养殖数统计、畜种性别统计、畜种年龄统计、历年养殖数统计。

设备管理。

系统管理：追溯内容管理。

三、家畜质量追溯平台——屠宰系统

宰前管理：入场管理、隔离管理。

屠宰管理：屠宰批次、屠宰档案、排酸管理。

加工包装：加工管理、包装管理。

仓库管理：库存管理、出库管理。

物流销售：车辆管理、订单管理、物流管理。

统计分析。

基础信息：屠宰工艺、产品品类、包装类别、仓库信息、采购商类别、有机认证。

参数设置。

四、家畜质量追溯系统数据库

家畜质量追溯系统数据库是《贵南家畜质量追溯系统》的数据载体，负责《贵南家畜质量追溯系统》的数据存储与维护。研发人员在充分研究《贵南家畜质量追溯系统需求报告》与《贵南家畜质量追溯系统需求规格说明书》的基础上，充分考虑数据库系统的可移植性、可扩展性、高可用性、高性能等特点，最终确定了贵南家畜质量追溯系统数据库的技术框架。

贵南家畜质量追溯系统数据库，是青海有机畜牧业追溯平台的基础与数据载体。数据库采用关系性数据库 SQL Server 2008 数据库管理系统，数据库优化具体目标如下。

数据存储：能够高效、安全的存储业务数据，并支持对数据进行日常维护。能够对历史数据进行存储及挖掘。为保障系统长期高效运行，在数据库设计方面采用了分库、分表的设计思路，以提高数据库的存储容量。

健壮性：为保证数据库的健壮性，在数据库选型上，选择了当前市场上较为成熟的主流数据库，即微软公司的 SQL Server。其 SQL Server 的稳定性、易用性、可扩展性得到了市场的广泛认可。为保证数据库的健壮性，数据库在部署方面采用双活机制，即使有一个数据库服务器宕机，仍然能保证系统正常运行。

可维护：为提高数据库的可维护性，数据库在设计上严格遵循三级范式，并严格按照数据库设计规范进行命名、设计等操作。设计文档上采用 ER 图设计与数据库物理模型设计，为数据库留下相应文档，以提高数据库的可维护性。

高效率：数据库采用聚集索引、索引、视图、物化视图等多种数据库优化手段，对数据库进行优化以保证数据库的高效性。同时数据库还采用读写分离的措施，保证系统能够有最佳性能。

安全性：数据库严格遵循敏感数据加密存储的原则。根据数据敏感度的不同加密分为了不可逆哈希加密与可逆非对称加密。可逆加密必须通过青海有机畜牧业追溯平台的系统进行脱密处理，否则无法看到真实数据。

高可用：数据库采用双活机制，保证数据包可用，在数据库备份方面采用完整备份与增量备份相结合的方式。备份数据最少保留 15 个工作日。

第七节　家畜质量追溯电商平台商业模式构建和多平台运营

一、可追溯电商平台商业模式构建

家畜质量可追溯产品电商平台系统结构设计，综合考虑了系统对性能、可靠性、扩展能力、安全性、易管理性、服务质量等方面的要求，整个系统结构清晰，能够满足电子商务平台的需求，具有以下特点：系统设计基于面向对象，可做到具有灵活的扩展性和良好的移植性；网站系统采用三层架构的体系结构，充分考虑今后纵向和横向的平滑扩张能力；用户业务逻辑分布在应用服务器层，与数据分离，在用户业务发生变化时，系统易于修改；整个系统采用模块化组件设计，为系统功能扩展留下足够的空间，同时也方便系统进行单元式的维护和升级；整个系统是一集成的整体。同时，系统的不同用户对系统的访问物理上具有不同的通路，但具有统一的浏览界面；智能化检索方式。基于全文检索技术的电子资料库管理系统，资料库支持一切数据来源，包括 Text、HTML、Postscript、WPS、S2/PS2/PS、Microsoft Office、Adobe PDF、RDBMS 结构化数据等。可对资料库中的全文数据进行全方位检索、支持 Unicode 等多种检索逻辑。电商平台运行稳定，可扩展性强，能够完成产品的发布、在线销售、在线交易及商家用户在线交流的常规功能。

为让用户更好的使用的推广电子商务平台，在设计时将采用图文版页面，在平面设计上，采用互联网上常见的电子商务平台形式和风格，布局清晰明了、干净简洁，表现形式独具创意，基本视觉要求整体色彩平稳过渡，运用色彩对比突出重点，适量运用简洁精致的图片和动态元素以吸引用户注意力，以体现独特性和实用性。

　　网站导航页是访问者进入系统的第一级通道，是网站基本形象的集中表现页，设计上的设想是结构划分清晰、色彩和谐、重点突出显示系统平台对交易区的分类和展示。在首页设计上，为吸引众多的浏览者，网站的首页将使用稳重、大气的图形版，由专业的网站平面设计师完成设计。首页将具有以下特色：背景颜色以白色为主，对商品的显示效果更好；突出显示交易分类和促销、热点供求信息等；简洁明了的显示出商务平台上的热点供求信息和供求分类信息；适合大多数人的操作习惯，分类清楚、简明扼要；色彩过渡平稳和谐，色块对比突出重点，适量运用简洁精致的图片和动态元素，力求在最短时间内吸引访问者的注意力；以恰当鲜活的设计完美地表达系统的内涵特质（图 8-5）。

图 8-5　有机追溯电商平台

　　所有页面风格统一，不同栏目的页面文字风格相似统一而又各具特色，以不同的色系和图案加以区别。在构思上注重突出实用性，提高页面响应速度，以获得较高的浏览效率。研发成果是一个运行稳定的电商平台，可以完成既有基础产品的发布、在线销售、在线交易及商家用户在线交流的具体功能。

　　与常规电商平台相比，可追溯电商平台除了可以完成常规电商平台的所有功能之外，还具备 3 个特色功能：商品溯源信息的展示、在线认养及 B2B 商城等。借助于已经建立的有机追溯平台，电商平台可以为消费者展示商品的追溯信息，消费者可以查阅商品种植养殖、生产、加工乃至运输的各种信息，因此，消费者能甄别商品的真伪，真正做到放心消费。在线认养是一种订单消费的特定形式，消费者预付生产费用，生产者为消费者提供定制化的绿色、有机食品，其特点是：养殖的全过程搬上网络，让每个消费者都可以实时查看，全流程进行监控和参与，用透明的养殖过程赢得消费者的信心。B2B 商城目的是建立供需双方需求对接的平台，基于订单的信息发布模式能够促进交易的成交效率。侧重面向基层群众，提供切实的产品供需信息服务。该业务模式能够弥补常规商城单一模式的不足，具有很强的现实需求。

二、可追溯电商平台的技术应用

与常规电商平台相比，可追溯电商平台除了可以完成常规电商平台的所有功能之外，还可以实现对产品溯源信息的展示。基于溯源信息，消费者可以甄别产品的真假优劣，也有助于产品在消费市场的品牌的建立，杜绝假冒伪劣产品。

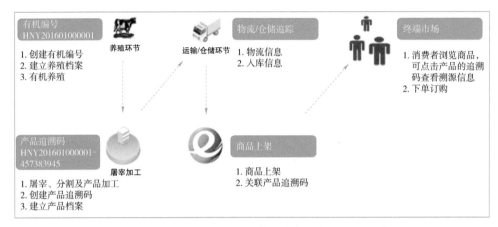

图 8-6　电商平台追溯信息示意图

如图 8-6 所示，常规畜产品的追溯信息流程包含养殖、出栏、加工、销售、流通 / 深加工和最终销售等多个环节。消费者通常缺少产品真假优劣甄别能力，因此市场上假冒伪劣产品层出不穷，甚至出现了劣币驱除良币的不正常现象。因此在面对消费者时，如何全面快捷展示产品的追溯信息，帮助消费者建立甄别真假伪劣的能力，对于产品品牌和口碑的建立都是至关重要的。电商平台通常不具备展示产品追溯的能力和手段，消费者只能在购买之后再根据产品的追溯码查询产品的追溯信息，有一定的滞后性。可追溯电商平台通过改进产品上架的流程，实现了追溯信息与产品的预关联。产品一旦在上架之后，消费者即可在线实时查看产品的追溯信息。消费者在购买商品的时候就可以获得产品的全部生产加工信息，极大地增强了消费者的消费信心和对产品的甄别能力，有利于产品品牌，特别是产地归属优势口碑的建立和传播。

三、电商平台 B2B 商城应用技术

B2B 商城目的是建立供需双方需求对接的平台，基于订单的信息发布模式能够促进交易的成交效率。侧重面向基层群众，提供切实的产品供需信息服务。该业务

模式能够弥补常规商城单一模式的不足，具有很强的现实需求。B2B 商城实现供需的精确匹配，产品的需求和形态由买方通过订单的形式发布。当订单发布成功后，商家看到后发起供货订单竞标。系统自动根据价格、供货周期完成订单匹配并推送给买方。

面向企业：企业登录（会员）→根据需求生成订单→选择订单下发对象→后台接收到订单下发需求，予以处理→会员及时接收到订单（互联网或手机终端）；非会员会延迟（例如 5 h 后）看见订单（互联网）→供货方登录（会员），填写供应订单；非会员只能见到订单需求信息，不能参与订单匹配→会员提交供应订单→后台或系统进行订单匹配（一个匹配或多个匹配）→匹配成功，推送给订单下发企业（互联网或手机终端）。

面向个人：个人或行会组织登录（会员）→根据农产品养殖品种或规模，提交订单求购需求→后台接受订单求购需求，审核后予以推送→会员企业即时接收到订单求购需求，非会员企业延迟（例如 5 h 后）接收到订单求购需求→企业接收到求购订单信息，下发订单→后台或系统进行订单匹配（一个匹配或多个匹配）→匹配成功，推送给订单求购个人或组织。

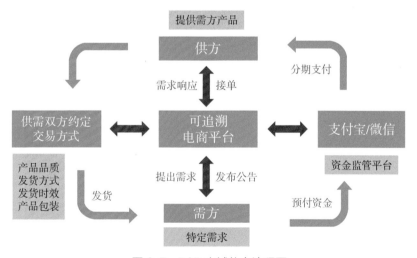

图 8-7 B2B 商城信息流程图

通过数据的全面感知、收集、共享，建立家畜可追溯产品数据中心，实现畜产品个体生长信息、生态环境信息、流通营销信息等全息式的纵向历史比对和横向现实比对；利用数据资源发掘知识、提升效益、促进创新，使其服务于政府监管、企业决策乃至最终用户生活。

针对贵南家畜肉产品种类单一、销售渠道不畅通、品质优良价格低廉等制约畜牧产业发展的瓶颈问题，开展牦牛、藏羊系列肉产品精深加工，基于牦牛、藏羊肉色泽及其肉品质营养特征，开发特色羊肉，以及冷鲜肉和熟食产品等，提高产品附加值；开展特色畜产品电商销售体系建设，针对系列肉产品进行高质量包装设计，开辟电商平台销售渠道；完善特色畜牧业全产业链溯源体系，实现家畜生长环境及养殖、屠宰加工、销售的全链条可追溯，全方位展示贵南放牧家畜的绿色、有机属性，提高产品科技附加值，为贵南特色畜产品优质优价提供数据支撑。

第八节　智慧生态畜牧业信息化服务管理平台中存在的问题和发展建议

一、数据采集难度大，质量控制有待加强

任何一个信息化平台，其基础就在于信息数据的数量、质量和时效性。智慧生态畜牧业信息化服务管理平台的关键亦在于信息数据的采集、更新、管理，以及在此基础上的分析。而当前，畜禽养殖相关信息采集工作主要依靠乡镇防疫员、牧户力量，相关人员文化素质低、身兼多职时间精力不足等问题在一定程度上影响了数据的可靠性，影响了分析结果的准确性。特别是平台建设是一个长期的过程，其效用也需要在长期的应用中才能得以展现，在建设初期主要靠专项经费投入尚可维持。但长期来看农牧民由于缺乏利益驱动，基层管理和应用部门也缺乏长期的战略眼光，数据未能适时更新，不能够准确地指导生产，限制了平台的应用效果。

二、生态畜牧业仍处于转型期，亟待推进标准化生产

智慧生态畜牧业信息服务管理平台建立在标准化生产基础上并促进畜牧生产的标准化、智能化，从而提高畜牧业生产效率。而当前贵南县乃至整个青藏高原多畜牧业生产多仍沿用传统的畜牧业生产模式，或处于由传统畜牧业向标准化畜牧生产转变的过程中。当前，我国主要矛盾已经由人民群众日益增长的物质文化需要同落后的社会生产之间的矛盾转变为人民对美好生活的向往同不平衡不充分的发展之间的矛盾，可以说发生了根本变革，开展供给侧结构性改革已迫在眉睫，此时开展智慧生态畜牧业的试验示范，为高原生态畜牧业树立标杆，将有助于引导畜牧业的供给侧结构性改革，提高高原畜牧业发展水平。畜牧业生产的分散化、畜牧养殖的非标准化等问题将严重阻碍"智慧畜牧业"的发展进程，后续仍需要在"一优两高"战略指导下，加紧对高原畜牧业相关标准的制定和修订，在生态保护前提下发展畜牧业，促进高原畜牧业的高质量发展。

三、单家独户仍是畜牧生产主体，加强新型农业经营主体培育

当前，以农牧户仍是高原畜牧生产的基本单元，龙头企业、合作社、家庭农场等新型农民经营主体是未来农业生产的主力，也是加快推进智慧畜牧业建设的重要力量。发挥其整体素质较高、资金实力较强的比较优势，通过智能信息化手段对生

产设施、管理方式、营销模式进行变革，有利于提高生产效率和经济利益，有利于为企业开展生产经营活动提供便捷、高效、科学的服务。因此，可创新机制鼓励更多的新型畜牧业经营主体开展试点示范，寻求点的突破，进而实现以点带面，扩大"智慧畜牧"应用覆盖面，达到提升现代畜牧业智能化、装备化水平和行业提质增效的目的。

四、智慧畜牧业平台建设缺乏造血能力，须进一步加强政策和财政引导

智慧畜牧业建设是一项全新的系统工程，实施环境复杂，包含省、州（市）、县、乡镇多级管理部门和畜禽养殖、投入品生产经营、屠宰加工、运输市场等多个监管对象，点多线长面广，个性化需求多，亟待各级政府加大政策引导，推进工作措施落地。一是要完善硬件设施建设。二是把智慧畜牧业建设作为市政府的政策支持的重点。明确智慧畜牧业体系建设的市场性，主体是企业，采取"以奖代补"的激励机制，鼓励智慧畜牧业的研究与应用。三是切实加强引导示范。通过宣传培训，使养殖场（户）充分认识智慧畜牧业建设是推进养殖管理标准化、智能化、精细化和信息化的需要，推动管理模式的革新。鼓励智慧畜牧业示范场、示范社、示范区建设，将智慧畜牧业建设作为财政扶持畜牧业项目的优先条件。

五、优质产品缺乏市场，须多方协力打造知名品牌

智慧畜牧业发展必须考虑生态环境持续发展和人类的身心健康，因此必须走产业融合发展之路。一是与有机农业相融合，使智慧农业集聚化发展。二是全产业链融合，以质量安全提升农牧品牌形象。三是跨界人才融合，为智慧畜牧业发展奠定基础。以促进现有畜牧业工作者跨界培育为主，吸纳各类人才投入智慧畜牧业创业创新。

第九节　小　结

通过智慧畜牧业信息化服务管理平台和可追溯电商平台的建设，实现了可追溯电商平台和智慧畜牧业信息化服务县级平台的有机融合，为实现畜牧业全产业链的智慧化生产、监测监督、质量溯源提供了支撑和保障。可追溯电商平台除了常规电子商务实现的基本功能以外，主要设计研发了4个特色功能模块：在线认养、B2B商城、商品追溯信息展示和区域电商等，并完成了平台的系统测试、整合测试和性能测试，系统已具备上线运行的能力，实现了可追溯电商平台的预期目标。智慧畜牧业信息化服务管理平台包含前台页面模块、后台管理模块、基础信息数据库和第三方应用接口4个大模块，实现了平台县级、乡村/合作社级、牧户级的三级管理功能模块的融合。信息化服务管理平台的后台管理子模块，主要包括草情信息、养

殖监测、信息发布、质量追溯、放牧与补饲、高级养殖、饲草种植与加工、健康养殖、技术培训、技术数据、基础信息、综合分析、追溯子系统和数据中心 14 个子模块和子系统；所有模块的功能主要用于掌握全县草情、畜情、牧户等基本信息，并通过综合分析形成报表或统计图，进一步指导本县的畜牧生产和相关技术服务。贵南县信息化服务管理平台实现了前台与后台数据的交互对应关系，并实现了与省级云平台数据接口的同步对接。

通过对各个模块的贯穿融合，实现了县域内畜牧业信息的智慧化集成管理和应用，达到了指导畜牧业生产、服务基层管理部门、支撑行业行政主管部门决策的预期的目标，是将信息化、智能化技术在草地畜牧业生产中的一次有益尝试。但是，限于当前贵南县生态畜牧业现状和相对较低基层牧民群众的知识水平，后期仍需要加强对农牧民的技术培训、推进畜牧业标准化生产，并通过各相关单位的相互配合，协同完成基层数据的采集时效性与质量可靠性，将智慧畜牧业信息服务管理平台建设成果应用于实际生产中，加强应用示范，提高显示度。

第九章　智慧生态畜牧业效益分析

我国畜牧业发展历史悠久，有着较多而全面的生产功能，为我国提供了包括肉蛋奶等在内的多种基础物质保障。为坚持走生态优先、绿色发展的道路，畜牧业发展趋势逐步向生态化方向扩展，即在提高养殖收益的同时兼顾生态环境的保护，这对我国居民生产、生活均具有重要意义。

青藏高原传统畜牧业单一放牧模式导致家畜超载、草地退化、资源利用效率低，不利于高寒草地生态系统的保护和恢复及资源合理高效利用，阻碍了畜牧业的可持续发展。生态畜牧业通过采取季节性放牧、人工饲草基地建植、家畜冷季补饲等方式，合理规划和利用草地资源，有利于减轻草地放牧压力，提高资源利用率，增加牧民经济收益，并对天然草地提供了强有力的保护。

发展生态畜牧业有利于因地制宜地优化产业结构，形成可持续的发展格局，并促进生态效益与经济效益的协同共赢。三江源区智慧生态畜牧业项目的成功实施，使农牧民得到政府等相关部门的帮助和支持，带动当地畜牧业的发展，并对重点区域生态保护与基建投资，提高农牧民饲养技术，转变养殖观念，优化饲养结构。同时，政府精准扶贫工作帮助贫困农牧民脱贫，提高了农牧民支持生态畜牧业发展的积极性，助力实现乡村振兴，提高了社会效益，形成了畜牧业可持续发展的新格局。

我国西部牧区畜牧业具有多重功能，首先是经济功能，畜产品生产是畜牧产业和牧区经济发展的重要推动力；其次是社会功能，西部牧区大多数为少数民族聚集区，畜牧业是牧民增收的主渠道，其可持续发展水平关系民族团结和边疆稳定；最后是生态功能，从青藏高原生态安全屏障建设的战略来看，青藏高原畜牧业可持续发展更重要的是生态功能，畜牧业发展通过影响牧区草地、湿地等重要生态系统服务功能的维持，影响生态系统生态涵养功能的可持续能力，进而影响国家生态安全（何在中等，2015）。生态畜牧业模式有利于从根本上解决畜牧业发展过程中经济功能、社会功能和生态功能难以兼顾的问题；逐步实现"人—草—畜"平衡的生态畜牧业发展模式，关乎青藏高原乃至全国的畜牧业可持续发展、边疆稳定和生态保护大局。

三江源区智慧生态畜牧业项目的实施，以三江源生态保护综合试验区典型区域和国家生态畜牧业发展试验示范区核心区贵南县为核心示范基地，针对该地域普遍存在的传统畜牧业生产模式下草畜矛盾突出、天然草场退化、冷季饲草供应不足、饲草料搭配营养不均衡以及舍饲育肥规模化与规范化程度低等关键问题，提出基于现代信息技术支持的集"天然草地智慧放牧技术—饲草基地建植与管理智慧支撑—饲草料加工精准配置及高效利用—牛羊冷季舍饲小区智能化管理—质量'三控'追溯体系—系列畜产品精深加工—高原特色畜产品电商平台"为一体的产业链，并因地制宜地进行示范推广，从而有效缓解高寒草地放牧压力，优化畜牧业生产模式，提高畜牧业经营效益，力争实现高寒草地生态系统保护和畜牧业生产的可持续协调发展。

基于三江源区贵南典型区生态—生产及区域经济发展的科技需求，针对该区域草地生态系统及畜牧业生产中存在的关键问题，通过智能化、信息化、机械化等草地畜牧业关键技术的支撑及应用，重点针对贵南天然草地合理放牧利用、优质高产饲草基地建植、饲草资源高效利用、牦牛和藏系绵羊健康养殖等关键技术实现突破，有效提高畜产品科技附加值。同时，依托天然草地牧草产量与营养季节动态、天然草地合理放牧智慧平台、农副产品资源品质等数据库平台以及高原特色畜产品销售电商平台，提升以贵南县为核心区的国家级生态畜牧业可持续发展实验区畜牧业生产科技支撑、科学决策水平和畜牧业经营效益，有效维持草地生态功能，生态、经济和社会效益显著。

第一节　生态效益

草地是世界上分布最广的植被类型之一，是畜牧业可持续发展的根本载体，也是陆地生态系统的重要组成部分。草地生态系统为人类提供了净初级物质生产、碳蓄积与碳汇、调节气候、涵养水源、水土保持和防风固沙、改良土壤、维持生物多样性等产品和服务功能，这些服务功能是自然生态系统及其所属物种支撑和维持人类生存的条件和过程，也是人类直接或间接从草地生态系统中获得生态服务价值的物质基础（刘兴元和牟月亭，2012）。

草地生态系统碳平衡的估算在全球陆地生态系统碳循环机制和全球碳收支平衡中都具有重要意义，这也是国际地圈-生物圈研究计划（IGBP）中碳循环研究的重要组成部分。草地也是目前人类活动影响最为严重的区域，对草地生态系统碳循环主要过程及其影响因素的研究是认识全球碳循环的关键之一（樊江文等，2004）。根据WBGU估算，全球草地生态系统碳储量为1 200 PgC，中国草地生态系统碳储量为44.09 PgC，其中高寒地区储量为24.03 PgC（于贵瑞，2003；Ni，2001），高寒地区草地拥有的丰富的碳储量可能会对全球碳循环具有重要的影响作用（王根绪等，2002）。

植物、动物和土壤微生物间相互作用将陆地生态系统的生物地球化学循环（Biogeochemical Cycles）过程联系在一起（Welker et al.，1999；韩兴国等，1999）。草地生态系统不仅有草地土壤碳库，草食动物还是草地生态系统中一个很大的"流动"碳库，因此，草地生态系统碳循环研究中应该包含草地—草食动物—土壤界面系统下的碳循环；而对草地这一重要陆地生态系统碳循环的研究主要聚焦于植物的光合、呼吸作用及土壤微生物分解等方面（Welker et al.，1999），对其碳储量的估算几乎都是建立在草地—土壤界面系统基础上开展的，忽略了放牧家畜这一重要组成部分在草地生态系统碳循环中的作用。

草地放牧利用是造成草地生态系统碳储量变化的重要因素，但目前国内外大部分学者在估算草地碳储量时几乎都未考虑动物采食的生物量，从而使得碳储量估计值或多或少的偏大。放牧家畜对碳循环的影响主要表现在两方面，一是牲畜的啃食致使植物凋落物减少，降低土壤碳库贮存量，在短期内可以改变植物碳的分配方式和凋落物的质量，在长期范围内可以改变植物种类组成和分布格局（陈佐忠和汪诗平，2000；汪诗平等，2003）；二是过度放牧导致草地土壤沙化和退化，促进土壤呼吸作用，加速了碳向大气的释放。另外，家畜在全球碳循环组成部分之一的 CH_4 循环中起着重要作用，家畜和野生草食动物消化道内厌氧微生物对食物分解产生的肠胃气是大气 CH_4 的一个重要来源，全球每年大约 7.8×10^{13} g CH_4 是由草食动物产生的（Cruutzen，1986）。

一、生态畜牧业模式加快牲畜出栏，降低单位畜产品碳足迹

畜牧业产生的温室气体排放在总排放量中占有较大比重。Robert Goodland 在 2009 年《World Watch》刊登的《畜牧与气候变化》指出，牲畜及其副产品实际上至少排放 $3.256\ 4 \times 10^{11}$ t CO_2 当量的温室气体，占世界温室气体总排放量的 51%，远高于联合国粮食及农业组织（FAO）在 2006 年的估计值（18%）。CH_4 是一种重要的温室气体，其全球增温潜势为 CO_2 的 25 倍（百年时间尺度），温室效应贡献率高达 18%。畜牧业是重要的 CH_4 排放源之一，尤其以反刍家畜肠道发酵排放为主，全球反刍家畜肠道 CH_4 年排放量约 8.4×10^7 t，占人为排放 CH_4 总量 21.13%（Harmsen et al.，2019）。随着反刍家畜养殖规模的扩大，肠道 CH_4 排放已成为重要的温室气体排放源，实现反刍家畜 CH_4 减排已成为当务之急。反刍家畜排放 CH_4 时，2%～15% 的饲料能量以甲烷能的形式损失（Patra et al.，2017），严重降低了饲草料利用率，增加了养殖成本。因此，降低畜牧业温室气体排放对于实现生态畜牧业具有重要意义。

高寒牧区藏系绵羊在放牧饲养周期中面临严重的生长曲线波动、掉膘减重、饲草浪费和温室气体排放。藏系绵羊温室气体排放中，肠道 CH_4 在贡献温室气体的同时进一步增加了饲草资源浪费。研究高寒牧区藏系绵羊的碳密度，对发展低碳型生态畜牧业具有一定的指导意义。当前对青藏高原高寒牧区的藏系绵羊碳密度的系统性研究尚未开展。本章对青藏高原高寒牧区不同饲养制度下藏系绵羊的生命周期碳排放和畜产品碳密度进行详细的核算，以期为筛选畜牧业碳减排措施提供基础数据。

（一）生命周期碳密度核算方法

藏系绵羊碳密度：是指藏系绵羊生命周期中各生产环节温室气体排放转化成 CO_2-eq 后分配到畜产品（活重、胴体重）得到的 CO_2-eq 排放值，计算方法参考公式（9.1）。

$$C_{p,i} = \frac{\sum_{j}^{n}\left(EF_{j,i} \cdot N_{j,i}\right) \cdot F_{A,i}}{M_{product}} \qquad (9.1)$$

式中，$C_{p,i}$ 为碳密度（kg CO_2-eq/kg FU）；i 为畜产品的种类；j 为生命周期的各生产环节；N 为相应的度量值；$EF_{j,i}$ 为各环节温室气体排放系数（kg CO_2-eq/ 单位度量）；$F_{A,i}$ 为温室气体分配系数；$M_{product}$ 为畜产品产量。LCA 边界系统开始于饲草生产，终止于农场大门（Dick et al.，2015；Pelletier et al.，2010）。生命周期各生产环节的温室气体排放系数的来源主要有 4 类：①试验测定的温室气体排放系数；②本国或本地区相关研究的排放系数或计算公式；③ IPCC Tier 2 方法学进行估算；④ IPCC Tier 1 提供的排放系数缺省值（黄文强等，2015）。本章依据试验测定数据、地区参考排放系数和 IPCC Tier 2 方法学等，对高寒牧区不同饲养制度下藏系绵羊的生命周期碳排放和碳密度进行核算。

在核算牧归补饲 1～3 岁放牧藏系绵羊碳密度时，需考虑的排放环节有：肠道 CH_4、粪便 CH_4、粪便 N_2O、放牧地 CH_4 和放牧地 N_2O，即 Total CHG= 肠道 CH_4+ 粪便 CH_4+ 粪便 N_2O+ 放牧地 CH_4+ 放牧地 N_2O（表 9-1）。由于冷季精料补饲量很小（约 9.0 kg/ 头），此处不考虑精料运输环节的碳排放。

核算牧归补饲藏系绵羊的碳密度时采用两种核算方法：测定值 + 参数法；IPCC Tier 2+ 参数法。通过比较两种核算方法对藏系绵羊碳密度的影响，探讨 IPCC Tier 2+ 参数法在估算高寒牧区藏系绵羊碳密度的适用性。

在对放牧地碳排放（CH_4、N_2O）进行畜产品分配时，高寒草地的合理载畜量定为 2.5 羊单位 /hm²。牧归补饲藏系绵羊在冷季末期的屠宰率为 44%。在核算碳排放时以 CO_2-eq 表示，CO_2=1 CO_2-eq、CH_4=25 CO_2-eq、N_2O=298 CO_2-eq。生命周期碳排放总量为：Total CO_2-eq=1 CO_2+25 CH_4+298 N_2O（Zhuang et al.，2017）。统计分析采用 t 检验，$P<0.05$ 时，差异显著。

表 9-1 牧归补饲藏系绵羊生命周期各生产环节的温室气体排放参数

排放源	温室气体排放系数	资料来源
肠道 CH_4	IPCC Tier 2	徐田伟（2017）
粪便 CH_4	0.1 kg CH_4/ 年	地区参数
粪便 N_2O	0.093kg N_2O/ 年 /IPCC Tier 2	地区参数
粪便 N_2O 间接	IPCC Tier 2	IPCC（2006）
放牧地 CH_4	−2.33 kg CH_4/（hm² · 年）	Wang（2014）
放牧地 N_2O	0.31 kg N_2O/（hm² · 年）	Zhuang（2017）

在 IPCC Tier 2+ 参数法的碳密度核算方法中，IPCC Tier 2 主要用于估测肠道 CH_4、粪便 N_2O 直接排放、粪便 N_2O 间接排放。在此主要介绍 IPCC Tier 2 估测粪便

N_2O 的计算方法。粪便 N_2O 直接排放的估算方法参考公式（9.2）。

$$N_2O_d = \frac{44}{28} \times Nex_{(T)} \times MS_{(T,S)} \times EF_{3(S)} \qquad (9.2)$$

式中，N_2O_d 为粪便 N_2O 直接排放（kg N_2O/ 年）；$MS_{(T,S)}$ 为家畜每年排泄物（尿液和粪便）中的氮排泄量（kg N/ 年）；$EF_{3(S)}$ 为 N_2O-N 的直接排放因子，结合国内现状该值取 0.011；44/28 是将 N_2O-N 直接转化为 N_2O 排放的系数；$Nex_{(T)}$ 为家畜年均氮排放量，参考公式（9.3）。

$$Nex_{(T)} = N_{rate(T)} \times \frac{TAM}{1\,000} \times 365 \qquad (9.3)$$

式中，$N_{rate(T)}$ 为缺省 N 排放率，kg N/（1 000 kg 动物质量）；TAM 为家畜平均质量，单位为 kg/ 头。

反刍家畜粪便 N_2O 的间接排放计算：粪便 N_2O 挥发的排放参考公式（9.4）。

$$N_2O_{iN-挥发} = \frac{44}{28} N_{挥发-MMS} \times EF_4 \qquad (9.4)$$

式中，$N_2O_{iN-挥发}$ 为 N 挥发引起的 N_2O 间接排放，此处 N 挥发所占比例取 12%。EF_4 为土壤和水面大气氮沉积中产生的 N_2O 排放的排放因子，国内采用 0.006。

N_2O 间接排放 - 淋溶排放：N_2O 淋溶排放的计算参考公式（9.5）。

$$N_2O_{iN-淋溶} = \frac{44}{28} N_{淋溶-MMS} \times EF_5 \qquad (9.5)$$

式中，$N_2O_{iN-淋溶}$ 为 N 淋溶引起的 N_2O 间接排放，淋溶 N 占 N 排泄量的 5%，EF_4 为淋溶 N 的 N_2O 直接排放因子，国内采用 0.006。

在核算"暖牧冷饲"藏系绵羊碳密度时，选取 1 岁、2 岁和 3 岁藏系绵羊各 7 只分别分组和编号，进行舍饲藏系绵羊温室气体监测试验和冷季舍饲试验。需要考虑的排放环节有：放牧阶段肠道 CH_4、舍饲阶段肠道 CH_4、放牧阶段粪便 CH_4、舍饲阶段粪便 CH_4、放牧阶段粪便 N_2O 排放、舍饲阶段粪便 N_2O 排放、放牧地 CH_4、人工草地 N_2O 直接排放、人工草地 N_2O 间接排放、人工草地 CH_4、人工草地生产耗能、精料加工运输和养殖环节生产耗能等。"暖牧冷饲"藏系绵羊 LCA 中相关环节的温室气体排放系数见表 9-2。在核算牧归后补饲藏系绵羊碳密度时，主要参考试验测定数据和地区参数；人工草地 N_2O 的直接排放和间接排放主要来自有机肥（3.5% N）和尿素（46.7% N）等使用，结合人工草地的施肥量计算人工草地 N_2O 排放系数。在对放牧地温室气体（CH_4、N_2O）进行畜产品分配时，高寒草地合理载畜量定为 2.5 羊单位 /hm²，"暖牧冷饲"藏系绵羊在冷季结束时的屠宰率定为 49%。在估算"暖牧冷饲"藏系绵羊生命周期碳排放时，以 CO_2-eq 表示，CO_2=1 CO_2-eq、CH_4=25 CO_2-eq、N_2O=298 CO_2-eq。生命周期碳排放总量为：Total CO_2-eq= 1 CO_2+25 CH_4+298 N_2O（Zhuang et al.，2017）。统计分析采用 t 检验，$P<0.05$ 时差异显著，$P<0.01$ 时差异极显著。

表 9-2 "暖牧冷饲"藏系绵羊生命周期评估中个环节的温室气体排放参数

排放源	温室气体排放系数	数据来源
肠道 CH_4	本研究	本研究
肠道 CH_4	本研究	本研究
粪便 CH_4	0.1 kg CH_4/年	地区参数
粪便 CH_4	0.1 kg CH_4/年	地区参数
粪便 N_2O	0.093 kg N_2O/年	地区参数
粪便 N_2O	0.093 kg N_2O/年	地区参数
放牧地 CH_4	-2.33 kg CH_4/（hm^2·年）	Wang（2014）
放牧地 N_2O	0.31 kg N_2O/（hm^2·年）	Zhuang 2017
人工草地 CH_4 排放	-3.28 kg CH_4/（hm^2·年）	Jin（2015）
人工草地 N_2O 直接	0.01 kg N_2O-N/年	Jin（2015）
人工草地 N_2O 间接	0.007 5 kg N_2O-N/年	Jin（2015）
生产能源 CO_2 排放	175.96 kg CO_2-eq/hm^2	赵亮（2016）
精料加工运输	0.0438 t/t	FAO 2016
柴油	2.64 kg/kg	参数
电力	0.973 kg/（kW·h）	参数

核算传统放牧藏系绵羊碳密度时，主要研究和评价 1~5 岁传统放牧藏系绵羊的生命周期的碳排放总量、单位活重碳密度、单位胴体重碳密度和藏系绵羊生长性能。放牧藏系绵羊的生命周期评价（LCA）分两类情景分析：暖季末期出栏和冷季末期出栏。传统放牧藏系绵羊生长性能的测定在青海省贵南县嘉仓生态畜牧业专业合作社进行。

需考虑的温室气体排放环节有：肠道 CH_4、粪便 CH_4、粪便 N_2O、放牧地 CH_4 和放牧地 N_2O，即 Total CHG = 肠道 CH_4+ 粪便 CH_4+ 粪便 N_2O+ 放牧地 CH_4+ 放牧地 N_2O。对放牧地温室气体（CH_4 和 N_2O）进行畜产品分配时，草地合理载畜量定为 2.5 羊单位 /hm^2。放牧藏系绵羊在暖季末期的屠宰率定为 47%，放牧藏系绵羊在冷季末期的屠宰率定为 43%。由于 4 岁和 5 岁藏系绵羊的暖季末期体重接近发达国家绵羊体重参考值（65 kg），4 岁和 5 岁藏系绵羊 CH_4 年排放因子采用 IPCC Tier 1 提供的绵羊 CH_4 排放因子缺省值 8.0 kg CH_4 /（头·年）。传统方面藏系绵羊的碳密度核算分成两个 LCA 情景进行考虑：①传统放牧藏系绵羊暖季末期出栏；②传统放牧藏系绵羊冷季末期出栏。在核算传统放牧藏系绵羊生命周期碳排放时，以 CO_2-eq 表示，CO_2=1 CO_2-eq、CH_4=25 CO_2-eq、N_2O=298 CO_2-eq。传统放牧藏系绵羊的生命周期碳排放总量为：Total CO_2-eq=1 CO_2+25 CH_4+298 N_2O。传统放牧藏系绵羊生命周期各生产环节的相关温室气体排放系数见表 9-3。统计分析采用 t 检验，$P < 0.05$ 差异显著，$P < 0.01$ 时差异极显著。

表 9-3　传统放牧藏系绵羊生命周期评价中各环节的温室气体排放参数

排放源	温室气体排放系数	参考来源
肠道 CH_4	本研究 +IPCC Tier 2	本研究 /IPCC（2006）
粪便 CH_4	0.1 kg CH_4/ 年	地区参数
粪便 N_2O	0.093kg N_2O/ 年；IPCC Tier 2	地区参数
放牧地 CH_4	−2.33 kg CH_4/（hm^2 · 年）	Wang（2014）
放牧地 N_2O	0.31 kg N_2O/（hm^2 · 年）	Zhuang（2017）

　　羔羊短期舍饲出栏试验于 2016 年 4 月 15 日至 7 月 20 日在青海省海北高原现代生态畜牧业科技试验示范园区进行，羔羊在断奶后进行舍饲养殖，日粮为燕麦青干草和精料补充料。青干草的营养组分为：干物质 93.4%、粗蛋白质 6.3%、粗脂肪 2.1%、中性洗涤纤维 57.6%、酸性洗涤纤维 34.1%、粗灰分 4.8%。精料补充料的营养组分为：干物质 91.2%、粗蛋白质 18.4%、粗脂肪 2.3%、中性洗涤纤维 15.2%、酸性洗涤纤维 9.7%、粗灰分 5.9%。舍饲试验为期 90 d，期间藏系羔羊可自由采食和饮水，羊圈内投放营养舔砖以满足羔羊的微量元素需求。

　　核算短期舍饲出栏藏系羔羊生命周期碳排放时需要考虑的温室气体排放环节有：肠道 CH_4、粪便 CH_4、粪便 N_2O、人工草地 N_2O 直接和间接排放、人工草地 CH_4、人工草地生产耗能、精料加工运输和养殖环节生产耗能等。相关排放环节的温室气体排放参数见表 9-4。短期舍饲藏系羔羊屠宰率为 48.5%（屠宰试验）。在估算藏系羔羊的生命周期温室气体排放时，以 CO_2-eq 表示，CO_2=1 CO_2-eq、CH_4= 25 CO_2-eq、N_2O=298 CO_2-eq，即 Total CO_2-eq=1 CO_2+25 CH_4+298 N_2O。

表 9-4　短期舍饲出栏藏系羔羊生命周期评估中的温室气体排放参数

排放源	温室气体排放系数	来源
肠道 CH_4	本研究	本研究
粪便 CH_4	0.1 kg CH_4/（hm^2 · 年）	地区参数
粪便 N_2O	0.093 kg N_2O/（hm^2 · 年）	地区参数
人工草地 CH_4	−3.28 kg CH_4/（hm^2 · 年）	Jin（2015）
人工草地 N_2O 直接	0.01 kg N_2O-N/ 年	Jin（2015）
人工草地 N_2O 间接	0.007 5 kg N_2O-N/ 年	Jin（2015）
生产能源	175.96 kg CO_2-eq/hm^2	赵亮（2016）
精料加工运输（Feeds transport）	0.043 8 t/t	FAO（2016）
柴油（Diesel）	2.64 kg/kg	国家参数
电力（Electric energy）	0.973 kg/kWh	国家参数

（二）牧归补饲藏系绵羊的生命周期碳密度

采用测定值＋参数法核算时（表 9-5），牧归补饲 1 岁、2 岁和 3 岁藏系绵羊的生命周期碳排放分别为 166.1 kg CO_2-eq/ 头、339.2 kg CO_2-eq/ 头和 525.6 kg CO_2-eq/ 头。1 岁、2 岁和 3 岁牧归补饲藏系绵羊的单位活重碳密度分别为（7.7±0.7）kg CO_2-eq/kg BW、（10.5±1.0）kg CO_2-eq/kg BW 和（12.6±1.1）kg CO_2-eq/kg BW，不同年龄牧归补饲藏系绵羊的单位活重碳密度差异极显著（$P<0.01$）。牧归补饲 1 岁、2 岁和 3 岁藏系绵羊的单位胴体重碳密度分别为（17.6±1.7）kg CO_2-eq/kg CW、（23.9±2.4）kg CO_2-eq/kg CW 和（28.6±2.6）kg CO_2-eq/kg CW，不同年龄牧归补饲藏系绵羊的单位胴体重碳密度极差异显著（$P<0.01$）。

采用 IPCC Tier 2+ 参数法时，牧归补饲 1 岁、2 岁和 3 岁藏系绵羊的生命周期碳排放总量分别为 180.9 kg CO_2-eq/ 头、420.3kg CO_2-eq/ 头和 724.8 kg CO_2-eq/ 头，单位活重碳密度分别为（8.4±0.8）kg CO_2-eq/kg BW、（13.0±1.3）kg CO_2-eq/kg BW 和（17.3±1.6）kg CO_2-eq/kg BW，不同年龄牧归补饲藏系绵羊的单位活重碳密度差异极显著（$P<0.01$）。牧归补饲 1 岁、2 岁和 3 岁藏系绵羊的单位胴体重碳密度分别为（19.2±1.9）kg CO_2-eq/kg CW、（29.6±2.9）kg CO_2-eq/kg CW 和（39.4±3.5）kg CO_2-eq/kg CW，不同年龄藏系绵羊之间差异极显著（$P<0.01$）。

采用 IPCC Tier 2+ 参数法核算藏系绵羊碳密度时高估的可能性较大。IPCC Tier 2+ 参数法分别高估 8.9%、23.9% 和 37.9%，主要是因为 IPCC Tier 2 在估算藏系绵羊肠道 CH_4 和粪便 N_2O 排放时得到较高的碳排放系数。

在牧归补饲放牧藏系绵羊生命周期碳排放中，肠道 CH_4、粪便 N_2O 和放牧地 N_2O 占重要比例。以 3 岁牧归补饲放牧藏系绵羊为例，采用测定值＋参数法核算时，生命周期中各排放环节的 CO_2-eq 贡献率分别为：肠道 CH_4 66.2%、放牧地 N_2O 18.6%、粪便 N_2O 14%、粪便 CH_4 1.26%。而采用 IPCC Tier 2+ 参数法核算时，肠道 CH_4、放牧地 N_2O、粪便 N_2O 和粪便 CH_4 的 CO_2-eq 贡献率分别为 50.1%、12.5%、36.5% 和 0.85%。IPCC Tier 2 高估了粪便 N_2O 排放系数，由于 N_2O 具有较高的全球增温潜势（1 N_2O=298 CO_2），当换算成 CO_2-eq 时，粪便 N_2O 在藏系绵羊的生命周期碳排放中的 CO_2-eq 贡献率增大。藏系绵羊生命周期中各生产环节温室气体排放对碳排放的贡献率见图 9-1 和图 9-2（因换算关系，图 9-1、图 9-2 的加和不是 100%）。

表 9-5 冷季牧归后补饲 1～3 岁放牧藏系绵羊的碳密度

指标	1 岁	2 岁	3 岁
活重（kg）（BW）	21.7±2.2Cc	32.6±3.2Bb	42.1±3.8Aa
胴体重（kg）（CW）	9.5±1.0Cc	14.3±1.4Bb	18.5±1.7Aa
测定值＋参数法			
生命周期碳排放（kg CO_2-eq）	166.1	339.2	525.6
活重碳密度（kg CO_2-eq/kg BW）	7.7±0.7Cc	10.5±1.0Bb	12.6±1.1Aa
单位胴体重碳密度（kg CO_2-eq/kg CW）	17.6±1.7Cc	23.9±2.4Bb	28.6±2.6Aa

续表

指标	1 岁	2 岁	3 岁
IPCC Tier 2+ 参数法			
生命周期碳排放（kg CO_2-eq）	180.9	420.3	724.8
活重碳密度（kg CO_2-eq/kg BW）	8.4 ± 0.8Cc	13.0 ± 1.3Bb	17.3 ± 1.6Aa
单位胴体重碳密度（kg CO_2-eq/kg CW）	19.2 ± 1.9Cc	29.6 ± 2.9Bb	39.4 ± 3.5Aa
"IPCC Tier 2+ 参数法"的偏差	高 8.92%	高 23.88%	高 37.89%

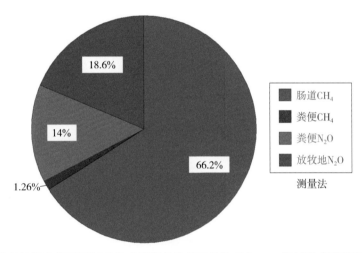

图 9-1　牧归补饲 3 岁藏系绵羊生命周期各排放环节的 CO_2-eq 贡献率（测量值 + 参数法）

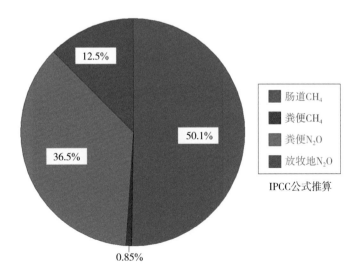

图 9-2　牧归补饲 3 岁藏系绵羊生命周期各排放环节的 CO_2-eq 贡献率（IPCC Tier 2+ 参数法）

　　如表 9-6 所示，1 岁、2 岁和 3 岁牧归补饲藏系绵羊在暖季（生长季）期间的体重增重分别为（11.0 ± 2.6）kg/ 头、（13.1 ± 2.1）kg/ 头和（15.7 ± 3.8）kg/ 头；暖季增重比率分别为 78.6%、56.2% 和 49.2%；1 岁羊的暖季增重比例显著高于 2 岁和 3 岁羊（$P<0.05$）。在冷季牧归后补饲（每只羊补饲 0.05 kg 精料）饲养制度下，1 岁、2 岁和 3 岁放牧藏系绵羊的体重在冷季期间分别降低（3.5±1.2）kg/头、（3.9±0.7）kg/头和（5.8±1.9）kg/头；冷季减重比例分别为 13.8%、10.6% 和 12.2%；冷季减重损失分别占暖季增重的 32.0%、30.3% 和 38.7%。冷季牧归后补饲精料可以缓解藏系绵羊掉膘减重，但仍有较大的体重在冷季放牧过程中损失。在一个生长周期内（暖季开始到冷季末期），冷季牧归补饲 1 岁、2 岁和 3 岁藏系绵羊全期增重分别为（7.5±2.3）kg/头、（9.2±2.4）kg/头和（9.9±4.1）kg/头；不同年龄牧归补饲藏系绵羊在一个生长周期内的体重增重差异不显著（$P>0.05$）；一个生长周期内1 岁、2 岁和 3 岁藏系绵羊的增重比例分别达到 34.2%、28.1% 和 22.9%，差异不显著（$P>0.05$）。由此可见，在传统放牧制度下，藏系绵羊的生长性能随季节变化波动明显，在一个生长周期内藏系绵羊的总体重增重效果有限。冷季牧归补饲藏系绵羊的冷季生长性能依然较低，应该考虑采用冷季舍饲的饲养制度达到改善藏系绵羊冷季生长性能的目的。

表 9-6　冷季牧归补饲放牧 1～3 岁藏系绵羊的生长性能（$n=6$）

指标	1 岁	2 岁	3 岁
暖季始重（kg）	14.2±1.4Cc	23.4±2.2Bb	32.2±1.6Aa
暖季末重（kg）	25.1±2.3Cc	36.4±3.2Bb	47.9±3.5Aa
冷季末重（kg）	21.7±2.2Cc	32.6±3.2Bb	42.1±3.8Aa
暖季增重（kg）	11.0±2.6Bb	13.1±2.1Aab	15.7±3.8Aa
暖季日均增重（g/d）	62.7±14.9Bb	74.6±11.8Aab	89.8±21.9Aa
暖季增重比例（%）	78.6±21.7Aa	56.2±9.7ABb	49.2±13.6Bb
冷季减重（kg）	−3.5±1.2Ab	−3.9±0.7Ab	−5.8±1.9Aa
冷季日均减重（g）	−19.4±6.6Ab	−21.4±3.8Ab	−32.4±10.8Aa
冷季减重比例（%）	−13.8±4.6Aa	−10.6±1.9Aa	−12.2±4.1Aa
全期增重（kg）	7.5±2.3Aa	9.2±2.4Aa	9.9±4.1Aa
全期日均增重（g/d）	20.5±6.2Aa	25.2±6.5Aa	27.1±11.4Aa
全期增重比例（%）	34.2±7.4Aa	28.1±5.5Aab	22.9±8.1Ab
冷季减重/暖季增重（%）	32.0±9.2Aa	30.3±7.7Aa	38.7±16.0Aa

（三）"暖牧冷饲"藏系绵羊碳密度

如表 9-7 所示，采取"暖牧冷饲"的两段式饲养制度，"暖牧冷饲" 1 岁、2 岁和 3 岁藏系绵羊的生命周期碳排放总量分别为 249.5 kg CO_2-eq/头、410.6 kg CO_2-eq/头和 600.7 kg CO_2-eq/头。"暖牧冷饲" 1 岁、2 岁和 3 岁藏系绵羊的生命周期活重分别达（54.6±6.4）kg/头、（59.5±7.1）kg/头和（66.4±4.7）kg/头。"暖牧冷饲" 1 岁、2 岁和 3 岁藏系绵羊的单位活重碳密度分别为（4.6±0.6）kg CO_2-eq/kg BW、（7.0±

0.9）kg CO$_2$-eq/kg BW 和（9.1 ± 0.7）kg CO$_2$-eq/kg BW，不同年龄间差异极显著
（$P<0.01$）。"暖牧冷饲"1岁、2岁和3岁藏系绵羊的生命周期胴体分别重达
（26.8 ± 3.1）kg CW/头、（29.2 ± 3.5）kg CW/头 和（32.5 ± 2.3）kg CW/头。"暖 牧 冷
饲"1岁、2岁和3岁藏系绵羊的单位胴体碳密度分别为（9.4 ± 1.6）kg CO$_2$-eq/kg CW、
（14.3 ± 1.8）kg CO$_2$-eq/kg CW 和（18.5 ± 1.4）kg CO$_2$-eq/kg CW，不同年龄"暖牧冷
饲"藏系绵羊的单位胴体重碳密度差异极显著（$P<0.01$）。

在"暖牧冷饲"藏系绵羊的生命周期碳排放中，肠道 CH$_4$、粪便 N$_2$O 和放牧
地 N$_2$O 环节的 CO$_2$-eq 排放量较大（图9-3）。由于冷季补饲时间较短（6～7个
月），人工种植的饲草料消耗相对较少，人工草地种植等环节的温室气体排放所占
比例较小。如图9-4、图9-5和图9-6所示，"暖牧冷饲"藏系绵羊生命周期碳排放
中各生产环节的 CO$_2$-eq 贡献率分别为：肠道 CH$_4$ 占58.3%～61.9%、粪便 CH$_4$ 占
1.13%～1.22%、粪便 N$_2$O 占12.6%～13.5%、放牧地 N$_2$O 占13.4%～16.4%、人工
草地 N$_2$O 直接排放2.93%～6.05%、人工草地 N$_2$O 间接排放占2.2%～4.54%、人工
草地生产耗能占1.16%～2.39%、精料加工运输环节排放占0.78%～1.61%。

表9-7 "暖牧冷饲"藏系绵羊的碳密度

指标	1岁	2岁	3岁
活重（kg）	54.6 ± 6.4b	59.5 ± 7.1b	66.4 ± 4.7a
生命周期碳排放（kg）	249.5	410.6	600.7
活重碳排放密度（kg CO$_2$-eq/kg BW）	4.6 ± 0.6Cc	7.0 ± 0.9Bb	9.1 ± 0.7Aa
胴体重（kg）	26.8 ± 3.1b	29.2 ± 3.5b	32.5 ± 2.3a
胴体重碳排放密度（kg CO$_2$-eq/kg CW）	9.4 ± 1.6Cc	14.3 ± 1.8Bb	18.5 ± 1.4Aa

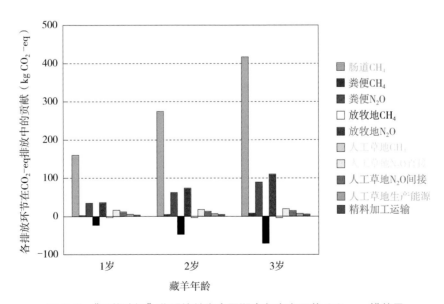

图9-3 "暖牧冷饲"藏系绵羊生命周期中各生产环节 CO$_2$-eq 排放量

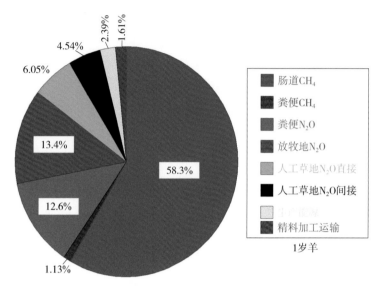

图 9-4 "暖牧冷饲" 1 岁藏系绵羊 LCA 各生产环节的 CO_2-eq 贡献率

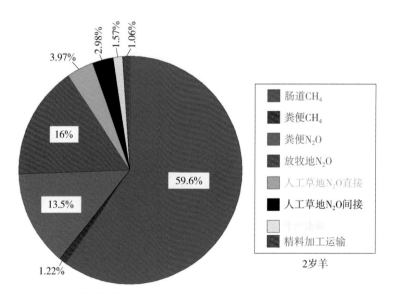

图 9-5 "暖牧冷饲" 2 岁藏系绵羊 LCA 各生产环节的 CO_2-eq 贡献率

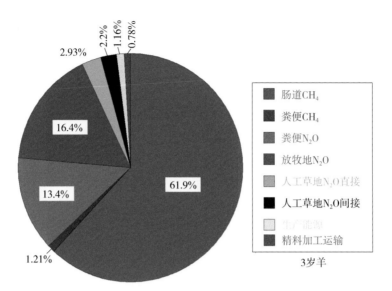

图 9-6 "暖牧冷饲" 3 岁藏系绵羊 LCA 各生产环节的 CO_2-eq 贡献率

如表 9-8 所示，"暖牧冷饲"两段式饲养制度下，1 岁、2 岁和 3 岁藏系绵羊的体重在暖季（生长季）分别增长（11.1±2.0）kg/头、（12.5±4.1）kg/头和（16.2±4.2）kg/头；1 岁、2 岁和 3 岁藏系绵羊的暖季增重比例分别为 82.5%、57.5% 和 52.0%，1 岁藏系绵羊的暖季增长比例显著高于 2 岁和 3 岁藏系绵羊（$P<0.05$）。在冷季舍饲阶段，1 岁、2 岁和 3 岁藏系绵羊的冷季增重分别达到（29.7±6.8）kg/头、（24.9±6.8）kg/头和（19.0±3.1）kg/头，1 岁、2 岁和 3 岁藏系绵羊的冷季增重比例分别为 119.3%、72.9% 和 40.4%；在一个生长周期（暖季开始到冷季末期、1 年）内，"暖牧冷饲"1 岁、2 岁和 3 岁藏系绵羊的全期增重分别达到（40.8±7.1）kg/头、（37.4±7.3）kg/头和（35.2±4.3）kg/头；"暖牧冷饲"1 岁、2 岁和 3 岁藏系绵羊的日均增重分别是（111.7±19.4）g/（头·d）、（102.5±20.1）g/（头·d）和（96.4±11.7）g/（头·d）；"暖牧冷饲"1 岁、2 岁和 3 岁藏系绵羊的生长周期增重比例分别达到 300.4%、170.9% 和 112.9%。"暖牧冷饲"两段式饲养制度下，藏系绵羊的体重可以持续增长，持续提高藏系绵羊的生长性能。在"暖牧冷饲"的两段式饲养制度下，"暖牧冷饲"1 岁藏系绵羊的生长性能最好。

表 9-8 "暖牧冷饲"藏系绵羊的生长性能

指标	1 岁	2 岁	3 岁
暖季始重（kg）	13.9±1.5Cc	22.1±1.5Bb	31.2±1.4Aa
暖季末重（kg）	24.9±0.9Cc	34.6±3.4Bb	47.4±4.5Aa
冷季末重（kg）	54.6±6.4Bb	59.5±7.1ABb	66.4±4.7Aa
暖季增重（kg）	11.1±2.0Ab	12.5±4.1Aab	16.2±4.2Aa
暖季日均增重（g/d）	63.5±11.4Ab	71.4±23.5Aab	92.7±23.9Aa
暖季增重比例（%）	82.5±25.3Aa	57.5±20.8Ab	52.0±13.5Ab

指标	1 岁	2 岁	3 岁
冷季增重（kg）	29.7 ± 6.8Aa	24.9 ± 6.8ABab	19.0 ± 3.1Bb
冷季日均增重（g/d）	164.8 ± 37.7Aa	138.5 ± 37.5ABab	105.5 ± 17.1Bb
冷季增重比例（%）	119.3 ± 30.1Aa	72.9 ± 22.1Bb	40.4 ± 7.9BC
全期增重（kg）	40.8 ± 7.1Aa	37.4 ± 7.3Aa	35.2 ± 4.3Aa
全期日均增重（g/d）	111.7 ± 19.4Aa	102.5 ± 20.1Aa	96.4 ± 11.7Aa
全期增重比例（%）	300.4 ± 79.1Aa	170.9 ± 38.7Bb	112.9 ± 13.8Cc

（四）两种饲养制度下藏系绵羊的生长性能比较

由图 9-7 可知，放牧藏系绵羊和"暖牧冷饲"藏系绵羊体重变化的差异主要体现在冷季的不同饲养制度上，冷季牧归补饲可以缓解藏系绵羊冷季减重，但采用"暖牧冷饲"的两段式饲养制度可以显著提高藏系绵羊在冷季和一个生长周期内的生长性能。如图 9-8，在一个生长周期（暖季开始到翌年冷季结束）内，牧归补饲 1 岁、2 岁和 3 岁放牧藏系绵羊生长周期全期增重分别为（7.5 ± 2.3）kg/ 头、（9.2 ± 2.4）kg/ 头和（9.9 ± 4.1）kg/ 头。相比之下，"暖牧冷饲" 1 岁、2 岁和 3 岁藏系绵羊全期增重为分别达到（40.8 ± 7.1）kg/ 头、（37.4 ± 7.3）kg/ 头和（35.2 ± 4.3）kg/ 头。"暖牧冷饲"藏系绵羊的冷季末期体重和全期增重显著高于冷季牧归补饲放牧藏系绵羊（图 9-9）。本研究中，"暖牧冷饲" 1 岁藏系绵羊的冷季增重效果优于 2 岁和 3 岁藏系绵羊，但不同年龄藏系绵羊在一个生长周期内的体重增重未达到显著水平。

（五）传统放牧藏系绵羊碳密度

暖季末期出栏时（表 9-9），传统放牧 1～5 岁藏系绵羊的体重分别达到（28.6 ± 2.3）kg/ 头、（39.4 ± 3.4）kg/ 头、（50.7 ± 4.6）kg/ 头、（58.6 ± 6.1）kg/ 头和（61.7 ± 4.9）kg/ 头。传统放牧 1～5 岁藏系绵羊暖季末期出栏时的胴体重分别可以达到（13.4 ± 1.1）kg/ 头、（18.5 ± 1.6）kg/ 头、（23.8 ± 2.2）kg/ 头、（27.6 ± 2.9）kg/ 头和（28.9 ± 2.3）kg/ 头。传统放牧 1～5 岁藏系绵羊的生命周期饲草转化率分别为 9.4 : 1、18.3 : 1、25.9 : 1、33.9 : 1 和 43.5 : 1。

暖季末期出栏时，传统放牧 1～5 岁藏系绵羊的生命周期碳排放分别为 98.3 kg CO_2-eq/ 头、273.6 kg CO_2-eq/ 头、462.1 kg CO_2-eq/ 头、708.0 kg CO_2-eq/ 头和 953.9 kg CO_2-eq/ 头。暖季末期出栏藏系绵羊生命周期碳排放中，肠道 CH_4 的 CO_2-eq 贡献率最大，粪便 N_2O 和放牧地 N_2O 紧随其后（图 9-10）；传统放牧 1～5 岁藏系绵羊的生命周期各环节 CO_2-eq 的贡献率（以 3 岁羊为例）分别是肠道 CH_4 63.7%、粪便 CH_4 1.2%、粪便 N_2O 14.3%、放牧地 N_2O 20.8%（图 9-11）。传统放牧 1～5 岁藏系绵羊的单位活重碳密度分别为（3.5 ± 0.3）kg CO_2-eq/kg BW、（7.0 ± 0.6）kg CO_2-eq/kg BW、（9.2 ± 0.8）kg CO_2-eq/kg BW、（12.2 ± 1.4）kg CO_2-eq/kg BW 和（15.6 ± 1.3）kg CO_2-eq/kg BW。传统放牧 1～5 岁藏系绵羊的单位胴体重碳密度分别为（7.4 ± 0.6）kg CO_2-

eq/kg CW、（14.9±1.3）kg CO_2-eq/kg CW、（19.5±1.8）kg CO_2-eq/kg CW、（26.0±3.0）kg CO_2-eq/kg CW 和（33.1±2.7）kg CO_2-eq/kg CW，不同年龄放牧藏系绵羊的碳密度差异极显著（$P<0.01$）。

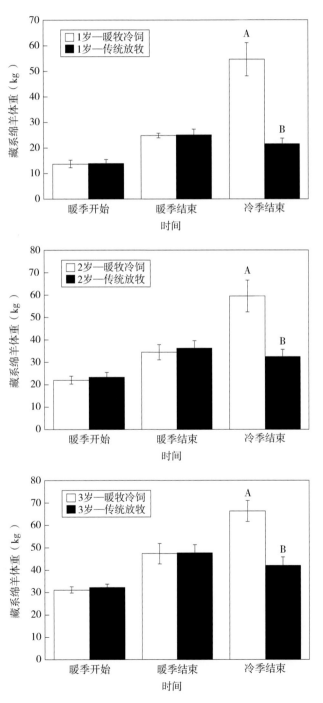

图 9-7 不同饲养方式下藏系绵羊的体重变化

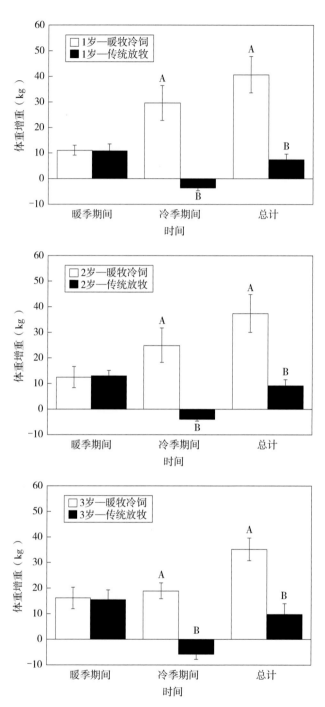

图 9-8　不同饲养方式下藏系绵羊的阶段增重变化

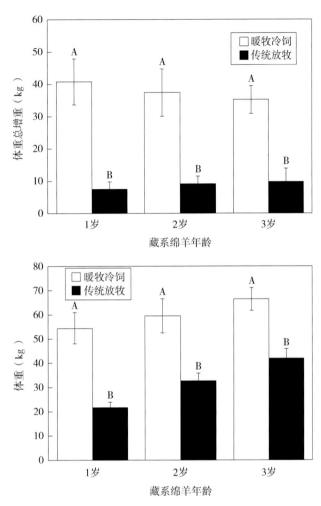

图 9-9　不同饲养制度下藏系绵羊的变化体重

表 9-9　传统放牧制度下藏系绵羊碳密度及生长性能

指标	1 岁	2 岁	3 岁	4 岁	5 岁
暖季末期					
总 CO_2-eq 排放（kg）	98.3	273.6	462.1	708.0	953.9
活重（kg/ 头）	28.6 ± 2.3Dd	39.4 ± 3.4Cc	50.7 ± 4.6Bb	58.6 ± 6.1Aa	61.7 ± 4.9Aa
kg CO_2-eq/kg BW	3.5 ± 0.3Ee	7.0 ± 0.6Dd	9.2 ± 0.8Cc	12.2 ± 1.4Bb	15.6 ± 1.3Aa
胴体重（kg/ 头）	13.4 ± 1.1Dd	18.5 ± 1.6Cc	23.8 ± 2.2Bb	27.6 ± 2.9Aa	28.9 ± 2.3Aa
kg CO_2-eq/kg CW	7.4 ± 0.6Ee	14.9 ± 1.3Dd	19.5 ± 1.8Cc	26.0 ± 3.0Bb	33.1 ± 2.7Aa
饲草消耗（kg/ 头）	198.8 ± 12.3Ee	571.1 ± 36.7Dd	1 031 ± 55Cc	1 590 ± 75Bb	2 146 ± 108Aa
饲草转化率	9.4 ± 0.4Ee	18.3 ± 1.2Dd	25.9 ± 2.4Cc	33.9 ± 3.2Bb	43.5 ± 3.6Aa
冷季末期					
总 CO_2-eq 排放（kg）	168.2	343.4	531.8	777.8	1 023.8
体重（kg/ 头）	21.1 ± 1.3Dd	31.3 ± 2.4Cc	40.0 ± 3.5Bb	47.3 ± 4.3Aa	49.7 ± 5.5Aa
kg CO_2-eq/kg BW	8.0 ± 0.5Ee	11.0 ± 0.8Dd	13.4 ± 1.3Cc	16.6 ± 3.8Bb	20.8 ± 2.3Aa

续表

指标	1 岁	2 岁	3 岁	4 岁	5 岁
胴体重（kg/头）	9.1 ± 0.6Dd	13.4 ± 1.0Cc	17.2 ± 1.5Bb	20.3 ± 1.8Aa	21.4 ± 2.3Aa
kg CO_2-eq/kg CW	18.6 ± 1.2Ee	25.7 ± 1.9Dd	31.1 ± 2.9Cc	38.6 ± 3.8Bb	48.5 ± 5.4Aa
饲草消耗（kg/头）	362.7 ± 22.5Ee	749.7 ± 44.8Dd	1 213.2 ± 60Cc	1 754.2 ± 78Bb	2 323.2 ± 123Aa
饲草转化率	17.2 ± 0.8Ee	24.0 ± 1.2Dd	30.5 ± 2.2Cc	37.3 ± 2.9Bb	47.1 ± 3.4Aa

注：传统放牧模式下，1 岁羊采食量为体重的 4.0%、2 岁羊采食量为体重的 3%、3～5 岁羊的采食量为体重的 2.8%。

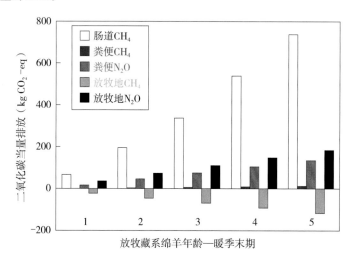

图 9-10　暖季末期出栏 1～5 岁传统藏系绵羊生命周期各环节 CO_2-eq 排放量

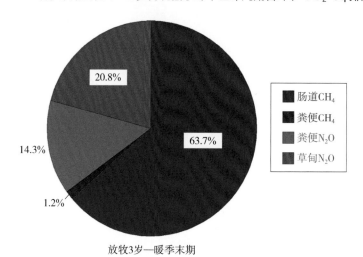

图 9-11　暖季末期出栏 3 岁藏系绵羊生命周期各环节 CO_2-eq 贡献率

（六）冷季末期出栏 1～5 岁放牧藏系绵羊的碳密度

当采用冷季末期出栏时，传统放牧 1～5 岁藏系绵羊的体重分别达到（21.1 ± 1.3）kg/头、（31.3 ± 2.4）kg/头、（40.0 ± 3.5）kg/头、（47.3 ± 3.4）kg/头

和（49.7±5.5）kg/头。传统放牧1～5岁藏系绵羊胴体重分别可以达到（9.1±0.6）kg/头、（13.4±1.0）kg/头、（17.2±1.5）kg/头、（20.3±1.8）kg/头和（21.4±2.3）kg/头。此时出栏，藏系绵羊生命周期内饲草转化效率分别为17.2∶1、24.0∶1、30.5∶1、37.3∶1和47.1∶1（表9-9）。

冷季末期出栏时，传统放牧1～5岁藏系绵羊的生命周期碳排放总量分别为168.2 kg CO_2-eq/头、343.4 kg CO_2-eq/头、531.8 kg CO_2-eq/头、777.8 kg CO_2-eq/头和1 023.8 kg CO_2-eq/头。在藏系绵羊生命周期碳排放中，肠道CH_4的CO_2-eq贡献率最大，粪便N_2O和放牧地N_2O紧随其后；传统放牧1～5岁藏系绵羊的生命周期各排放环节的CO_2-eq贡献率（以3岁放牧藏系绵羊为例）分别为肠道CH_4 63.7%、粪便CH_4 1.2%、粪便N_2O 14.3%、放牧地N_2O 20.8%（图9-12）。传统放牧1～5岁藏系绵羊的单位活重碳密度分别为（8.0±0.5）kg CO_2-eq/kg BW、（11.0±0.8）kg CO_2-eq/kg BW、（13.4±1.3）kg CO_2-eq/kg BW、（16.6±3.8）kg CO_2-eq/kg BW和（20.8±2.3）kg CO_2-eq/kg BW。传统放牧1～5岁藏系绵羊的单位胴体碳密度分别为（18.6±1.2）kg CO_2-eq/kg CW、（25.7±1.9）kg CO_2-eq/kg CW、（31.1±2.9）kg CO_2-eq/kg CW、（38.6±3.8）kg CO_2-eq/kg CW和（48.5±5.4）kg CO_2-eq/kg CW（表9-9）。

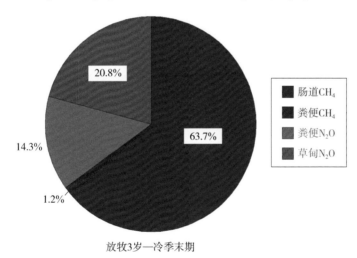

放牧3岁—冷季末期

图9-12 冷季末期出栏传统放牧3岁藏系绵羊生命周期各环节 CO_2-eq 贡献率

（七）短期舍饲出栏藏系羔羊碳密度

短期舍饲出栏的200日龄羔羊活重达（36.6±3.7）kg/头，生命周期日均增重达183.2 g/（头·d），胴体重达17.8 kg/头，饲草转化效率达5.4∶1。藏系羔羊的单位活重碳密度为3.1 kg CO_2-eq/kg BW，单位胴体重碳密度为5.9 kg CO_2-eq/kg CW（表9-10）。在藏系羔羊碳密度中，肠道CH_4占56.7%、粪便CH_4占10.8%、粪便N_2O占10.1%、人工草地N_2O直接排放占9.52%、人工草地N_2O间接排放占7.14%、人工草地生产耗能占3.77%、精料加工运输排放占2.01%（图9-13）。

表 9-10　短期舍饲出栏藏系羔羊的生长性能和碳密度

指标	藏系羔羊
饲养周期（d）	约 200
生命周期活重（kg/ 头）	36.6 ± 3.7
生命周期日均增重 [（g/（头·d）]	183.2 ± 12.5
生命周期饲草消耗（kg/ 头）	136.5 ± 14.4
生命周期饲草转化率	5.4 ± 1.2
生命周期胴体重（kg/ 头）	17.8 ± 1.8
生命周期 CO_2-eq 排放（kg）	93.2 ± 8.7
单位活重碳密度（kg CO_2-eq/kg BW）	3.1 ± 0.4
单位胴体重碳密度（kg CO_2-eq/kg CW）	5.9 ± 0.8

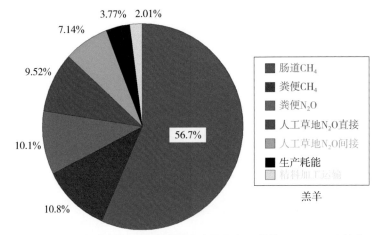

图 9-13　短期舍饲出栏藏系羔羊生命周期各环节的 CO_2-eq 贡献率

　　以藏系绵羊为示例对象，在畜产品碳足迹方面，基于活体重而言，短期舍饲出栏藏系羔羊、"暖牧冷饲" 1～3 岁藏系绵羊和传统放牧 1～5 岁藏系绵羊的畜产品碳足迹分别为（2.8 ± 0.4）kg CO_2-eq/kg BW、（4.6 ± 0.6）kg CO_2-eq/kg BW、（6.9 ± 0.9）kg CO_2-eq/kg BW、（9.1 ± 0.7）kg CO_2-eq/kg BW、（8.0 ± 0.5）kg CO_2-eq/kg BW、（11.0 ± 0.8）kg CO_2-eq/kg BW、（13.4 ± 1.3）kg CO_2-eq/kg BW 和（16.6 ± 1.6）kg CO_2-eq/kg BW 和（20.8 ± 2.3）kg CO_2-eq/kg BW（图 9-14）。短期舍饲出栏藏系羔羊和"暖牧冷饲" 1 岁羊的碳足迹极显著低于其他组藏系绵羊的碳足迹（$P < 0.01$）。

　　基于胴体重而言，短期舍饲出栏藏系羔羊、"暖牧冷饲" 1～3 岁藏系绵羊和传统放牧 1～5 岁藏系绵羊的畜产品碳足迹分别为（5.9 ± 0.7）kg CO_2-eq/kg CW、（9.4 ± 1.2）kg CO_2-eq/kg CW、（14.3 ± 1.8）kg CO_2-eq/kg CW、（18.5 ± 1.4）kg CO_2-eq/kg CW、（18.6 ± 1.2）kg CO_2-eq/kg CW、（25.7 ± 1.9）kg CO_2-eq/kg CW、（31.1 ± 2.9）kg CO_2-eq/kg CW、（38.6 ± 3.8）kg CO_2-eq/kg CW 和（48.5 ± 5.4）kg CO_2-eq/kg CW（图 9-15）。短期舍饲出栏藏系羔羊和"暖牧冷饲" 1 岁羊的畜产品碳足迹极显著低于其他组的藏系绵羊（$P < 0.01$）。

在单位畜产品土地利用方面，采用羔羊短期舍饲出栏技术，单位胴体重土地利用面积可降至 12.3 m^2/kg CW，相比之下，传统放牧 5 岁藏系绵羊的单位胴体重土地利用面积高达 946.7 m^2/kg CW。"暖牧冷饲"藏系绵羊的单位胴体重土地利用均低于传统放牧藏系绵羊。采用"暖牧冷饲"两段式饲养或羔羊短期舍饲出栏技术，可以缩短藏系绵羊饲养周期，降低单位胴体的土地利用（图 9-16）。

综合考虑不同生产方式下藏系绵羊的生产效率、经济和生态效益后得出，短期舍饲出栏藏系羔羊和"暖牧冷饲"1 岁藏系绵羊出栏是相对优化的藏系绵羊生产方式。

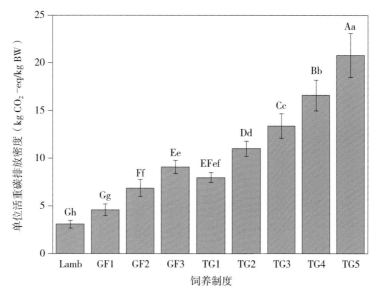

图 9-14 不同生产方式下藏系绵羊的畜产品碳足迹（基于活重）

注：Lamb 指短期舍饲出栏藏系羔羊；CF1 至 CF3 分别指暖牧冷饲 1～3 岁藏系绵羊；TG1 至 TG5 指传统放牧 1～5 岁藏系绵羊，余同。

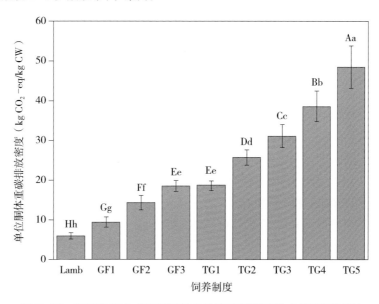

图 9-15 不同生产方式下藏系绵羊的畜产品碳足迹（基于胴体重）

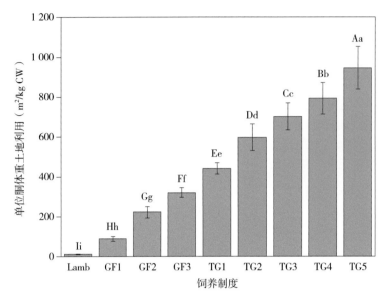

图 9-16 不同生产方式下藏系绵羊的单位胴体重土地利用

采用生命周期评价（LCA）的方法，对不同饲养制度下藏系绵羊生命周期碳排放和畜产品碳密度进行了系统核算。牧归补饲 1 岁、2 岁和 3 岁藏系绵羊的单位胴体重碳密度分别为 17.6 kg CO_2-eq/kg CW、23.9 kg CO_2-eq/kg CW 和 28.6 kg CO_2-eq/kg CW（测定值＋参数法）。而采用 IPCC Tier 2+ 参数法得到 1 岁、2 岁和 3 岁牧归补饲放牧藏系绵羊的单位胴体重碳密度分别为 19.2 kg CO_2-eq/kg CW、29.6 kg CO_2-eq/kg CW 和 39.4 kg CO_2-eq/kg CW。采用 IPCC Tier 2 方法学在估算藏系绵羊的肠道 CH_4 和粪便 N_2O 排放时得到了较高的温室气体排放系数，导致采用 IPCC Tier 2+ 参数法高估（8.92%～37.89%）了藏系绵羊的生命周期碳密度。

"暖牧冷饲" 1 岁、2 岁和 3 岁藏系绵羊的单位胴体重碳密度分别为 9.4 kg CO_2-eq/kg CW、14.3 kg CO_2-eq/kg CW 和 18.5 kg CO_2-eq/kg CW。"暖牧冷饲" 藏系绵羊的单位胴体重碳密度均低于同龄的牧归补饲放牧藏系绵羊，且 "暖牧冷饲" 藏系绵羊的生长性能明显好于牧归补饲放牧藏系绵羊，生长性能的差异主要归因于采取的冷季饲养制度有所不同。在 "暖牧冷饲" 不同年龄的藏系绵羊中，"暖牧冷饲" 1 岁藏系绵羊在一个生长周期（1 年内）内的体重增重效果优于 "暖牧冷饲" 2 岁和 3 岁藏系绵羊。

传统放牧制度下，采取暖季末期出栏时，1～5 岁放牧藏系绵羊的单位胴体重碳密度分别是 7.4 kg CO_2-eq/kg CW、14.9 kg CO_2-eq/kg CW、19.5 kg CO_2-eq/kg CW、26.0 kg CO_2-eq/kg CW 和 33.1 kg CO_2-eq/kg CW。而采用冷季末期出栏时，1～5 岁放牧藏系绵羊的单位胴体重碳密度分别高达 18.6 kg CO_2-eq/kg CW、25.7 kg CO_2-eq/kg CW、31.1 kg CO_2-eq/kg CW、38.6 kg CO_2-eq/kg CW 和 48.5 kg CO_2-eq/kg CW。传统放牧制度下，综合考虑藏系绵羊生命周期的体重、胴体重、饲草消耗、放牧周期和生命周期碳排放等因素，3 岁藏系绵羊暖季末期出栏相对适宜（但是放牧周期依然偏长）。

采用藏系羔羊短期舍饲技术，200 日龄藏系羔羊体重可以达到 36.6 kg/ 头，胴体重高达 17.8 kg/ 头，生命周期日均增重高达 183.2 g/（头·d），单位胴体重碳排放密度可降低至 5.9 kg CO_2-eq/kg CW，饲草转化效率 5.4∶1。短期舍饲出栏羔羊的胴体重（17.8±1.8）kg 且与传统放牧 3 岁藏系绵羊冷季末期的胴体重（17.2±1.5）kg 无差异，显著高于传统放牧 1 岁和 2 岁冷季末期藏系绵羊。

总体表明，"暖牧冷饲"两段式饲养制度和藏系羔羊短期舍饲出栏技术，可以达到提升藏系绵羊生产效率和降低藏系绵羊碳密度的有益效果。传统单一放牧藏系绵羊 1～5 岁放牧藏系绵羊碳足迹为（18.6～46.3）kg CO_2-eq/kg CW，而通过暖季放牧加冷饲补饲生产模式 1～3 岁藏系绵羊碳足迹为（9.4～18.5）kg CO_2-eq/kg CW。基于冷季补饲技术集成，提高了个体生产性能，缩短饲养周期，可以提升饲草利用率，提升饲草转化效率，降低单位畜产品碳排放，具有显著生态效益。

二、返青期休牧技术保护天然草地

天然草地是畜牧业发展的重要载体，草地生态系统的健康与否关系畜牧业的发展。因人为过度放牧，草地生态环境恶化，一些地区的草地出现逆演替现象（陈智勇等，2019）。近年来，因一些项目的实施（如三江源一期、二期生态保护和建设项目），草地生态环境有所改善，但如何提高草地生产力及质量依旧是当下亟须解决的问题。

禁牧、休牧技术是重要的草地管理手段，但这两种技术均以一片草地置换另一片草地为代价，无法有效提高草地整体质量。返青期休牧是依据植物生长发育节律，在冬春草场植物萌芽至返青展叶期对家畜进行舍饲休牧措施。因此，返青期休牧技术能够作为畜牧业发展、生态环境保护及恢复退化草地植被的有效措施之一（李青丰等，2011a）。李青丰（2005；2011b）在内蒙古草原上进行了连续多年的返青期休牧研究，发现返青期是天然草地过牧最严重的阶段，短期休牧可大幅度提高天然草地牧草产量，有效促进了退化草地植被的自然恢复。在呼伦贝尔牧业四旗天然草地进行春季休牧，发现在休牧两三年后，休牧草地生物量、盖度、植被高度等均高于连续放牧草地，且随着休牧年限的增长，植被优势种逐渐以贝加尔针茅、羊草、糙隐子草为主，藜科、菊科植物及杂类草减少，休牧区植被呈现恢复态势（朱立博等，2008），春季休牧较全年禁牧能够显著增加单位面积物种数（吕世杰等，2016）。

高寒草地生态系统是青藏高原自然生态系统的主体，祁连山区高寒草地因过度放牧而退化。为促进草地生态系统的自然恢复，在祁连山区高寒草地的冬春牧场进行返青期短期休牧试验，发现返青期休牧可使草地群落的总盖度、总植物量显著增加（$P<0.05$），使禾本科牧草株高、分盖度和植物量显著增加（$P<0.05$）（表 9-11，表 9-12，图 9-17）（李林栖等，2017）。综上，返青期休牧可有效促进祁连山区草原化草甸退化草地的植被恢复，并大幅度提高草地生产力。

表 9-11　返青期休牧对草地主要植物株高的影响（李林栖等，2017）

主要植物种	株高（cm）		
	连续放牧（CK）	休牧一年	休牧两年
紫羊茅	8.31 ± 0.11c	11.30 ± 0.75b	18.01 ± 1.82a
垂穗披碱草	7.42 ± 0.47c	9.52 ± 0.17b	15.03 ± 0.30a
草地早熟禾	5.91 ± 0.46c	8.07 ± 0.50b	16.38 ± 0.97a
高山嵩草	2.23 ± 0.19a	2.01 ± 0.13a	2.34 ± 0.05a
矮嵩草	2.10 ± 0.14a	2.13 ± 0.41a	2.52 ± 0.10a
黄花棘豆	4.21 ± 0.09a	3.24 ± 0.52a	1.73 ± 0.11b
矮火绒草	1.94 ± 0.06a	1.59 ± 0.19b	1.32 ± 0.23b
雪白委陵菜	4.06 ± 0.48a	2.90 ± 0.43ab	2.36 ± 0.83b
甘肃马先蒿	4.36 ± 0.23a	3.72 ± 0.25a	3.86 ± 0.31a
高山唐松草	2.58 ± 0.05a	2.65 ± 0.26a	2.41 ± 0.22a
美丽风毛菊	1.71 ± 0.04a	2.36 ± 0.36a	1.79 ± .119a

表 9-12　返青期休牧对草地经济群落盖度的影响（李林栖等，2017）

草地经济群落	盖度（%）		
	连续放牧（CK）	休牧一年	休牧两年
群落总盖度	66.67 ± 0.29c	74.21 ± 0.17b	84.71 ± 1.47a
禾本科	45.80 ± 1.26c	54.72 ± 1.83b	79.51 ± 3.06a
莎草科	2.32 ± 0.34ab	2.62 ± 0.25b	3.46 ± 0.29a
阔叶型毒杂草	36.24 ± 0.24a	32.15 ± 0.89b	24.93 ± 0.11c

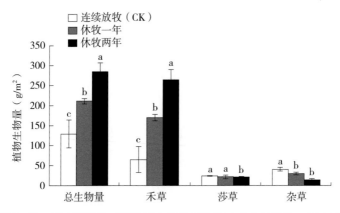

图 9-17　返青期休牧对草地地上生物量的影响（李林栖等，2017）

在贵南示范区开展牦牛、藏羊的牧草返青期休牧技术集成示范，地点选择贵南县森多镇嘉仓生态畜牧业专业合作社、黑藏羊场和塔秀乡雪域诺央家庭牧场 3 个示范点。基于示范项目，累计完成天然草场优化配置放牧及返青期休牧技术示范 10.2 万亩，其中黑羊场 3.2 万亩、嘉仓生态畜牧业专业合作社 3.9 万亩、雪域诺央家庭牧场 3.1 万亩。退化草地生物量提高 21.2%、覆盖度提高 25.3%，生态效益显著，有效保护了天然草地。

三、基于草地资源置换缓解天然草地压力

"以小保大"的草地保护与利用模式基本原理是：在草原牧区利用不足 10%（甚至 5%）水热条件适宜的土地，建立集约化的高产高效人工草地，提供发展畜牧业所需要的优质牧草（一般来说，其单位面积产量是天然草地的 10 倍以上），从根本上解决草畜矛盾（方精云等，2016）。发展优质高产的人工草地对于我国草原牧区畜牧业的可持续发展至关重要。欧洲的人工草地占草地总面积的 50% 以上，新西兰的改良草地和半人工草地占到 66%，美国的人工草地占到 29%，而我国的人工草地仅占 5% 左右，青藏高原高寒牧区更是仅为 1.5%～3% 不等。因此，建设优质高产的人工草地是推进我国草业发展的必由之路。按照目前我国人工草地的种植水平来计算，人工草地的产草量是天然草地的 10～15 倍，甚至更高；由于人工草地种植的都是优质牧草，如果按蛋白质产量计算，人工草地的产量是天然草地的 20～40 倍。发展高产高效的人工草地，可以为草食畜牧业提供稳定的饲草供给，实现"以畜定草"的草畜平衡。发展人工草地可为天然草地生产和生态功能的提升奠定基础。目前，我国部分天然草地由于严重退化，生产力水平远低于其生产潜力。因此，通过发展人工草地，可减轻天然草地的放牧压力，形成一种平衡生产与环境的合理途径，对天然草地进行保护、恢复和适度利用，实现其生产与生态功能的双提升。

基于一年生和多年生牧草种植技术进行集成示范，在现代草业、贵南草业及合作社等示范基地种植示范 1.852 万亩，技术应用推广 3.75 万亩。因地制宜地建植人工草地，可食牧草量相当于天然草地的 27.5 倍。通过这种饲草资源置换模式推广，每亩的人工草地的建植可以使 20 亩以上的天然草场得以休养生息。贵南示范区一年生和多年生牧草种植技术集成应用 5.62 万亩，可有效缓解 112 万亩天然草场放牧压力。

四、缩短存栏时间切实减轻天然草地放牧强度

目前，青藏高原高寒牧区约有 1 400 万头牦牛和 5 000 万只藏系绵羊，对维持和改善高原农牧民生活水平方面有重要作用。由于传统畜牧业思想根深蒂固，高寒牧区家畜养殖以完全放牧为主，天然牧草是维持其生存的唯一来源（Xin et al.，2011）。由于青藏高原特殊的自然地理条件，牧草生长季（5—9 月）牧草光、温、

水、热条件充足，牧草产量和营养品质最佳，牧草粗蛋白质含量高适口性好，能够提供家畜所需的营养物质。而冷季气候条件恶劣，牧草的地上生物量和粗蛋白质等养分含量急剧下降，天然草场牧草在质和量上均无法满足家畜需求，家畜生长发育在冷季受阻（程长林等，2018；徐田伟等，2020）。加之过度放牧导致的草地生态系统退化，致使草畜矛盾进一步加剧。为保障家畜在尤其是冷季生长性能的发挥，研究人员在天然草地合理利用（张晓玲等，2019）、人工草地建植与草产品加工（尚占环等，2007）、放牧家畜精准补饲和营养均衡养殖（卓玉璞等，2016；赵亮等，2014）等领域取得一系列进展，如冷季补饲燕麦青干草能够提高牦牛和藏羊的生长性能缩短养殖周期，并增加冷季养殖收益（徐田伟等，2017）。通过调控日粮蛋白质水平对藏系绵羊进行营养均衡补饲，发现在12%蛋白质水平下，藏羔羊的日增重显著提高，提高生长性能（图9-18，图9-19），缩短饲养周期，并降低饲养成本（崔晓鹏等，2017）。对羔羊实行短期舍饲出栏，显示采用该项技术可以显著缩短饲养周期，提高畜牧业生产效率和家畜出栏率（表9-13）（徐田伟等，2020）。这些进展促进了草地畜牧业经营方式的优化，有效缩短了家畜存栏时间，减轻了天然草地放牧压力，也对提高牧民经营收益和改善高原生态环境具有重要意义。

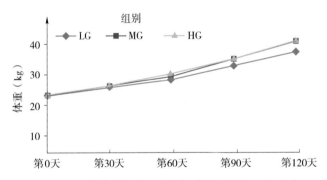

图9-18 藏羔羊体重变化趋势（崔晓鹏等，2017）

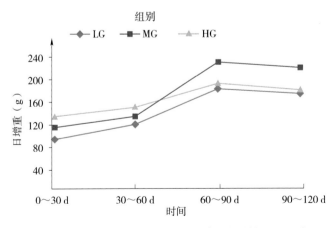

图9-19 藏羔羊日增重变化趋势（崔晓鹏等，2017）

表 9-13　不同饲养方式下藏系羔羊的生长和屠宰性能（徐田伟等）

指标	舍饲羔羊	放牧羔羊	P
初始体重（kg）	16.50 ± 0.64a	15.25 ± 0.55a	0.162
末期体重（kg）	34.00 ± 1.43Aa	21.50 ± 0.59Bb	0.000
羔羊增重（kg）	17.50 ± 1.30Aa	6.25 ± 0.57Bb	0.000
胴体重（kg）	15.80 ± 2.74Aa	8.58 ± 0.71 Bb	0.000
屠宰率（%）	47.38 ± 2.25Aa	40.52 ± 2.52 Bb	0.002

在示范基地创新集成的禾豆混播饲草建植、饲草料加工和牛羊冷季精准补饲等技术应用，使藏系绵羊和牦牛的饲养周期缩短比传统的常年单一放牧方式分别缩短了 1.4 年和 2.5 年。以贵南县 5 个核心示范基地为基础开展牦牛、藏羊营养均衡养殖示范，完成藏羊和牦牛营养均衡养殖示范 5 500 个羊单位，技术推广应用 3.1 万羊单位。按照每个羊单位平均每年需要天然草场 15 亩进行核算，可有效保护 54.75 万亩天然草场。综上，缩短存栏时间可切实减轻天然草地放牧强度。

第二节　经济效益

一、牦牛的生产效率和养殖收益

三江源区高寒牧区冷暖两季分明，暖季的光、温、水、热等资源充足，牧草供给能够满足放牧家畜需求，家畜增重效果较好。然而冷季漫长寒冷（长达 7 个月），天然牧草无法满足放牧家畜需求，家畜冷季掉膘减重损失大（Zhao et al.，2018）。在三江源国家公园外围支撑区，冷季舍饲养殖可显著提高家畜的生长性能和养殖收益。以牦牛饲养为例（表 9-14），传统放牧牦牛冷季减重 12.4 kg，冷季、减重损失高达 333.3 元 / 头。主要归因于冷季牧草的地上现存量和营养品质急剧下降，放牧牦牛需消耗大量的能量和热量来维持放牧活动和抵御寒冷，进而造成牦牛生长性能的下降（徐田伟等，2016）。与传统放牧经营相比，采用高营养日粮开展冷季舍饲可以使牦牛增重 82.4 kg，冷季养殖收益高达 1 016.7 元 / 头（Xu et al.，2017）。由此可见，在三江源智慧生态畜牧业贵南典型区实施的"暖牧冷饲"两段式管理，可以显著提高家畜生长性能和经营收益。同时，当前三江源农牧交错区具有规模化的舍饲养殖区，且饲养设施条件良好，能有效吸纳三江源国家公园内转移来的家畜资源，能够为加快园区内家畜周转和为野生动物释放生态空间做出贡献。

表 9-14　冷季不同饲养方式下牦牛的生产效率和养殖收益

指标分类	指标	冷季舍饲组	冷季放牧组
牧草营养品质	饲草粗蛋白质（%）	10.31	5.10
	饲草粗脂肪（%）	2.74	1.90
	酸性洗涤纤维（%）	33.19	58.64
	中性洗涤纤维（%）	13.96	36.83
牦牛生产效率	初始体重（kg）	123.7 ± 8.45	99.7 ± 6.34
	末期体重（kg）	206.1 ± 10.64a	87.3 ± 5.95b
	体重增加（kg）	82.4 ± 3.05a	−12.4 ± 1.13b
	日均增重（g/d）	610.4 ± 22.6a	−91.8 ± 8.39b
冷季养殖收益	饲草消耗（kg）	696.6	329.4
	舍饲费用（元/头）	1 198.2	—
	增重收益（元/头）	2 214.9 ± 82a	−333.3 ± 30.5b
	冷季净收益（元/头）	1 016.7 ± 82a	−333.3 ± 30.5b

注：同行中不同字母表示差异显著（$P < 0.05$）。

二、藏系绵羊的生产效率

在生产效率方面，系统分析了短期舍饲出栏羔羊（Lamb）、暖牧冷饲 1~3 岁羊（GF1、GF2 和 GF3）和传统放牧 1~5 岁羊（TG1、TG2、TG3、TG4 和 TG5）的生命周期活体重、胴体重、减重损、饲草消耗和饲草转化效率。

1. 生命周期活体重

短期舍饲出栏羔羊、"暖牧冷饲" 1~3 岁羊和传统放牧 1~5 岁藏系绵羊的生命周期活体重分别达（36.6 ± 3.7）kg、（54.6 ± 6.4）kg、（59.5 ± 7.1）kg、（66.4 ± 4.7）kg、（21.1 ± 1.3）kg、（31.3 ± 2.4）kg、（40.0 ± 3.5）kg、（47.3 ± 4.3）kg 和（49.7 ± 5.5）kg。短期舍饲出栏羔羊的活体重与传统放牧 3 岁藏系绵羊的活体重无显著差异（$P > 0.05$）。"暖牧冷饲" 1 岁、2 岁和 3 岁藏系绵羊的活体重显著高于传统放牧 1~5 岁藏系绵羊（$P < 0.05$）。采用羔羊短期舍饲出栏和"暖牧冷饲"两段式饲养可以显著提高高寒牧区藏系绵羊的生长性能（图 9-20）。

2. 生命周期胴体重

短期舍饲出栏藏系羔羊、"暖牧冷饲" 1~3 岁藏系绵羊和传统放牧 1~5 岁藏系绵羊的生命周期胴体重分别达（17.8 ± 1.8）kg CW/头、（26.8 ± 3.1）kg CW/头、（29.2 ± 3.5）kg CW/头、（32.5 ± 2.3）kg CW/头、（9.1 ± 0.6）kg CW/头、（13.4 ± 1.0）kg CW/头、（17.2 ± 1.5）kg CW/头、（20.3 ± 1.8）kg CW/头 和（21.4 ± 2.3）kg CW/头。短期舍饲出栏藏系羔羊的胴体重（17.8 kg）显著高于传统放牧 1 岁和 2 岁藏系绵羊胴体重（$P < 0.05$），与 3 岁传统放牧藏系绵羊的胴体重无显著差异（$P > 0.05$）。"暖牧冷饲"藏系绵羊的胴体重均显著（$P < 0.05$）高于传统放牧制度下同龄藏系绵羊的生命周期胴体重，"暖牧冷饲" 1 岁藏系绵羊的胴体重与传统放牧 5 岁藏

系绵羊的胴体重无显著差异（$P>0.05$）。采用"暖牧冷饲"的两段式饲养制度可以显著提高藏系绵羊的生命周期胴体重（图9-21）。

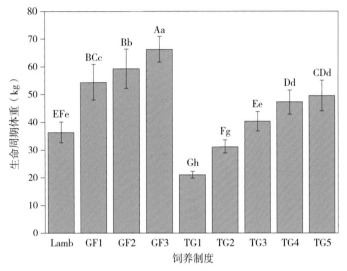

图 9-20　不同生产方式下藏系绵羊的生命周期活体重

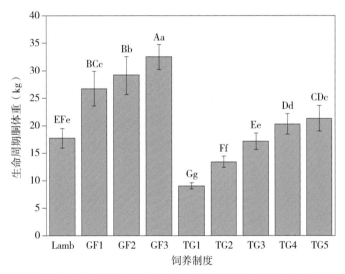

图 9-21　不同生产方式下藏系绵羊的生命周期胴体重

3. 生命周期减重损失

短期舍饲出栏藏系羔羊、"暖牧冷饲"1～3岁藏系绵羊和传统放牧1～5岁藏系绵羊的生命周期减重损失分别为0、0、（6.7±2.6）kg/头、（12.3±1.9）kg/头、（7.4±2.2）kg/头、（15.6±3.5）kg/头、（26.3±4.5）kg/头、（36.3±5.8）kg/头和（48.3±5.9）kg/头。短期舍饲出栏羔羊和"暖牧冷饲"1岁羊的生命周期减重为0 kg，相比之下，"暖牧冷饲"2岁和3岁羊均有减重现象，传统放牧藏系绵羊的冷季体重掉膘减重最为严重，传统放牧5岁藏系绵羊的生命周期减重达（48.3±5.9）kg/头。可见，传统放牧制度下，随着放牧周期延长，藏系绵羊的生命周期减重损失越加严重（图 9-22）。

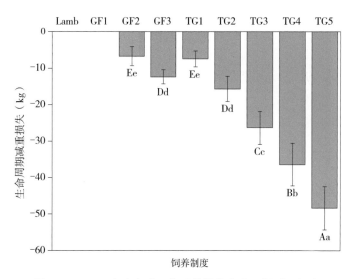

图 9-22 不同生产方式下藏系绵羊的生命周期减重损失

4. 生命周期饲草消耗

短期舍饲出栏藏系羔羊、"暖牧冷饲" 1～3 岁藏系绵羊和传统放牧 1～5 岁藏系绵羊的生命周期饲草消耗分别为（135.6 ± 14.4）kg DM/ 头、（448.3 ± 22.2）kg DM/ 头、（789.0 ± 28.3）kg DM/ 头、（1 162.6 ± 40.9）kg DM/ 头、（362.7 ± 22.5）kg DM/ 头、（749.7 ± 44.8）kg DM/ 头、（1 213.2 ± 60.7）kg DM/ 头、（1 754.2 ± 78.1）kg DM/ 头和（2 323.2 ± 123.4）kg DM/ 头。短期舍饲出栏藏系羔羊的生命周期饲草消耗（135.6 kg）极显著低于"暖牧冷饲"藏系绵羊和传统放牧藏系绵羊（$P<0.01$），"暖牧冷饲" 1 岁藏系绵羊的饲草消耗显著低于"暖牧冷饲" 2 岁羊、"暖牧冷饲" 3 岁羊和传统放牧羊（图 9-23）。

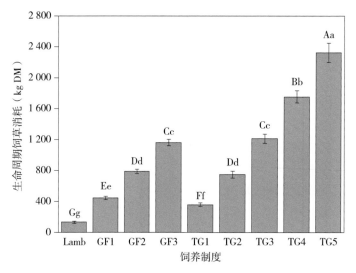

图 9-23 不同生产方式下藏系绵羊的生命周期饲草消耗

5. 生命周期饲草转化效率（料重比）

短期舍饲出栏藏系羔羊、"暖牧冷饲" 1~3 岁藏系绵羊和传统放牧 1~5 岁藏系绵羊的生命周期饲草转化效率分别为 5.4%、8.3%、13.4%、17.6%、17.2%、24.0%、30.5%、37.3% 和 47.1%。短期舍饲出栏藏系羔羊和 "暖牧冷饲" 1 岁藏系绵羊的饲草转化效率极显著的优于其他组别藏系绵羊的饲草转化效率（图 9-24）。

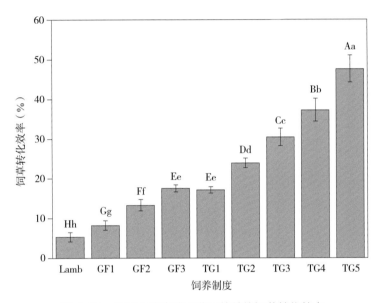

图 9-24　不同生产方式下藏系绵羊的饲草转化效率

从藏系绵羊饲养周期看，短期舍饲出栏藏系羔羊、"暖牧冷饲" 1~3 岁藏系绵羊和传统放牧 1~5 岁藏系绵羊的饲养周期分别为 200 d、540 d、905 d、1 270 d、525 d、890 d、1 255 d、1 620 d 和 1 985 d。藏系羔羊短期舍饲出栏和 "暖牧冷饲" 可以显著缩短藏系绵羊的饲养周期。采用 "暖牧冷饲" 和藏系羔羊短期舍饲出栏技术，可以使藏系绵羊的饲养周期缩短至 0.5~1.5 年，显著提升高寒牧区藏系绵羊的生产效率。

三、藏系绵羊的经济效益

在经济效益方面，主要考虑藏系绵羊的养殖收益，生命周期减重经济损失和生命周期日均收益。短期舍饲出栏藏系羔羊、"暖牧冷饲" 1~3 岁藏系绵羊和传统放牧 1~5 岁藏系绵羊生命周期减重的经济损失分别为 0、0、（126.7±35.4）元 / 头、（268.7±39.3）元 / 头、（163.6±48.4）元 / 头、（343.8±77.9）元 / 头、（579.2±97.9）元 / 头、（797.8±127.9）元 / 头和（1 062.3±131.7）元 / 头（图 9-25）。

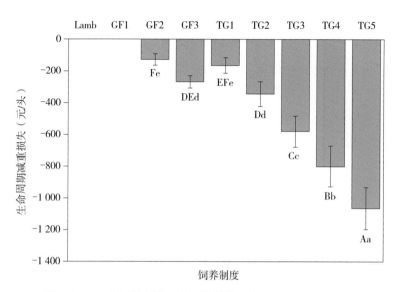

图 9-25　不同饲养制度下藏系绵羊的生命周期减重经济损失

　　去除补饲费用和人工管理等费用，短期舍饲出栏藏系羔羊、"暖牧冷饲" 1～3 岁藏系绵羊和传统放牧 1～5 岁藏系绵羊的生命周期净收益分别达到（484.6 ± 84.7）元 / 头、（658.7 ± 141.0）元 / 头、（600.6 ± 152.8）元 / 头、（562.8 ± 131.1）元 / 头、（271.1 ± 60.8）元 / 头、（293.8 ± 98.9）元 / 头、（230.9 ± 130.6）元 / 头、（151.7 ± 142.7）元 / 头和（−79.8 ± 149.1）元 / 头。"暖牧冷饲" 藏系绵羊和短期舍饲出栏藏系羔羊的生命周期净收益极显著（$P < 0.01$）高于传统放牧藏系绵羊。传统放牧 1～5 岁藏系绵羊的生命周期减重经济损失范围是（−1 062.3～−163.6）元 / 头，随放牧周期延长，藏系绵羊的生命周期减重损失逐年加剧。在 "暖牧冷饲" 和羔羊短期舍饲出栏处理组中，"暖牧冷饲" 1 岁羊和短期舍饲出栏藏系羔羊的生命周期净收益差异显著（$P < 0.05$），短期舍饲出栏藏系羔羊与 "暖牧冷饲" 2 岁和 3 岁的养殖净收益无显著差异（$P > 0.05$），由此可知，对 1 岁藏系绵羊进行暖牧冷饲，获得的养殖净收益更好（图 9-26）。

　　为了更好地反映不同饲养制度对藏系绵羊的生命周期经济效益的影响，在此引入生命周期日均收益的概念。短期舍饲出栏羔羊、"暖牧冷饲" 1～3 岁藏系绵羊和传统放牧模式 1～5 岁藏系绵羊的生命周期日均收益分别为（2.70 ± 0.42）元 /（头·d）、（1.27 ± 0.26）元 /（头·d）、（0.67 ± 0.17）元 /（头·d）、（0.44 ± 0.10）元 /（头·d）、（0.33 ± 0.11）元 /（头·d）、（0.33 ± 0.11）元 /（头·d）、（0.18 ± 0.12）元 /（头·d）、（0.12 ± 0.11）元 /（头·d）和（0.04 ± 0.08）元 /（头·d）（图 9-27）。短期舍饲出栏藏系羔羊的生命周期日均收益最高，"暖牧冷饲" 1 岁藏系绵羊次之，两者均极显著地高于其他组藏系绵羊的生命周期日均收益。

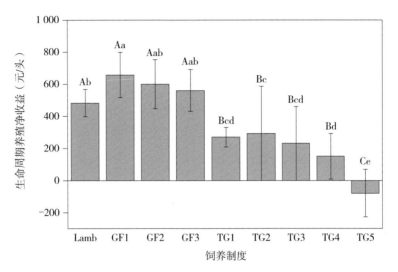

图 9-26　不同生产方式下藏系绵羊生命周期的养殖净收益

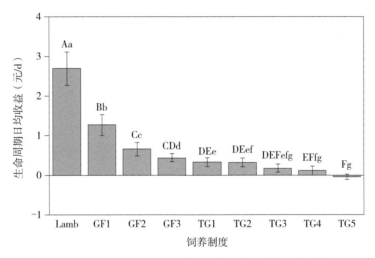

图 9-27　不同生产方式下藏系绵羊生命周期的日均收益

综合考虑藏系绵羊生命周期生命活重、胴体重、日均增重、生命周期减重损失、饲养周期、饲草消耗和土地利用等因素，短期舍饲出栏藏系羔羊的生产效率最好，"暖牧冷饲" 1 岁藏系绵羊次之。在生命周期净收益和日均收益方面，短期舍饲出栏藏系羔羊的经济效益最好，"暖牧冷饲" 1 岁藏系绵羊次之。在生命周期碳排放、单位胴体重碳密度和碳排放经济损失等方面，短期舍饲出栏藏系羔羊损失最小。综合考虑高寒牧区不同饲养制度下藏系绵羊的生产效率、生态和经济效益，藏系羔羊短期舍饲出栏的综合效益最好，"暖牧冷饲" 1 岁藏系绵羊次之。与传统天然放牧制度相比，采用 "暖牧冷饲" 两段式饲养制度和藏系羔羊短期舍饲出栏技术可以显著缩短饲养周期，提高藏系绵羊养殖收益，同时降低藏系绵羊生命周期碳排放，实现经济和生态效益双赢（表 9-15 至表 9-17）。

表 9-15 不同饲养制度下高寒牧区藏系绵羊的生命周期生长性能

指标	藏系羔羊（Lamb）	暖牧冷饲 1岁（GF1）	暖牧冷饲 2岁（GF2）	暖牧冷饲 3岁（GF3）	传统放牧 1岁（TG1）	传统放牧 2岁（TG2）	传统放牧 3岁（TG3）	传统放牧 4岁（TG4）	传统放牧 5岁（TG5）
生命周期活重（kg）	36.6±3.7 EFe	54.6±6.4 BCc	59.5±7.1 Bb	66.4±4.7 Aa	21.1±1.3 Gh	31.3±2.4 Fg	40.0±3.5 Ee	47.3±4.3 Dd	49.7±5.5 CDd
生命周期饲草消耗（kg）	135.6±14.4 Gg	448.3±22.2 Ee	789.0±28.3 Dd	1 162.6±40.9 Cc	362.7±22.5 Ff	749.7±44.8 Dd	1 213.2±60.7 Cc	1 754.2±78.1 Bb	2 323.2±123.4 Aa
饲草转效率	5.4±1.2 Hh	8.3±1.2 Gg	13.4±1.4 Ff	17.6±0.9 Ee	17.2±0.8 Ee	24.0±1.2 Dd	30.5±2.2 Cc	37.3±2.9 Bb	47.1±3.4 Aa
饲养周期（d）	200	540	905	1270	525	890	1255	1620	1985
总减重（kg）	0	0	6.7±2.6 Ee	12.3±1.9 Dd	7.4±2.2 Ee	15.6±3.5 Dd	26.3±4.5 Cc	36.3±5.8 Bb	48.3±5.9 Aa
生命周期日均增重（g/d）	183.2±18.5 Aa	101.2±11.9 Bb	65.7±7.8 Cc	52.3±3.7 Dd	40.2±2.5 Ee	35.1±2.7 Efef	31.9±2.8 Efefg	29.2±2.7 Effg	25.0±2.7 Fg
胴体重（kg）	17.8±1.8 Efe	26.8±3.1 BCc	29.2±3.5 Bb	32.5±2.3 Aa	9.1±0.6 Gg	13.4±1.0 Ff	17.2±1.5 Ee	20.3±1.8 Dd	21.4±2.3 CDc

表 9-16 不同饲养制度下高寒牧区藏系绵羊的生命周期的经济收益

指标	藏系羔羊（Lamb）	暖牧冷饲 1岁（GF1）	暖牧冷饲 2岁（GF2）	暖牧冷饲 3岁（GF3）	传统放牧 1岁（TG1）	传统放牧 2岁（TG2）	传统放牧 3岁（TG3）	传统放牧 4岁（TG4）	传统放牧 5岁（TG5）
体重（kg）	36.6±3.7 Efe	54.6±6.4 BCc	59.5±7.1 Bb	66.4±4.7 Aa	21.1±1.3 Gh	31.3±2.4 Fg	40±3.5 Ee	47.3±4.3 Dd	49.7±5.5 CDd
活羊单价（元）	22.0	22.0	22.0	22.0	22.0	22.0	22.0	22.0	22.0
活羊收益（元）	806.1±81.5 Efe	1201.8±141.0 BCc	1309±155.3 Bb	1461.1±104.3 Aa	464.8±28.8 Gg	687.5±52.3 Ff	880±76.9 Ee	1039.5±94.5 Dd	1092.6±119.9 CDd
补饲消耗（kg）	231.7	481.1	516.8	534.6	0	0	0	0	0
减重损失（元）	0	0	126.7±35.4 Fe	268.7±39.3 Ded	163.6±48.4 Efe	343.8±77.9 Dd	579.2±97.9 Cc	797.8±127.9 Bb	1062.3±131.7 Aa
劳务管理（元）	35	35	65	95	30	50	70	90	110
净收益（元）	484.6±84.7 Ab	658.7±141.0 Aa	600.6±152.8 Aab	562.8±131.1 Aab	271.1±60.8 Bcd	293.8±98.9 Bc	230.9±130.6 Bcd	151.7±142.7 Bd	-79.8±149.1 Ce
净收益指数（O-I）/O	2.10±0.41 Aa	1.33±0.27 Bb	0.85±0.20 Cc	0.63±0.20 Cc	0.33±0.11 Dee	0.44±0.11 Deef	0.18±0.1 DEFefg	0.12±0.11 Effg	0.04±0.08 Fg
生命周期日均收益（元）	2.70±0.42 Aa	1.27±0.26 Bb	0.67±0.17 Cc	0.44±0.10 CDd	0.33±0.11 Dee	0.33±0.11 Deef	0.18±0.1 DEFefg	0.12±0.11 Effg	0.04±0.08 Fg

表 9-17 不同饲养制度下高寒牧区藏系绵羊的生产效率、经济效益和生态效益汇总

指标	藏系羔羊（Lamb）	暖牧冷饲 1 岁（GF1）	暖牧冷饲 2 岁（GF2）	暖牧冷饲 3 岁（GF3）	传统放牧 1 岁（TG1）	传统放牧 2 岁（TG2）	传统放牧 3 岁（TG3）	传统放牧 4 岁（TG4）	传统放牧 5 岁（TG5）
生产效率									
饲养周期（d）	200	540	905	1270	525	890	1255	1620	1985
生命周期活重（kg）	36.6±3.7 Efe	54.6±6.4 BCc	59.5±7.1 Bb	66.4±4.7 Aa	21.1±1.3 Gh	31.3±2.4 Fg	40±3.5 Ee	47.3±4.3 Dd	49.7±5.5 CDd
生命周期日均增重（g/d）	183.2±18.5 Aa	101.2±11.9 Bb	65.7±7.8 Cc	52.3±3.7 Dd	40.2±2.5 Ee	35.1±2.7 Efef	31.9±2.8 Efefg	29.2±2.7 Effg	25.0±2.7 Fg
饲草转化效率	5.4±1.2 Hh	8.3±1.2 Gg	13.4±1.4 Ff	17.6±0.9 Ee	17.2±0.8 Ee	24.0±1.2 Dd	30.5±2.2Cc	37.3±2.9 Bb	47.1±3.4Aa
生命周期胴体重（kg）	17.8±1.8 Efe	26.8±3.1 BCc	29.2±3.5 Bb	32.5±2.3 Aa	9.1±0.60 Gg	13.4±1.0 Ff	17.2±1.5 Ee	20.3±1.8 Dd	21.4±2.3 CDc
经济效益									
生命周期净收益（元）	484.6±84.7 Ab	658.7±141.0 Aa	600.6±152.8 Aab	562.8±131.1 Aab	271.1±60.8 Bcd	293.8±98.9 Bc	230.9±130.6 Bcd	151.7±142.7 Bd	79.8±149.1 Ce
生命周期日均收益（元）	2.70±0.42 Aa	1.27±0.26 Bb	0.67±0.17 Cc	0.44±0.10 CDd	0.33±0.11 Dee	0.33±0.11 Deef	0.18±0.1 DEFefg	0.12±0.11 Effg	0.04±0.08 Fg
生态效益									
生命周期间草消耗（kg）	135.6±14.4 Gg	448.3±22.2 Ee	789.0±28.3 Dd	1 162.6±40.9 Cc	362.7±22.5 Ff	749.7±44.8 Dd	1 213.2±60.7 Cc	1 754.2±78.1 Bb	2 323.2±123.4 Aa

续表

指标	藏系羔羊(Lamb)	暖牧冷饲 1岁(GF1)	暖牧冷饲 2岁(GF2)	暖牧冷饲 3岁(GF3)	传统放牧 1岁(TG1)	传统放牧 2岁(TG2)	传统放牧 3岁(TG3)	传统放牧 4岁(TG4)	传统放牧 5岁(TG5)
生命周期碳排放(kg)	103.8	249.5	410.6	600.7	108.2	343.2	531.9	777.8	1 023.8
生命周期碳排放损失(元)	6.2	14.9	30.0	36.0	6.5	20.6	31.9	46.7	61.4
单位活重碳密度(kg)	2.8±0.4 Gh	4.6±0.6 Gg	6.9±0.9 Ff	9.1±0.7 Ee	8.0±0.5 Eff	11.0±0.8 Dd	13.4±1.3 Cc	16.6±1.6 Bb	20.8±2.3 Aa
单位胴体重碳密度(kg)	5.3±0.7 Hh	9.4±1.2 Gg	14.3±1.8 Ff	18.5±1.4 Ee	18.6±1.2 Ee	25.7±1.9 Dd	31.1±2.9 Cc	38.6±3.8 Bb	48.5±5.4 Aa
土地利用(m²)	217.1	2385.3	6413.8	10 428.1	4 000	8 000	12 000	16 000	20 000
单位活重土地利用(m²)	6.0±06 Hi	44.2±5.4 Gh	109.2±14.1 Fg	157.7±11.8 Ef	190.0±12.1 Ee	257.3±18.8 Dd	302.2±28.8 Cc	341.3±33.3 Bb	407.1±45.8 Aa
单位胴体土地利用面积(m²)	12.3±1.2Ii	90.2±11.1 Hh	222.9±28.7 Gg	321.9±24.0 Ff	441.9±28.1 Ee	598.3±43.8 Dd	702.8±67.0 Cc	793.7±78.1 Bb	946.7±106.4 Aa

注：生命周期碳排放，是指藏系绵羊生命周期 CO_2-eq 排放总量；单位活重的碳排放密度单位 kg CO_2-eq/kg BW；单位胴体重的碳排放密度单位 kg CO_2-eq/kg CW。

碳交易市场每吨 CO_2-eq 平均交易价格 60 元（汪诗平等，2014）。

不同小写字母表表示差异显著（$P<0.05$），不同大写字母表表示差异极极显著（$P<0.01$）。

第三节　社会效益

一、显著提升示范区生态畜牧业发展科技支撑水平

生态畜牧能够调整草地与家畜之间的平衡关系，是为改善生态环境而提出的一种长期科学养殖方式，不仅要考量生态效益和经济效益，还要考虑社会效益。为推动生态畜牧业有效发展，促进社会效益，应引进先进技术，有效降低生产成本。当地政府通过带动示范区和企业等进行培训学习，让农牧民意识到生态畜牧业是传统畜牧业的转型升级。针对当地畜牧业的发展现状和特点，对农牧民进行科技知识和生态理念培训，使农牧民了解掌握生态畜牧业相关知识，提高标准化养殖水平，让他们充分意识到生态畜牧业是更有利的可持续发展方式。同时，当地政府通过充分吸纳专业人才，为推进农牧民的技术培训提供了保障（许显红等，2022）。

为加强相关项目与州、县、示范点的沟通衔接，切实提高基层科技、农牧技术骨干及农牧民的技术水平，青海省科技厅应协调州、县两级科技和农牧部门以及项目组分别成立技术服务队伍，各示范点应分配专职技术服务人员。通过技术交流，显著提升示范区基层科技人员、农牧企业工作人员在草地畜牧业信息化、智能化、精准化及高效化管理水平。同时，基于项目实施，积极培训农牧民，进一步提高农牧民在天然草场合理利用、牧草返青期休牧、高产优质饲草种植、牧草青贮加工、饲草料加工和高效利用、牦牛和藏系绵羊冷季补饲等关键环节的技术水平。

二、生态畜牧业发展示范引领效应快速显现

随着畜牧业的快速发展，规模化和集约化程度的不断提高，养殖业和畜产品加工带来的环境污染和生态破坏现象越来越严重，不仅制约了畜牧业自身可持续发展，也严重影响了生态环境和国民经济发展。生态畜牧业是传统畜牧业的成功转型，其发展尊重自然循环规律，并注重经济、社会及生态三方面均衡发展，有利于实现自然资源永续利用，实现生态畜牧业可持续发展，实现农牧业产品优质、高产、高效益。2014年6月，农业部将青海省确定为全国唯一的"全国生态畜牧业试验区"，明确提出"解放思想、深化改革，创新机制，努力探索推进传统草原畜牧业转型升级的有效路径"的建设要求，探索出一条值得全国借鉴的新路子。青海省按照"先行试点、示范推广、全面提升"三步走发展战略，以建设100个生态畜牧业股份制合作社为试点，重点围绕生态畜牧业股份合作制合作社建设，闯出了一条富有青海特色的草地生态畜牧业发展道路，并取得阶段性成效。

"全国生态畜牧业试验区"的设立，吸引了全国各个考察团前来参观学习。青海省具有代表性的示范点有贵南示范区塔秀乡雪域诺央生态畜牧业合作社、森多镇嘉仓生态畜牧业合作社和贵南现代草业示范基地。通过参观学习，推广了三江源区

适宜的特色生态畜牧业发展道路，充分展示了示范区智慧生态畜牧业技术集成区域特色，形成了良好的社会示范效应。

三、显著提升示范区生态畜牧业发展信息化应用程度

智慧生态畜牧业将传统畜牧业从粗放、集约向信息化、智能化、智慧化转变，从而破解人、草、畜三者间的矛盾。三江源生态保护和建设二期工程规划中提出，要以转变经济发展方式为主线，大力发展生态畜牧业，着力促进生态保护、民生改善和区域经济协调发展，通过科技攻关和试验示范，打造三江源智慧生态畜牧业，建设具有信息采集、分析、诊断、决策和指导等功能的智慧生态畜牧业全流程一体化综合信息系统。

针对三江源高寒草地畜牧业生产中存在的草畜季节性失衡、饲草利用率低等关键问题，集成优质人工草地建植技术、优良牧草青贮技术、饲草料精准配置和高效利用技术、牦牛营养均衡养殖技术、藏羊高效繁育调控技术等成套技术体系。在国家三江源生态保护和建设二期工程的基础上，尝试探索更加科学高效的智慧生态畜牧业发展途径。

四、示范基地精准扶贫科技促进作用

畜牧业作为三江源地区农业支柱产业，关乎当地的经济发展，是实现当地精准扶贫的重要抓手。开展精准扶贫工作有利于进一步发展农村经济，促进农业生产，从而帮助贫困地区农民群众摆脱贫困局面。近年来，三江源区依托资源优势，大力发展畜牧业特色产业，各级政府以畜牧产业精准脱贫和增加牧民收入为落脚点，将传统畜牧业向生态畜牧业转型升级。

精准扶贫政策实施区属于少数民族聚集区，由于历史、自然环境条件和社会发育程度等方面的原因，工业、农业、地区交通、通信等基础设施薄弱，经济结构相对单一，资源综合利用水平低，经济效益差，地区经济发展缓慢，少数民族群众生活仍处于贫困状态。通过示范区的建设推广，有力地促进了传统畜牧业向智慧生态畜牧业方向的转变，改善农牧民的生产、生活条件，对脱贫致富奔小康有力促进。

乡村振兴是党的十九大做出的重大战略部署，是新时代"三农"工作的总纲领。畜牧业是三江源高寒牧区的基础性、支柱性产业，是当地牧民主要的生活来源和重要经济依托。新时代下，我们应当深入贯彻习近平新时代中国特色社会主义思想，立足实际，稳抓机遇，推动生态畜牧业集中连片、高效提质发展，全面推进生态畜牧业可持续，精准扶贫，增加农牧民收入，建设生态宜居的美丽乡村，助力乡村振兴。

基于三江源智慧生态畜牧业发展可持续模式，通过调整产业结构，构建以划区轮牧、科学养畜、草畜平衡、协调发展为主的生态畜牧业，维持草地生态系统生态服务功能，提升传统畜牧业生产效率及经营效益，为牧民持续增收提供技术保障（图 9-28），在促进乡村振兴的同时，也有效保护了当地生态。

图 9-28　贵南典型区智慧生态畜牧业示范合作社分红

五、为三江源国家公园草畜平衡调控提供技术途径和饲草保障

三江源国家公园是我国第一个国家公园体制试点，对我国西部地区生态文明建设和美丽中国建设具有重要示范意义。体制试点以来，三江源国家公园环境质量、生态功能和野生动物数量稳步提升。新形势下，推动草地资源—草食动物适应性管理和区域"生态—生产—生活"协调发展成为三江源国家公园建设中面临的新课题。

草食动物（家畜和野生动物）牧食是三江源国家公园高寒草地利用的最主要方式，草地资源—草食动物平衡是维系三江源国家公园高寒草地生态系统原真性和完整性的重要途径。当前园区内牧业生产大多沿用传统放牧管理，由于生产方式落后、饲养设施滞后和冷季饲草匮乏等因素，草地畜牧业经营整体上生产效率低、经营效益差。随着野生动物种群数量逐步恢复，家畜和野生动物争草现象时有发生。加之高寒草地生产力和承载力低，导致家畜和野生动物争夺草地资源的潜在矛盾突出。因此，通过优化畜牧业生产方式，加快园区内家畜周转速率，实现以较低的资源代价生产优质畜产品，降低国家公园内家畜存栏数量，为野生动物保护释放生态空间，对推动三江源国家公园的可持续管理具有重要意义。

在三江源国家公园外围支撑区的农牧交错区建植优质高产人工草地，可以显著提升优质饲草产量，为家畜越冬和草牧业生产提供优质饲草。以青海省海南州贵南县为例，采用禾豆混播技术（燕麦＋箭筈豌豆）建植人工草地，可以使牧草干物质产量达到 15.58 t/hm²，分别为长江源园区高寒草原和可可西里荒漠化草原的 21.64 倍和 74.19 倍。人工草地数量承载力达到 27.54 羊单位/（hm²·年），分别为长江源园区高寒草原和可可西里荒漠化草原数量承载力的 36.24 倍和 125.18 倍。人工草地冷季牧草营养输出量达到 939.47 kg CP/hm²，分别为长江源园区高寒草原和可可西里荒漠化草原冷季营养输出量的 33.03 倍和 103.58 倍（表 9-18）。

表 9-18　不同类型草地的产草量、营养输出量和承载力

指标类型	外围人工草地	长江源高寒草原	可可西里荒漠化草原
干物质产量（t/hm²）	15.58	0.72	0.21
干物质增加倍数	74.19	3.43	1.00
干物质增加倍数	21.64	1.00	0.29
数量承载力 [羊单位/（hm²·年）]	27.54	0.76	0.22
承载力增加倍数	125.18	3.45	1.00
承载力增加倍数	36.28	1.00	0.29
冬季牧草粗蛋白质（% CP）	6.03	3.95	4.32
营养输出量（kg CP/hm²）	939.47	28.44	9.07
营养输出增加倍数	103.58	3.13	1.00
营养输出增加倍数	33.03	1.00	0.32

由此可见，基于饲草资源优化配置和草地资源置换原理，在三江源国家公园外围支撑区开展优质高产人工草地建植，可有效缓解园区内牧业生产区的冷季饲草匮乏问题，同时显著降低园区内大面积高寒草地的载畜压力，实现为野生动物释放生态空间的目的。2019 年，三江源国家公园外围支撑区累计向园区内输送饲草料产品 3 960 t，有效缓解了园区内冷季饲草匮乏。

因地制宜地利用三江源国家公园外围农牧交错区（贵南—同德一带）的自然禀赋和资源特征，科学配置草地生产功能和生态功能。合理适度发展草产业和养殖业，吸收国家公园内转移出的家畜资源，为推动区域生态保护和民生改善作出贡献；同时推动产业融合发展，将国家公园外围支撑区打造成为生态—生产—生活协调发展示范区。在三江源国家公园环境质量和野生动物数量逐步恢复的背景下，实施草地资源—草食动物适应性管理对于维护区域生态平衡至关重要。通过贵南—同德一带三江源农牧交错区草（畜）牧业生产方式转变和优化，提升智慧生态畜牧业发展科技支撑水平，加快国家公园内家畜周转速率，为三江源国家公园草畜平衡调控提供技术途径及饲草供给，从而为野生动物保护示范空间，为建设山川秀美三江源国家公园做出积极贡献与保障（图 9-29）。

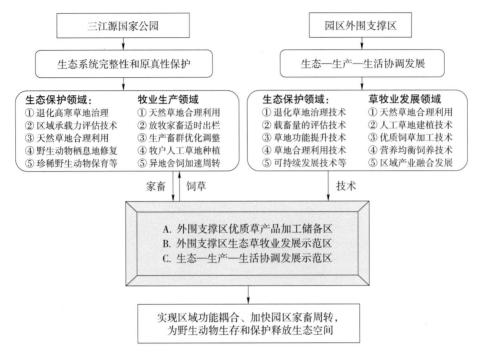

图 9-29　三江源国家公园区域耦合发展模式

参考文献

陈智勇，谢迎新，刘苗，2019. 围栏封育高寒草地植物地上生物量和物种多样性对关键调控因子的响应 [J]. 草业科学，36（4）：1000-1009.

陈佐忠，汪诗平，2000. 中国典型草原生态系统 [M]. 北京：科学出版社．

程长林，任爱胜，王永春，等，2018. 基于协调度模型的青藏高原社区畜牧业生态、社会及经济耦合发展 [J]. 草业科学，35（3）：677-685.

崔晓鹏，侯生珍，王志有，等，2017. 不同蛋白质水平饲粮对藏羔羊生长发育的影响 [J]. 动物营养学报，29（3）：1065-1073.

樊江文，钟华平，梁飚，2003. 草地生态系统碳储量及其影响因素 [J]. 中国草地，25（6）：51-58.

方精云，潘庆民，高树琴，等，2016. "以小保大"原理：用小面积人工草地建设换取大面积天然草地的保护与修复 [J]. 草业科学，33（10）：1913-1916.

韩兴国，李凌浩，黄建挥，1999. 生物地球化学概论 [M]. 北京：高等教育出版社．

何在中，应瑞瑶，沈桂银，2015. 青海省生态畜牧业政策效应与评价研究 [J]. 中国人口（资源与环境），25（6）：174-178.

李林栖，马玉寿，李世雄，等，2017. 返青期休牧对祁连山区中度退化草原化草甸草地的影响 [J]. 草业科学，34（10）：2016-2023.

李青丰，2011. 草畜平衡管理系列研究（1）——现行草畜平衡管理制度刍议 [J]. 草业科学，28（10）：1869-1872.

李青丰，2011. 草畜平衡管理系列研究（2）——对现行草地载畜量计算方法的剖析和评价 [J]. 草业科学，28（11）：2042-2045.

李青丰，2015. 草畜平衡管理：理想与现实的冲突 [J]. 内蒙古草业（2）：1-3.

刘兴元，牟月亭，2012. 草地生态系统服务功能及其价值评估研究进展 [J]. 草业学报，21（6）：286-295.

吕世杰，吴艳玲，刘红梅，等，2016. 春季休牧后放牧强度变化对短花针茅草原植物种群种间关系的影响 [J]. 草地学报，24（2）：302-308.

尚占环，龙瑞军，马玉寿，2007. 青藏高原江河源区生态环境安全问题分析与探讨 [J]. 草业科学（3）：1-7.

汪诗平，王艳芬，陈佐忠，2003. 放牧生态系统管理 [M]. 北京：科学出版社 .

王根绪，程国栋，沈永平，2002. 青藏高原草地土壤有机碳库及其全球意义 [J]. 冰川冻土，24（6）：691-700.

徐田伟，2017. 青藏高原高寒牧区放牧家畜碳密度及主要影响因素研究 [D]. 北京：中国科学院 .

徐田伟，胡林勇，赵娜，等，2017. 补饲燕麦青干草对牦牛和藏系绵羊冷季生长性能的影响 [J]. 西南农业学报，30（1）：205-208.

徐田伟，吉汉忠，刘宏金，等，2016. 牧归后补饲精料对冷季藏系绵羊生长性能的影响 [J]. 西北农业学报，25（8）：1132-1136.

徐田伟，赵新全，张晓玲，等，2020b. 青藏高原高寒地区生态草牧业可持续发展：原理、技术与实践 [J]. 生态学报，40（18）：6324-6337.

许显红，景芳，2022. 祁连县生态畜牧业发展对策探究 [J]. 现代农业研究，28（8）：110-112.

于贵瑞，2003. 全球变化与陆地生态系统碳循环和碳蓄积 [M]. 北京：气象出版社 .

张晓玲，徐田伟，谭攀柱，等，2019. 季节放牧对高寒草原植被群落和生物量的影响 [J]. 西北农业学报，28（10）：1576-1582.

赵亮，李奇，陈懂懂，等，2014. 三江源区高寒草地碳流失原因、增汇原理及管理实践 [J]. 第四纪研究，34（4）：795-802.

朱立博，曾昭海，赵宝平，等，2008. 春季休牧对草地植被的影响 [J]. 草地学报（3）：278-282.

卓玉璞，刘青山，田旦增，等，2016. 高寒牧区冬春季不同补饲方式对藏羊生产效益的影响 [J]. 畜牧兽医杂志，35（2）：13-15，19.

CRUTZEN P J，ASELMANN I，SEILER W，1986. Methane production by domestic animals，wild ruminants，other herbivorous fauna，and humans[J]. Tellus，38：271-284.

FANG J Y，PAN Q M，GAO S Q，et al.，2016. Large Area" Principle：Protecting and restoring a large area of natural grassland by establishing a small area of cultivated pasture[J].Pratacuhural Science，33（10）：1913-1016.

HARMSEN M，VAN VUUREN D P，BODIRSKY B L，et al.，2019. The role of methane in future climate strategies：mitigation potentials and climate impacts[J]. Climatic Change（163）：1409-1425.

NI J，2001，Carbon storage in terrestrial ecosystems of China：estimates at different spatial resolutions and their responses to climate change[J]. Climatic Change，49：339-358.

PATRA A，PARK T，KIM M，et al.，2017. Rumen methanogens and mitigation of methane emission by anti-methanogenic compounds and substances[J]. Journal of Animal Science and Biotechnology（8）：13.

WELKER J M，BROWN K B，FAHNESTOCK J T，1999. CO_2 flux in arctic and alpine dry tundra：comparative field response under ambient and experimentally warmed conditions[J]. Arctic. Antarctic， and Alpine Research, 31（3）: 272-277.

XIN G S, LONG R J, GUO X S, et al., 2011. Blood mineral status of grazing Tibetan sheep in the Northeast of the Qinghai-Tibetan Plateau[J]. Livestock Science, 136（2-3）: 102-107.

XU T W, XU S X, HU L Y, et al., 2017. Effect of dietary types on feed intakes, growth performance and economic benefit in tibetan sheep and yaks on the qinghai-tibet plateau during cold season[J]. PloS one, 12: e0169187.

ZHAO X Q, ZHAO L, LI Q, et al., 2018. Using balance of seasonal herbage supply and demand to inform sustainable grassland management on the Qinghai-Tibetan Plateau[J]. Frontiers of Agricultural Science and Engineering（1）: 1-8.

第十章　三江源区智慧生态畜牧业发展与展望

　　三江源区位于青藏高原腹地，是全国乃至东亚地区的重要淡水来源，被誉为"中华水塔"。三江源区全域平均海拔在 3 500～4 800 m，拥有着高寒湿地、荒漠戈壁、高寒草甸等高寒生态系统，是我国重要的生物多样性资源库及遗传基因库。作为我国重要的生态屏障，同时也是全球气候变化的敏感区和生态脆弱区，其生态战略地位受到全国乃至世界的重点关注。三江源区除肩负重要的生态功能外，还兼具重要的高寒畜牧业支撑功能，是重要的高寒草地畜牧生产区。畜牧业在以藏族为主的少数民族聚居的三江源区发挥着支撑区域经济发展及维护民族团结的重要作用。因此，三江源区域内草地生态保护和生态畜牧业协调发展，不仅是生态环境保护、农牧民增收的迫切需要，更是国家生态安全和区域可持续发展战略的重大需求。

　　青藏高原草地面积占全国草地总面积的1/3，以高寒草甸为主要草地类型，是我国最重要的高寒牧区之一。以藏族为主的少数民族世代聚居于此，放牧为主要草地利用方式，畜牧业生产是其主要的生产生活经济来源。青海省作为全国五大牧区之一，全省草原总面积为5.47亿亩，其中可利用面积4.74亿亩。据青海省农业农村厅数据显示，近年来，青海省准确把握建设优势特色产业集群的重点任务，开展了牦牛、藏羊优势特色产业集群建设，并充分发挥牦牛、藏羊产业优势，实现农牧户稳定分享二、三产业增值收益。目前，集群内经济、社会和生态效益已逐步显现，牦牛产业集群一二三产业总产值达到140亿元，藏羊产业集群一二三产业总产值可达127亿元，总计达到267亿元，以牦牛和藏羊为主的草地畜牧业已成为青海省重要的特色产业及经济来源。

　　青海省海南藏族自治州位于三江源区核心腹地，海南州贵南县作为青海三江源国家生态保护综合试验区辖域，是黄河上游最大的水库——龙羊峡水库重要积水区，也是全国唯一的畜牧业国家级可持续发展实验区——海南藏族自治州生态畜牧业可持续发展实验区的核心区，其辖区内广袤的天然草地是重要的水源涵养地和生态屏障，具有重要的生态安全战略地位。贵南县天然草地资源丰富，以高寒草甸和温性草原为主要的草地类型，有效利用草场面积达全县草地总面积的一半以上，以放牧为主的畜牧业产业发达。近年来，高寒草地生态系统发生了不同程度的退化，植物种群及其年龄结构发生变化，生物多样性下降，生产力降低，植被盖度变小，草地系统中牧草种群退化，有毒、有害草种群数量增加，贵南县域内退化草地可食鲜草平均产量下降了53.64%，严重影响了该地区草地畜牧业的发展和牧民群众生活水平的提高，传统的放牧利用方式严重威胁草地生态系统安全。

受传统放牧思想所致，早期的草地利用异常粗放，不考虑草地承载力的超载过牧现象普遍，过度放牧造成的草地退化格局在 20 世纪 80 年代就已经显现。三江源区的草地退化受高寒生态环境、全球气候变化及人为干扰的共同影响，由于其特殊的高寒气候及高海拔生长环境，导致该区域牧草呈现出生长周期短、产草量低的特点，且由于区域地理条件差异较大，造成牧草生长区域受限、牧草生长呈现两极分化的特点。高寒荒漠等不适宜生长的区域仅具有生态功能而不具备生产价值，主要的生产均集中于高寒草甸，因此高寒草甸也成为退化最严重的草地类型。

传统的放牧观点只考虑经济增长，单纯的增加优质牧草利用区域的牛羊放牧总数，未考虑到草地承载力，过大的放牧强度造成草地的过度利用损害，牛羊过度踩踏、过度啃食及粪尿排泄是草地退化的直接原因。过度放牧对植物的影响主要表现为以下方面：①牲畜的过度啃食导致地上植被叶面积减少，光合作用下降，从而影响植被的生长发育；②过度踩踏破坏土壤环境，导致土壤板结，透气性差，进而影响植物根系的生长，从而影响地上部植被生长；③过度的地上干扰会导致地下土壤微生物的活性变化，进而影响土壤生态系统的物质循环过程，对植被的生长产生影响；④过度的排泄物摄入会造成土壤 pH 值、土壤养分等基础的土壤性状变化，导致植物生长的化学环境改变，进而导致植被生长不良、群落组成变化、多样性降低等生态系统变化，引起生态系统功能退化。植物生长受抑制导致地上生态系统功能的变化，多种因素导致的生长不良而引起草地覆被率下降，裸露的表层土壤加剧土壤水分蒸发，导致土壤含水量下降，区域小环境改变，更加不利于牧草生长。草地退化还会引起草原鼠害加剧，如高原鼠兔、根田鼠等鼠类过度繁殖并啃食牧草根系，导致根系受损生长受抑制，更加速了草地退化进程。因此，协调草畜平衡，科学的放牧管理是改善当前草畜矛盾的重中之重，也是经济效益与生态效益双赢的可持续发展的必由之路。

2005 年以来，随着三江源国家级自然保护区的建立，国家先后启动了三江源生态建设一期和二期工程，通过生态恢复等技术措施和生态移民等政策措施解决生态退化问题。以科学发展观为指导，结合《青海三江源生态保护和建设二期工程规划》中的生态畜牧业发展规划及全国唯一的草地生态畜牧业试验区建设，从作为三江源转移承接区的贵南县生态—生产及经济发展的实际需求出发，针对该区域草地生态系统及畜牧业生产中存在的关键、突出问题，以生态畜牧业专业合作社为生产平台，组织畜牧业生产及延伸产业发展为突破口，基于遥感等现代信息化技术的支撑及应用，以贵南天然草地合理放牧利用、人工饲草基地建植和管理智慧支撑、优良牧草青贮加工利用、饲草料精准配制、牦牛藏羊冷季补饲和健康养殖、高原特色畜产品精深加工和信息化管理、贵南县生态畜牧业信息化管理服务为重点，实现了优质高产饲草基地建植、饲草资源高效利用、牦牛和藏系绵羊健康养殖、有机肥加工及返田利用等关键技术的突破，有效提高了畜产品科技附加值。同时，以科研单位为技术依托，借助智能化和现代化生产设备和信息网络，依托天然草地牧草产量与营养季节动态、天然草地合理放牧智慧平台、农副产品资源品质等数据库平台以及高原特色畜产品销售电商平台，规范畜产品生产销售的组织和管理，提升了以贵南县为核心区的国家级生态畜牧业可持续发展实验区畜牧业生产科技支撑、科学决策水平和畜牧业经营效益，有效维持了草地生态功能，并在区域内初步实现了畜产品增值、牧民增收和环境保护的综合效果。通过技术研发和集成示范，最终建成了集"天然草地合理放牧—饲草基地建植与管理智慧支撑—优良青贮饲料加工—饲料精准配置—牦牛、藏羊冷季补饲与健康养殖—高原特色畜产品加工信息化管理—畜产品质量追溯"于一体的智慧生态畜牧业产业链，并通过智慧畜牧业县级信息服务平台，对示范基地进行实时监控，提供信息服务，最终建成贵南县创新集成区域适宜的智慧畜牧业发展模式，为三江源区智慧生态畜牧业的推广应用提供了创新范式。

第一节　三江源区智慧生态畜牧业建设现状及问题

近年来，三江源区智慧生态畜牧业建设立足贵南县高寒牧区放牧压力大、草—畜供给季节性失衡、饲草料搭配科技附加值低的畜牧业可持续发展矛盾，针对该地域普遍存在的传统畜牧业生产模式下草畜矛盾突出、天然草场退化、冷季饲草供应不足、饲草料搭配营养不均衡以及舍饲育肥规模化与规范化程度低等关键问题，发展了基于现代信息技术支撑的集"天然草地合理放牧—饲草基地建植与管理智慧支撑—优良青贮饲料加工—饲料精准配置—牦牛、藏羊冷季补饲与健康养殖—高原特色畜产品加工信息化管理—畜产品质量追溯"于一体的产业链，并因地制宜地进行示范推广，从而有效缓解了高寒草地放牧压力，优化了畜牧业生产模式，提高了畜牧业经营效益，为实现高寒草地生态系统保护和畜牧业生产的可持续协调发展做出了突出贡献。

同时，在三江源区智慧生态畜牧业发展过程中，也发现有尚待加强之处，主要集中于以下方面。

一、地理因素限制导致草场利用不足

贵南县地处祁连山与昆仑山的过渡地带，整个县区属盆地地形，地理环境复杂，高山、谷地、沙丘并存，区域异质性强，导致在建设过程中虽然遵循了草场的按季节分配原则，但是由于其地理位置因素限制，暖季放牧草场位置偏僻，利用时间短，冬春草场位置较好，利用时间长，因此造成了暖季草场和冷季草场的利用不均衡，加之有部分草地因地理位置偏造成利用不足，资源浪费严重，过度利用草场带来的生态威胁仍然存在。

二、传统的放牧观念遗留尚未消除，弊端尚存

传统的放牧思想观念在牧民中仍然普遍，由于文化素养差异及陈旧观念等因素导致部分牧民对科学放牧管理持怀疑态度，尤其是原有的放牧草场无法承载所有牲畜进行天然放牧及返青期休牧需要进行补饲时，需要进行经济投入而产生逆反情绪。生态建设过程中不可避免存在有生态系统的各种反应特点，包括人工建植的草地适应性差，生态系统的迟滞性反应等造成短期内收益不增反降，造成部分牧民的不信任，千百年来草地利用一直是以放牧为主，而草地退化则是最近几十年才开始，而国家实施的封育禁牧区草地时间过长后也会出现生长不良等问题，因此容易形成放牧不会引起草地退化的认知，而封育和过牧均不是最佳的草地利用方式，合理配比的适度利用才是草畜平衡的可持续发展的关键所在。传统观念向科学观念转变需要一定的适应时间及正向正确的引导教育，错误的思想观念造成部分牧民对科学的接受性不高，进而也影响智慧生态畜牧业的发展进程。

三、已经形成的草地环境恶化需要一定时间进行修复，削弱了支撑力

传统放牧所造成的草地严重退化进程需要长时间的人为干预，才能使其恢复该有的草地支撑能力及部分生态功能，但不能恢复到原有的生态功能水平。在这部分地区，主要进行的是生态系统的恢复工程，所以并不是所有的人工草地均能发挥出经济效益。因此，在合理规划草场利用时需要将这一部分草地面积去除，导致有效利用的草场面积减少。

四、智慧畜牧业产业链尚未形成，缺乏龙头企业带动

传统放牧形成的畜牧业生产局势正处于转型初期，智慧生态畜牧业实施时间尚且较短，有机畜牧业产业正处于行业起步阶段，发展时间短，且发展的产品极其有限，目前仅限于牦牛和藏羊的动物产品开发生产，且产业链条尚未形成。有机农产品尚待挖掘，并缺乏龙头企业带动，部分牧民思想观念陈旧，对科学观念的接受需要时间，影响了智慧生态畜牧业的发展进程。

五、部分牧民缺乏经济条件支撑

智慧生态畜牧业依赖于高新技术手段，需要一定的经济条件作为支撑才能进行推广，首先需要基础设施建设、技术支撑、饲料投入等，需要先投入再有收益，但是前期投入是一笔不小的开支，还需要劝说牧民进行投入，让牧民看到产出，才能更好地推进智慧畜牧业的发展进程及发挥其最大的生态效益和经济效益。

六、草畜数据的采集、审核与后期管理问题

现代化的设备平台是智慧畜牧业的基础，然而，更为重要的是适时、真实、准确和大量的基础数据的获取。借助于智慧生态畜牧业信息云平台对海量、及时而准

确的数据进行分析，是支撑高效生产和科学决策的基础。在贵南典型区智慧生态畜牧业建设中已经建立了以农牧和科技局与科研单位为基础的数据采集、录入和审核工作小组，然而，长期的数据审核工作需要建立相关职能部门，由专人进行管理实施，这是三江源区智慧生态畜牧业监测平台后续发挥作用、指导生产和决策的重要保障。

七、科研成果与实际生产对接环节

在生态畜牧业发展建设过程中创新发展了各项技术规程及饲草料加工配方等大量的科研成果，但目前的生产实践还没有实现科研成果的完全转化与推广。对接环节发展不成熟及基层专业水平限制是科研成果与实际生产对接的瓶颈，加强科研与生产之间的联系，引导牧民及养殖专业户进行科学的饲养，加大力度开展科学技术宣传与教育，努力培养牧民的科学思维方式与养殖观念，消除研究成果转化过程的局限性，将科研成果浅显、有效地进行传输是解决问题的关键。

八、基层人员技能提升

基层专业人员技术培训尚有待加强，新技术的应用推广需要大量基层工作人员的推动，因此基层人员的专业素养提升至关重要。近年来的实践发现受训人员的专业素质、学习能力、培训形式和方法是影响培训成果的关键因素，受训人员受教育程度不同，对新知识、新技术的接受能力及掌握速度明显不同。在少数民族地区，语言障碍也是重要的限制因素之一。灵活转变培训方式，因材施教，运用多民族语言，转变固有的思想意识，打破受训人员传统思维的束缚，从而有效提升基层人员的专业技能。

第二节　三江源区智慧生态畜牧业发展前景与展望

一、发展前景

生态安全已经是国家发展建设的重要内容，大批科研项目积累并转化了大量成果成了今后发展强有力的工作基础，已完成的建设产生的生态、经济和社会效益也得到了牧民的广泛认可及社会方面的支持，十分有利于今后的工作开展。同时，国内外对高新技术的不断深入研究，也是今后发展的有利因素。三江源区生态畜牧业发展前景广阔，主要体现在以下几个方面。

（一）强有力的政策保障

2005 年以来先后实施的三江源生态建设一期和二期工程，生态恢复和生态移民等政策措施已经取得了显著成效。2022 年 7 月 16 日国务院同意海南藏族自治州以江河源区生态保护与高质量发展为主题，建设国家可持续发展议程创新示范区，从而全面贯彻新发展理念，加快构建新发展格局，深入实施创新驱动发展战略和可持续发展战略，统筹发展和安全，紧紧围绕联合国《2030年可持续发展议程》和《中国落实2030年可持续发展议程国别方案》，在青藏高原践行《中国落实2030年可持续发展议程创新示范区建设方案》。作为海南州可持续实验区核心区的贵南县，其生态畜牧业产业化发展的市场前景十分广阔，同时，其示范带动效益必将推动整个实验区乃至整个三江源区生态畜牧业产业化的发展，由此产生的生态效益、社会经济效益也极其显著。

（二）坚实的工作基础

近年来开展的三江源区退化草地生态系统恢复治理技术研究与示范、青海湖地区生态环境与社会经济可持续发展、高寒草地生态畜牧业发展示范、青海省种草养畜及有机畜牧业关键技术集成与示范等一系列与区域可持续发展紧密相关的重大研究，积累了丰硕的研究成果。

重点针对畜牧业生产中过度放牧、草—畜季节性失衡、饲草栽培技术粗放、饲草料资源利用低效、舍饲智能化管理水平差等亟待解决的问题，创新集成信息化、智能化、精准化、高效化畜牧业支撑的关键技术，因地制宜建立了规模化综合示范基地，科技驱动高寒牧区传统畜牧业"减压—增效"，显著提升了生态畜牧业经济和生态效益，从而实现有效保护草场与改善民生双赢的目标。已建成贵南示范区集"天然草地合理放牧—饲草基地建植与管理智慧支撑—优良青贮饲料加工—饲料精准配置—牦牛、藏羊冷季补饲与健康养殖—高原特色畜产品加工信息化管理—畜产品质量追溯"于一体的智慧生态畜牧业产业链。

基于以上内容实施，为重大生态建设与保护工程提供技术支撑，也为藏区从传统畜牧业向智慧生态畜牧业升级转型提供引领和创新示范作用，使生态畜牧业生产、生态效率显著提高，实现了三江源区生态环境保护和生态经济发展的初步共赢。

（三）良好的联合机制

充分发挥科研院所、行业部门、龙头企业相关生态保护相关单位各自优势，成立以科研院所、企业和地方行业部门相结合的跨区域技术研发团队，加强对技术的研发和推广应用，建立长期示范基地，形成政产学研联合机制，充分发挥地方政府的作用，建立政府推动下的成果产业化与推广运行机制，积极探索科研机构和企业、地方政府密切合作的模式。

关键技术研究以科研机构和行业部门为主，并在示范区推广应用，示范区建设由科研机构和地方省市部门共同承担，依托于国家生态环境建设工程项目实施区域。以项目为基础平台，充分发挥项目在人才队伍建设、创新科研基地建设中的重要作用；通过项目实施，促进创新示范区人才和生态保护及生态产业协同发展。

二、发展趋势

今后的工作重点应是遵循国家发展需求，充分利用现有发展优势，依据区域发展特点，打造因地制宜的发展策略，以达到区域最优发展，进而发挥最优的生态、经济和社会效益，最终形成可供参考的发展范式。在政策和科技的双重推动作用下，三江源区智慧随生态畜牧业发展趋势如下。

（一）发挥资源优势，实现生态转型

贵南县作为三江源区智慧生态畜牧业示范区，拥有天然的草场资源优势，全县可利用草场面积达总草场面积的一半，近年来积极践行国家退耕还草、封育禁牧等措施，草场面积持续扩大，牧草质量进一步提高。开展智慧生态畜牧业示范以来，因其优良的气候条件适宜人工草地的建植，人工培育的草场面积逐步扩大，人工建植的优质牧草已经作为优质饲料进行舍饲投喂及配合天然草地进行放牧补饲，已经成为整个三江源乃至全省的饲草生产和储备基地，通过智慧生态畜牧业产业链建设，充分发挥其区域资源环境优势，有效恢复了传统放牧导致的草地退化，通过人工草地建植及饲草料加工生产产业链建设，实现草地生态系统向生态多功能型转变。

（二）形成区域特色产业，助力区域经济发展

青海省三江源区地处青藏高原腹地，属于全国五大牧区之一，以藏族为主的多民族聚居，具有强烈的区域特色。打造地方特色，以"特"为主发展是区域经济发展的新思路，尤其是青藏高原这一特色突出的区域，更应集中深入挖掘当地的少数民族传统文化及特色产品，讲好地方故事，打造属于当地的特色产业，服务区域经济发展及产业建设。畜牧业作为区域经济支柱，近年来的智慧生态畜牧业建设通过天然草地恢复、人工草地建植、饲草料加工推广、高新技术引进等措施，解决了传统放牧导致的草畜矛盾，助力实现区域可持续发展，同时也为区域特色产业的形成奠定了基础。智慧畜牧业建设可形成产业链管理，建植的人工饲草地作为本地补饲之余还可发展成产业，即饲料生产、加工、利用、售卖一条龙产业，助力经济收入；通过天然草地的保护利用，恢复生态系统功能，挑选适宜区域开展生态旅游服务及民族特色文化输出；通过智慧畜牧业的研究工作，可以开发新的种养模式来拉动经济发展，通过专利申请、技术推广、专业培训、建立合作社等措施，将科研产出投入生产；利用科技云平台，开展互联网旅游、民族特色直播等手段，宣传区域特色，保护区域环境，吸引外部投资，缓解区域就业压力及提高经济收入，利用智慧畜牧业建设，开发二、三产业，打造区域特色输出，助力经济发展。

（三）提升生态效益，保障国家生态安全

2016 年，习近平总书记在青海视察时强调，"青海最大的价值在生态、最大的责任在生态、最大的潜力也在生态，必须把生态文明建设放在突出位置来抓"。在

2020 年 8 月中央第七次西藏工作座谈会上，习近平总书记特别强调，"保护好青藏高原生态就是对中华民族生存和发展的最大贡献。要牢固树立绿水青山就是金山银山的理念，坚持对历史负责、对人民负责、对世界负责的态度，把生态文明建设摆在更加突出的位置，守护好高原的生灵草木、万水千山，把青藏高原打造成为全国乃至国际生态文明高地"。2021 年 3 月 7 日，在参加十三届全国人大四次会议青海代表团审议时，习近平总书记指出，"青海对国家生态安全、民族永续发展负有重大责任，必须承担好维护生态安全、保护三江源、保护'中华水塔'的重大使命，对国家、对民族、对子孙后代负责"。2021 年 6 月 7—9 日，习近平总书记再次来到青海考察并强调，"保护好青海生态环境，是'国之大者'。要牢固树立绿水青山就是金山银山理念，切实保护好地球第三极生态。要把三江源保护作为青海生态文明建设的重中之重，承担好维护生态安全、保护三江源、保护'中华水塔'的重大使命"。青海省高原生态环境关系社会和经济持续发展，关乎着我们生活和生产的各种活动。如何保护好生态环境是人类的永久任务。

三江源区智慧生态畜牧业建设，通过返青期休牧及季节性配置，保护天然草地，有效防止了草地退化，实现草地的可持续发展。在贵南县示范区开展的返青期休牧示范点的实践结果表明，天然草地通过合理配置科学利用，草地生物量及植被覆盖度均显著上升。基于一年生和多年生牧草种植技术集成示范，通过因地制宜地建植人工草地，可食牧草量相当于天然草地的 27.5 倍，通过这种饲草资源置换模式推广，每亩的人工草地的建植可以使 20 亩以上的天然草场得以休养生息。贵南示范区一年生和多年生牧草种植技术集成应用 5.62 万亩，可有效缓解 112 万亩天然草场放牧压力。畜牧业的碳排放是温室气体的一个重要来源，通过对家畜的精准补饲，可以缩短牲畜的饲养周期，减少牲畜的碳排放。贵南示范区的试验研究结果表明，传统单一放牧藏系绵羊 1～5 岁放牧藏系绵羊碳排放密度为（18.6～46.3）kg CO_2-eq/kg CW，而通过暖季放牧加冷饲补饲生产模式 1～3 岁藏系绵羊碳排放密度为（9.4～18.5）kg CO_2-eq/kg CW。基于冷季补饲技术集成，提高了个体生产性能，缩短饲养周期，可以提升饲草利用率，提升饲草转化效率，降低单位畜产品碳排放，具有生态和经济双赢的效果，更是全国乃至世界的生态保障。

（四）开发智慧生态畜牧业发展模式，供区域参考

应用物联网、云计算、大数据及人工智能的新一代技术集成的智慧生态畜牧业是当今畜牧业的发展趋势，我国是畜牧业大国，畜牧业总量常年位居世界前列，畜牧业发展在国民经济中占有极其重要的地位，农业部在《2018 年畜牧业工作要点》中指出，"推动畜牧业在农业中率先实现现代化，是畜牧业助力'农业强'的重大责任"。而作为我国唯一的高原牧区，青藏高原高寒畜牧业更是当地经济的支柱产业，且因其特殊的地理位置及牲畜品种和文化差异，其他地区的发展经验很难应用于高寒牧区的畜牧业生产实践，因此急需开发适宜高寒牧区的畜牧业发展新模式。三江源区智慧生态畜牧业的发展解决了这一问题，三江源地处青藏高原腹地，该地

区的畜牧发展模式在青藏高原地区拥有强大的适应性，因此三江源区的智慧生态畜牧业建设，应在解决生态和经济矛盾实现可持续发展的基础上，着重开发可推广的发展范式，在现有的智慧平台的支撑作用下，持续加强云计算等数据采集和信息处理速度和处理能力，创建高端智能的装备产品，在现有基础上实现跨越发展，同时抓住信息化发展的形势，尽快实现数据共享的信息互联机制，解决偏远地区信息孤岛问题，深入挖掘畜牧数据，打造可引领技术进步和规范行业发展的行业标准，打通养殖管理、精准饲喂、疾病诊断、信息管理、产品溯源的全产业链信息流，推动多源数据有效融合，实现高原智慧生态畜牧业升级发展，将成功的发展模式总结成可套用的发展范式提供给青藏高原其他区域服务整个高原畜牧业向智慧化发展，因地制宜全面引领高原智慧生态畜牧业新形势。

第三节　三江源区智慧生态畜牧业发展路径与对策

一、发展路径

三江源区智慧生态畜牧业贵南示范区重点针对畜牧业生产中过度放牧、草—畜季节性失衡、饲草栽培技术粗放、饲草料资源利用低效、舍饲智能化管理水平差等亟待解决的问题，创新集成信息化、智能化、精准化、高效化畜牧业支撑的关键技术，并因地制宜建立规模化综合示范基地，科技驱动高寒牧区传统畜牧业"减压—增效"，显著提升生态畜牧业经济和生态效益，从而实现有效保护草场与改善民生双赢的目标（图10-1）。今后发展集中于以下几个方面。

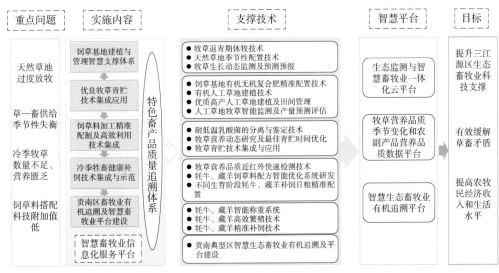

图 10-1　三江源区智慧生态畜牧业发展路径

（一）建立可评估、可指导、可调控、可预报和可预警的调控管理平台，实现信息化、智能化、精准化和高效化技术模式创新

从农牧民单一的种植、养殖、生态看护向生态生产生活良性循环的转变，需要确定和核定生态、生产和生活的"数量"。"数量"取得，必须建立长期监测体系，集成大数据平台，构建"星—空—地"三位一体的生态系统可持续发展的信息化平台，实现可评估、可指导、可调控、可预报、可预警等功能，支撑青藏高原生态建设和可持续管理。"星—空—地"三位一体的生态系统可持续发展的信息化平台，以青海省完整的生态、生产和生活时空监测信息获取与分析为核心，围绕"四个转变"的发展目标，运用星、空、地等监测手段，以智能终端采集"数量"信息，调整需求压力，实现精准调控，设计信息技术支持的"生态生产生活良性循环"指导调控平台，达到信息化、智能化、精准化和高效化目标。

（二）提升资源配置能力，提高生产效率，增加单位产值，寻求新的增长点，转变生产方式

从农牧民单一的种植、养殖、生态看护向生态生产生活良性循环的转变，需要转变生产方式，解决和处理传统与现代技术、放与养、单户家庭模式与集约化合作社模式等关系矛盾，查找它们之间的结合点，制定客观科学的规划，扩大经营模式，解放生产力，寻求新的增长点。生产方式转变主要方向是解决资源供给能力和生产效率。针对天然草地资源匮乏问题，通过因地制宜地利用"120资源置换模式"和"资源倍增模式"发展草产业；针对生长效率低问题，通过运用"一年一胎""两年三胎"和"324加速牲畜出栏模式"等技术模式，缩短养殖周期，提高出栏率，减轻草场放牧压力，保护生态，提高生产效率。

（三）建立区域间联动机制，加强资源调配力度，促进生态衍生产业，发展二、三产业

通过运用时空互补效应、资源互作效应、资金和信息激活效应，发展"三区功能耦合"模式，建立"三牧三控"草地资源利用综合利用体系；研发草产品和畜牧产品加工技术，建立冷链物流体系，加强区域间资源调配力度，进行规模化经营，释放劳动力，加大行业培训；部分劳动力走出草原，发展加工、旅游、营销等二、三产业，部分劳动力经培训承担"生态生产生活"信息员角色，减少对草场的依赖，实现青海省整个区域间资源平衡。

二、发展对策

针对前期的不足之处，着重补足短板，针对区域发展因地制宜制定改革对策方案，以达到优势最大化、缺点最小化的区域生态畜牧业建设。针对贵南县典型示范区中智慧生态畜牧业的发展缺陷，其今后发展对策主要在以下方面。

（一）完善天然草地合理放牧方式的推广与监管体系

传统的天然草地放牧由于不科学的草地利用，除造成草地功能退化之外，还会造成放牧家畜随草地生长变化导致的"夏饱—秋肥—冬瘦—春乏"的循环，生态畜牧业为解决家畜与牧草之间的恶性循环矛盾，力求在保护天然草地的原则上，争取天然草地的合理利用，促进畜牧业生产发展。根据牧草生长明显的季节性特点，提出天然草地返青期休牧和牧草季节性配置的天然草地合理放牧方式，在贵南县的生产示范实践中得到了积极反馈。贵南县的生产实践结合青海省的返青期休牧政策进行，通过返青期休牧，休牧样地与放牧样地相比，群落高度、群落盖度、物种丰富度、地上生物量、地下生物量和土壤湿度均有较大提高，而杂草盖度和杂草生物量比例则显著降低。所谓牧草季节性配置，就是在返青期休牧后，对牧草进行合理的季节性分配管理，暖季牧草生长旺盛，冷季牧草质量下降，根据牧草生产的季节动态，减少冷季牧草产量和质量下降时期的载畜量，平衡畜群需求与牧草营养供给能力，暖季来临时，充分利用新生幼畜生长旺盛的特点，利用暖季高质量牧草充分提高饲草的转化效率，力求在冷季来临前，尽可能减轻草地的放牧压力，通过宰杀或淘汰母畜、实行异地育肥等措施，当年收获畜产品，以减少越冬牲畜数量。在贵南县的生产实践中，基于中度干扰理论，依据"以草定畜"原则，合理分配了暖季草场和冷季草场，冷季结合放牧和舍饲管理，保持冷季草场的草地利用率不超过80%。通过天然草地放牧利用的科学管理措施，有效缓和了贵南县的草畜矛盾，夏秋草场和冬春草场通过合理利用均呈现较好的缓和趋势，地上生物量显著上升，而且通过冬季补饲，显著提升了幼畜的存活率，缓解了传统放牧造成的冬季饲料匮乏造成的家畜"冬瘦"现象，有效减少了牧民的经济损失，经济效益显著提高。

畜牧业是高原牧区的支柱产业，而天然草地则是畜牧业发展的物质基础，天然草地合理配置是解决草畜矛盾协调经济与生态效益的重要举措，在实现草畜资源优化、保护天然草地的同时，有效提升畜牧业的生产效率和经济效益，因此，完善天然草地合理放牧方式的推广与监管体系是今后发展的重点内容。目前生产上虽已经对天然草地的利用方式加以划分，但由于地理因素、环境条件及牧民实践偏差等因素影响，仍需加大力度进行完善及管理。以贵南县为例，在智慧畜牧业建设过程中，依据地区特点因地制宜划分了冬春草场和夏秋草场的放牧利用区域及利用时间，但是贵南县地理环境复杂，夏秋草场由于海拔高度及地理位置限制，有效利用率严重不足，而冬春草场则相反，导致合理配置的科学放牧利用方式的实际效益与理论效益之间出现偏差，阻碍了当地草地畜牧业的科学发展及牧民经济收入的提高。在今后的发展中，需针对目前问题，完善天然草地合理利用的规划配置，做好前期调查研究工作，对原有的暖季和冷季的草场进行重新划分，规避高海拔、地势偏僻、生长势差的区域，计算牲畜所需的牧草数量与实际草场产草量之间的差值，对于部分地区天然草地不能供给的情况，实施精准补饲来缓解草地压力，以平衡草畜矛盾。除规划配置问题外，目前还存在牧民落实不到位等问题，由于传统的思想观念，造成了部分牧民在落实中抱有侥幸心理，如通过加大天然草地利用以减少饲草所需的经济投入等，这给天然草地的合理利用推广造成了严重影响。因此创建合理的草地监管模式尤为重要，结合国家政策及智慧生态畜牧业的要求，组建专业管理人员团队，指导并维护天然草地的合理配置利用方式，以达到生态和经济效益最大化。

（二）人工草地建植技术完善及提升

除天然草地的合理放牧管理外，人工草地的建植和利用管理也是智慧生态畜牧业的重要内容。人工草地建植除用于退化草地的生态修复外，还是畜牧业饲草的重要来源，贵南县作为三江源区生态保护建设的外围支撑区，人工草地建植及利用尤为重要。当前草牧业发展的两大趋势是天然草地的恢复治理和人工栽培优质饲草的建植及发展。在天然草地的恢复治理方面，遵循国家区域发展要求，按照山水林田湖草沙整体保护、系统恢复的要求，分区开展综合保护治理，在三江源区采取禁牧封育与工程治理措施相结合的方式，加速修复和稳定草原生态，分类推进草原生态修复，加大草原修复治理力度，加快退化草原植被和土壤恢复。对黑土滩和沙化等重度退化草原，采取人工种草、有害生物防控、禁牧封育等综合方式恢复草原植被，促进草原生态正向演替。对中度退化草原，采取休牧轮牧、免耕补播、飞播种草等综合措施，促进草原植被恢复。对轻度退化草原，采取划破草皮、松土施肥等综合措施，稳定和提升草原综合服务功能。建立健全后期管护机制，确保生态修复成效长期持续发挥。在草牧业发展方面，以监测为基础，合理核定草原承载力，优化草原资源配置，引导和鼓励放牧单元实行合作经营，推行适度规模经营，实行以草定畜。扩大人工草地建设规模，通过引进新品种和推广新技术提高产量，增加饲草供给，提高承载力。强化农牧民培训，提升科学保护、合理利用草原的能力和水平。加快转变传统畜牧业生产方式，发展规模化、标准化养殖，推行"牧繁农育、户繁场育"等生产模式，提高草原利用效率。贵南县自2006年以来，长期坚持退耕还草及荒山种草等措施，在天然草地恢复建植中，优先选择生长优良、抗逆性强、生态辐广的天然草原植物，同时兼顾其饲草利用价值，因地制宜挑选最适宜当地人工建植的草种，目前贵南县已经成为三江源地区重要的饲草生产和储备基地，也是当地畜牧业发展的重要物质基地。在人工草地的建植过程中，同时建立了种质资源圃，并开展基因组、转录组等组学研究，进行表型、品质、抗逆性的种质资源鉴定评价等工作，并对优质资源进行选育，目前已经建立了人工草地研究利用专业平台，是下一步更深入、更高效、更实际研究工作的坚实物质基础。贵南县在总结梳理前期工作经验的基础上，将科学研究与实际生产对接，力争开创当前草牧业发展新形势。目前贵南县的人工草地建植仍存在技术、资金、机械条件等因素的限制，今后的工作重点应集中于将科研成果与实际生产进行对接，形成完整链条，根据区域特点，确定研究重点，开发最适宜的牧草品种及建植模式，学习国内外先进思想和技术，打破知识壁垒，同时重点培养专业技术人才，开展农业科技培训，增强牧民思想意识的重视程度，吸引龙头企业带动及建立农业合作社，以消除资金及技术的限制。

（三）良种引进、乡土良种发掘及管理推广

近年来，为贯彻落实《国务院办公厅关于加强草原保护修复的若干意见》，青海省全面加强草原保护修复力度，促进草原合理利用，推动草原高质量发展，计划实现到 2025 年全省草原总体退化趋势基本遏制，综合植被盖度达到 58.5%；到 2035 年草原生态综合服务功能显著提升，综合植被盖度稳定在 60% 左右的总体目标。在草地修复过程中，选择适宜的品种尤为重要，良种引进及良种发掘是人工草地建植及饲草生产的先决条件。所谓乡土草种，狭义上讲，是指完全出于自然原因而生活在某一地区且没有人为干预的草种。广义上讲，乡土草种指在特定生态系统中正常生活和成长的草种，也就是在当地起源或从外地引进并在当地经过长期驯化，适应了当地气候、土壤等环境特点的草种。让乡土草种植物变得"驯服"并非易事，它涉及植物的力能学原理和有害生物侵入等复杂的科学问题，也对草原生态修复的作用起着重要作用。大力发展草种业，健全草种种质资源保护利用体系，开展草种种质资源普查，建立青藏高原草种种质资源库、资源圃及原生境保护区为一体的草种种质资源保存体系是今后的工作重点，鼓励、支持科研单位和企业联合开展乡土草种基地建设，积极培育、扩繁和推广适宜不同地区生态修复的草种，实现产学研相结合、育繁推一体化的青藏高原高寒乡土草种繁育体系，提高专业化生产和服务能力，提升草种自给率和商品率，建立草品种检测的市场化多元机制，强化草种质量监管。同时培育发展草产业，牧区在科学评估的基础上，选择在水热等立地条件适宜的地区，建设多年生人工饲草地和天然草原打草场，促进草原保护修复与草牧业高质量发展有机融合。半农半牧区在保持草原生态稳定的前提下，建立饲草和草种基地，逐步形成优质饲草和草种供给基地。农区因地制宜种植玉米、燕麦等饲草，推广饲草青贮技术，开发农作物秸秆等饲料资源，建设标准化种植生产基地，推进饲草料专业化生产。

（四）饲草料加工技术研发与饲料宣传推广

智慧生态畜牧业为协调草畜矛盾，通过人工饲草种植实现从传统放牧方式向舍饲和放牧补饲相结合的饲养方式转变，目前青海省全省的饲草种植面积已超过 13 万 hm²，主要饲草品种为燕麦、玉米、青稞、小黑麦等。牧区在科学评估的基础上，选择在水热等立地条件适宜的地区，建设多年生人工饲草地和天然草原打草场，促进草原保护修复与草牧业高质量发展有机融合。半农半牧区在保持草原生态稳定的前提下，建立饲草和草种基地，逐步形成优质饲草和草种供给基地。农区因地制宜种植玉米、燕麦等饲草，推广饲草青贮技术，开发农作物秸秆等饲料资源，建设标准化种植生产基地，推进饲草料专业化生产。贵南县开展饲草种植及加工以来，改变了以原有的调制青干草为主的饲料配置，实行饲草青贮利用，提高饲草的

营养品质的同时增加了饲草的利用率,目前青贮技术已经成为青藏高原饲草的主要加工方式。通过人工饲草的青贮加工,显著降低了饲料投入成本及饲料加工的环境污染,有效提高了牧民的经济收入。除青贮外,其他加工技术如秸秆全混合饲料、饲草块、草颗粒等饲料加工方式也逐渐发展壮大,自从进入21世纪以来,食品质量保证、加工效率、成本控制和食品安全方面控制是确保饲料企业持续健康发展的重要因素。随着动物营养方面研究越来越深入,人们不断增加了对饲料产品的认识。在这种背景下,饲料加工工艺也出现了新的变化,加工技术不断提高,加工手段逐渐丰富,配料工艺不断优化,在当今世界饲料科技飞速发展过程中,高原生态畜牧业的饲草加工应紧跟时代脚步,不断改进现有的饲料加工工艺,创新扩大饲料来源种类,改善饲料品质,提高饲草利用率。除新技术的研发外,技术推广也十分必要,精制的饲草料的发展趋势是成为配合天然草场放牧不足的补饲,主要是冬季的舍饲,但是目前受经济条件及传统观念的限制,部分牧民对饲草料的经济投入不积极,因此要大力推广补饲及精饲料饲养的优点,努力转变传统观念,实现区域放牧补饲结合的生态畜牧业新局面。

(五)智慧畜牧业平台建设及完善

智慧畜牧业是运用互联网、物联网、云计算等信息和通信技术手段,实现畜牧业智慧式管理和运行,即充分利用现代信息技术手段,集成于应用计算机和网络技术、互联网技术、无线通信技术等,实现畜牧业可视化远程诊断、远程控制、灾害变化预警等智能管理方式,是大数据下的产物,未来利用云计算、大数据等的新一代智能技术与现代农牧业深度融合是重要发展趋势,智慧平台则成为重要的依托。近年来三江源区智慧生态畜牧业建设坚持走生态环境友好、产业优势突出、牧民收入提高的草原绿色发展道路,建立"生态+、品牌+、互联网+"等市场化模式,三江源智慧生态畜牧业建设以来,构建了遥感监测与地面监测协同的"天空地一体化"监测体系,建立了青海省生态环境监测数据服务平台,探索形成了具有青海特色的人工造林、围栏封育和禁牧、沙漠化土地治理相结合,草原灭鼠、禁牧减畜、黑土滩治理相结合的综合治理示范雏形,构建了全新的三江源草地畜牧业可持续发展新模式,建立了有机追溯平台,未来的畜牧业建设正朝规模化、标准化、专业化方向发展,利用遥感等监测手段,在保证家畜具有重组的活动空间的前提下对其进行监控管理,通过实时监控手段进行舍饲监控管理,随时对家畜进行查看,实现足不出户进行养殖管理,实时监控其动态对其进行科学饲养,建设大数据健康监测平台,组建技术专员对家畜进行科学监控及在线提供医疗保障,24 h 监控家畜健康状况并做好疾病防御;开发自动饲喂、智能称重等智慧养殖手段,利用大数据平台监测家畜养殖环境,精准化管控家畜的运动量、饮食、健康数据、基础环境等重要信息,以实现智能化精准饲养模式及健康管理;利用有机追溯平台,家畜舍饲初期,由专业人员对其进行严格的检疫及健康监测程序,检疫合格后进行标记并将数据上传至云平台,后期宰条后通过唯一序号即可查询详细数据,形成区块链畜产品溯源，使畜牧业产业链实现从牧场到餐桌每个环节的追溯，建设数字化智慧牧场是未来畜牧业发展的趋势所在。

（六）发挥高质量人才在智慧畜牧业建设过程中的中流砥柱作用

智慧畜牧业发展首先体现其"智慧"，高新科技手段的运用及大数据平台的支撑都需要由高新科技人才作为支撑条件，人才培养是提升服务的第一要务。青海省三江源区乃至全国的畜牧业整体技术目前尚普遍处于较低的机械化率和半自动化水平，故而绝大部分畜牧企业的技术人才配置及人才使用基本处于与之匹配的较低层级，因此，畜牧业要面向未来的智能畜牧业，实现跨越式发展，则需要大量的掌握基本智能技术、信息及数据技术，并融合畜牧、动科背景知识的各类专业型及复合型技术人才。完善人才层次的培养模式，从专业设置、培养方案到课程和实践环节设计入手，但是目前面向畜牧工程各类教学的师资力量仍存在水平及能力的局限性、使用的教材落后及先进的实践和创新教育不足等问题，面向智能畜牧的人才培养体系也是我国人才培养工程的组成部分，应具备前瞻性和引领性，不仅要谋划好、设计好，还要进行必要的教育体系、内容、方法的改革，以适应人才培养的新的规律和满足我国畜牧业现代化、迈向畜牧业强国的需要。

参考文献

邓君明，张曦，2002. 饲料加工保真新工艺 [J]. 山东饲料（10）：17-21.

耿晓平，李红梅，申正涛，等，2019. 三江源区气候变化及其对草地植被的影响分析 [J]. 青海科技，26（4）：83-87.

李立和，1999. 立式离心锤片式粉碎机的研究与探讨 [J]. 粮食与饲料工业（5）：20-21.

李明，吕潇俭，曹佳俊，等，2021. 在三江源国家公园设立生态畜牧业特区的可行性研究 [J]. 青海民族大学学报（社会科学版），47（1）：7-12.

李瑜琴，赵景波，2005. 过度放牧对生态环境的影响与控制对策 [J]. 中国沙漠，25（3）：404-408.

盛海彦，杨改河，王得祥，等，2007. 江河源区草地资源利用状况与可持续发展对策 [J]. 西北农林科技大学学报（自然科学版）（7）：147-153.

舒莲梅，高建峰，2006. 饲料加工技术未来发展探讨 [J]. 粮食与食品工业，13（5）：44-47.

王德利，王岭，2019. 草地管理概念的新释义 [J]. 科学通报，64（11）：1106-1113.

韦晶，郭亚敏，孙林，等，2015. 三江源地区生态环境脆弱性评价 [J]. 生态学杂志，34（7）：1968-1975.

徐田伟，王循刚，赵新全，等，2020. 三江源国家公园典型高寒草地冷季牧草营养特征与食草动物承载力 [J]. 科学通报，65（32）：3610-3618.

中华人民共和国国家发展和改革委员会，2018-1-27. 三江源国家公园总体规划 [EB/OL]. http: //www.gov.cn/xinwen/2018-01/17/content_5257568.htm